Exos résolus 1re S

Chimie

Jean-Pierre **DURANDEAU**

Marie-Jeanne **COMTE**

Nicolas **KOHUT-SVELKO**

Caroline **THÈVENOT**

hachette
ÉDUCATION

CONCEPTION GRAPHIQUE

Couverture : Audrey Izern
Intérieur : Karine Nayé
Photo de couverture : ©stock.xchng®vi

COMPOSITION, MISE EN PAGES ET SCHÉMAS

ScienTech Livre

ÉDITION

Emmanuel Meier

ISBN : 978 2 01 160295 4

Achevé d'imprimer en Italie par Grafiche Flaminia
Dépot légal : Juin 2011 – Édition : 1 - 16/0295/2

PRÉFACE

Cet ouvrage vous propose **125 exercices corrigés**. Il est conforme au **programme** et répond à une double nécessité :

– vous entraîner, car il est évident qu'une simple lecture du cours s'avère insuffisante pour apprendre une leçon. La mise en œuvre des connaissances dans les situations-problèmes constitue, à cet égard, une activité formatrice indispensable ;

– vous permettre de vérifier votre compréhension des notions du programme.

En confrontant votre solution à celle du corrigé, vous jugerez de la qualité de votre apprentissage. Ainsi, lorsque les résultats du corrigé coïncideront avec votre propre solution, vous pourrez aborder sereinement de nouvelles acquisitions.

Dans le cas contraire, vous pourrez remédier à la difficulté rencontrée en relisant l'énoncé, en particulier les hypothèses qui y figurent, et en comparant votre démarche à celle du corrigé. Éventuellement, vous reviendrez au manuel utilisé en classe.

Chaque chapitre comporte les rubriques suivantes :

■ **Un résumé du cours**, axé sur les notions fondamentales. Une rubrique intitulée « La difficulté du chapitre » vous explique en détail un point délicat de la leçon.

■ **Un large éventail d'énoncés d'exercices progressifs**, allant de l'exercice du QCM au problème de réinvestissement des savoirs et des méthodes dans des situations plus complexes.

La difficulté des exercices est signalée par des pictogrammes ★ placés en regard des énoncés de façon que chacun puisse évaluer son niveau.

Une durée indicative de résolution du problème figure également avant les exercices d'entraînement. Ce temps a été estimé pour un bon élève et doit donc vous permettre de situer votre niveau d'entraînement.

Le thème annoncé dans le titre d'un exercice vous permet de choisir les notions à approfondir sans être obligé de traiter les questions déjà assimilées.

■ **Des corrigés d'exercices détaillés et commentés**, indiquant clairement les étapes de leur résolution. De petits encadrés attirent votre attention sur des points particuliers de résolution ou de méthode.

■ Vous trouverez, dans chaque chapitre, une interrogation écrite, soit **onze devoirs**, correspondant à tous les thèmes du programme, que vous pourrez résoudre en temps limité.

Ces interros, corrigées, vous permettent ainsi de faire un bilan de vos connaissances, chapitre par chapitre.

Vous disposez ainsi d'un outil dont nous espérons que vous saurez tirer le meilleur parti.

Les auteurs

Sommaire

INDEX DES MOTS CLÉS

Les pages indiquées en bleu sont des pages de rappel de cours.

A

B

C

D

E

F

G

CHAPITRE 1

Liaison covalente

comprendre

LE COURS

Molécules et liaison covalente

▶ EXERCICE D'APPLICATION 3, p. 13

- Une **molécule** est un assemblage, **électriquement neutre,** d'atomes liés entre eux par des **liaisons covalentes.**
- **Une liaison covalente simple** entre deux atomes est la mise en commun de deux électrons, chaque atome en donnant un. Cette liaison constituée d'un doublet d'électrons (ou **doublet liant**) est représentée par un tiret.

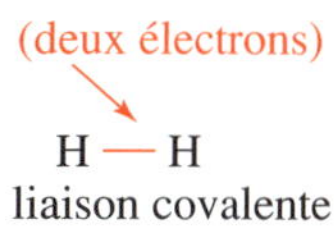

Règle de l'octet et du duet

▶ EXERCICE D'APPLICATION 3, p. 13

Lors de la formation des molécules, les atomes tendent à obtenir une configuration électronique externe stable :

– à huit électrons (un octet), ils vérifient alors la **règle de l'octet**, c'est le cas pour le carbone, l'azote, l'oxygène ;

– à deux électrons (en duet), ils vérifient alors la **règle du duet**, c'est le cas pour l'hydrogène.

Représentation de Lewis

▶ EXERCICE D'APPLICATION 6, p. 14

La représentation de Lewis complète la formule développée d'une molécule en représentant autour de chaque atome les électrons de sa couche externe qui ne participent pas à la formation des liaisons covalentes de l'atome. Ces électrons sont regroupés par deux, en **doublets non liants**, et sont placés à côté du symbole de l'atome.

Pour satisfaire à la règle de l'octet, certains atomes sont liés entre eux par plus d'un doublet liant : ce sont des liaisons multiples : doubles (deux tirets) $A{=}B$ ou triples (trois tirets) $A\equiv B$.

Exemples (en vert, les doublets non liants).

		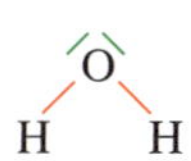	$H-C\equiv C-H$ *(tous les électrons externes des atomes sont engagés dans les liaisons)*
Ammoniac, NH_3	**Dioxygène, O_2**	**Eau, H_2O**	**Éthyne, C_2H_2**

Géométrie des molécules

▶ EXERCICE D'APPLICATION 4, p. 14

La structure adoptée par une molécule dans l'espace est celle pour laquelle les paires d'électrons autour de chaque atome s'écartent au maximum les unes des autres (répulsion moindre des doublets).

La représentation de Cram permet de représenter une molécule dans l'espace.

Conventions :

– Un trait représente une liaison dans le plan de la feuille.

– Un trait appuyé représente une liaison située en avant du plan.

– Un trait hachuré représente une liaison située en arrière du plan.

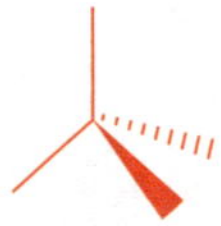

Molécule	Représentation de Lewis	Géométrie	Représentation de Cram
Méthane CH_4	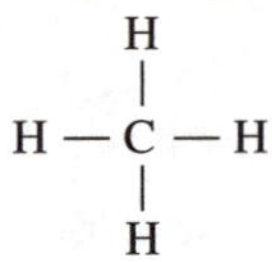	tétraédrique	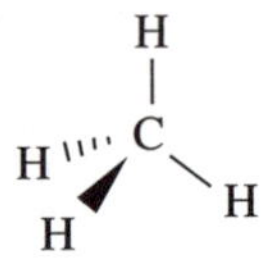
Ammoniac NH_3	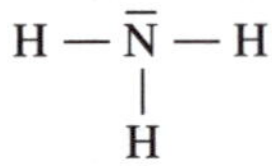	pyramidale	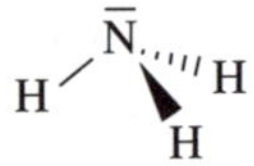
Eau H_2O	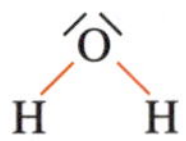	coudée (plane)	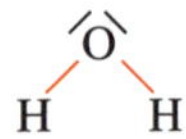
Dioxyde de carbone CO_2	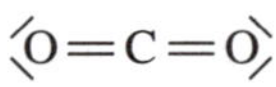	linéaire	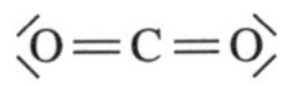

Isomérie *Z*/*E*

▶ EXERCICE D'APPLICATION 5, p. 14

Les molécules de type CH*A*=CH*B*, les groupes *A* et *B* n'étant pas des atomes d'hydrogène, présentent l'isomérie *Z* et *E*.

Les formules semi-développées planes sont les mêmes.

A — CH=CH— *B*

A — CH=CH— *B*

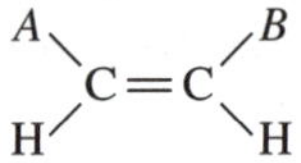

isomère (*Z*)

Les deux molécules ne sont pas superposables.

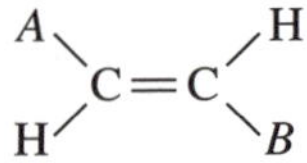

isomère (*E*)

Les préfixes *Z* (*zusammen* : ensemble) et *E* (*entgegen* : opposés) viennent de l'allemand.

Les deux groupes *A* et *B* sont « ensemble ».

Les deux groupes *A* et *B* sont diamétralement « opposés ».

Ces **isomères** sont dits de **configuration**.

Isomérie *Z*/*E* du rétinal

▶ EXERCICE D'APPLICATION 9, p. 14

La vision de nuit est assurée par un pigment, la rhodopsine, contenu dans les bâtonnets de la rétine. Ce pigment est formé par l'association de deux molécules, l'opsine et le rétinal.

Le rétinal existe sous plusieurs configurations dont deux interviennent dans le processus de conversion de la lumière en signal nerveux :

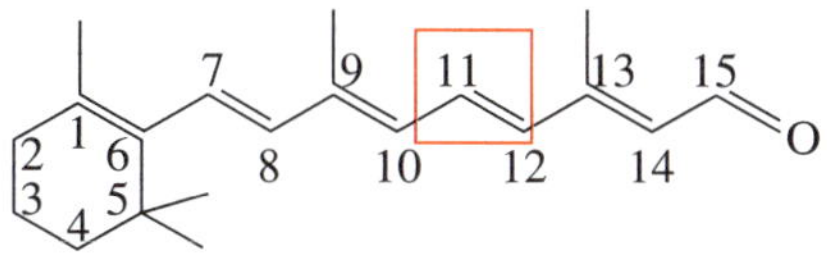

a) rétinal « tout *E* »

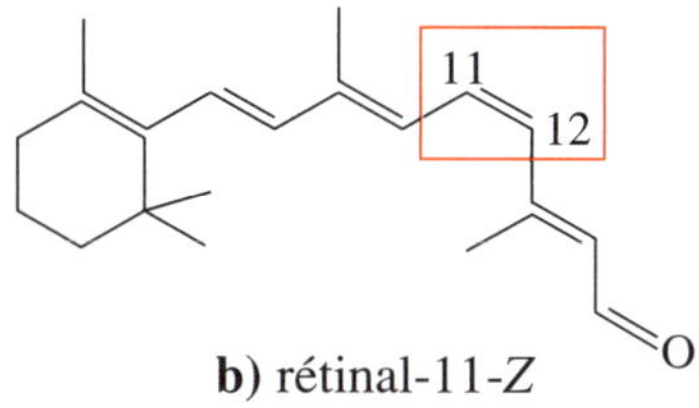

b) rétinal-11-*Z*

Ces représentations simplifiées sont dites topologiques : les atomes d'hydrogène qui assurent la tétravalence du carbone ne sont pas figurés.

a) Dans le rétinal « tout *E* », la configuration autour de la liaison 11-12 est *E* ;

b) Dans le rétinal-11-*Z*, la configuration autour de la liaison 11-12 est *Z*.

Exposé à la lumière, le rétinal-11-*Z* se transforme en rétinal « tout *E* ».

LES DIFFICULTÉS DU CHAPITRE

Connaître les liaisons que les atomes C, H, O, N peuvent établir

Carbone C	$-\overset{|}{\underset{|}{C}}-$ **quatre liaisons simples**	$>C=$ **deux liaisons simples et une liaison double**	$-C\equiv$ **une liaison simple et une liaison triple**
Hydrogène H	$H-$ **une liaison simple**		
Oxygène O	$-\overline{\underline{O}}-$ **deux liaisons simples (et deux doublets non liants)**	$\langle O=$ **une liaison double (et deux doublets non liants)**	
Azote N	$-\overline{N}-$ (avec une liaison vers le bas) **trois liaisons simples (un doublet non liant)**	$-\overline{N}=$ **une liaison simple et une liaison double (un doublet non liant)**	$|N\equiv$ **une liaison triple (un doublet non liant)**

Savoir déterminer la géométrie d'une molécule

La géométrie d'une molécule est déterminée uniquement par la répulsion entre les doublets de l'atome central. Les doublets libres des atomes latéraux n'entrent donc pas en ligne de compte.

Exemple : la molécule de méthanol CH_3OH est tétraédrique

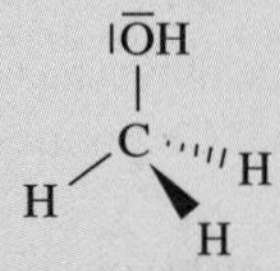

Les liaisons multiples n'interviennent pas dans la détermination de la géométrie. Elles sont considérées comme des liaisons simples. Ce n'est donc pas le nombre total de doublets de liaisons qui compte, mais le nombre d'atomes liés à l'atome central.

Exemple : l'éthyne : $H - C \equiv C - H$, cette molécule est linéaire.

EXERCICES

Tester ses connaissances

1 QCM 1
(corrigés p. 17)

Parmi les affirmations suivantes, lesquelles sont vraies ?

1° La molécule de méthane, CH_4, comporte deux doubles liaisons covalentes.

2° La structure géométrique de la molécule de méthane est tétraédrique.

3° La molécule d'ammoniac, de formule NH_3, ne possède pas de doublet non liant.

4° La représentation de Lewis de la molécule de dichlore est : $|\overline{\underline{Cl}}-\overline{\underline{Cl}}|$

2 QCM 2
(corrigés p. 17)

1° Dans la représentation de Lewis de la molécule de méthanal ci-contre :

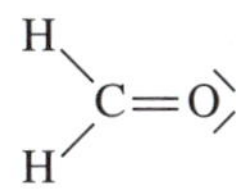

a) La règle de l'octet est vérifiée pour l'atome de carbone.

b) La règle de l'octet est vérifiée pour l'atome d'oxygène.

c) La règle du duet est vérifiée pour l'atome d'hydrogène.

d) Les doublets non liants ont été omis sur l'atome de carbone.

2° La molécule de but-2-ène a pour formule semi-développée :

$$CH_3-CH=CH-CH_3$$

Cette molécule ne présente pas d'isomérie *Z*/*E*.

3° C'est l'isomère *E* du but-2-ène qui a été représenté ci-contre.

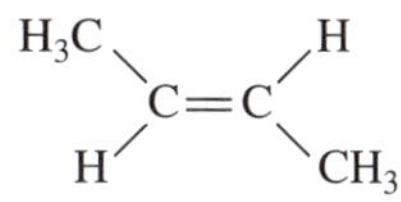

4° Pour que le rétinal *Z* se transforme en son isomère *E*, il faut qu'il soit exposé à la lumière.

Maîtriser les méthodes

Les exercices de cette rubrique font appel aux méthodes de base, qu'il faut maîtriser. Ils font l'objet d'une correction guidée pas à pas, qui récapitule ces méthodes, pour mieux les mémoriser.

3 ÉTUDIER LA STRUCTURE DE LA MOLÉCULE DU PROPÈNE
(corrigés p. 17)

1° Écrire la formule développée de la molécule de propène représentée ci-contre.

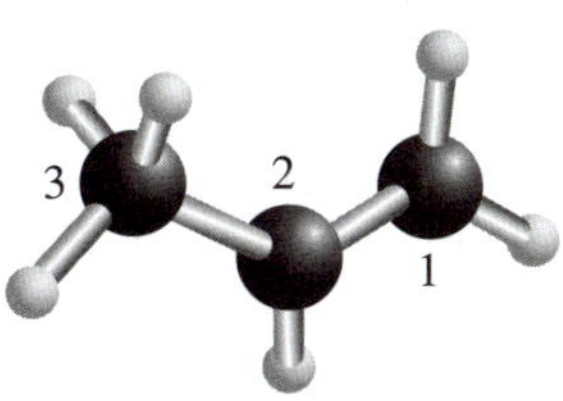

2° Montrer que chaque atome de carbone vérifie la règle de l'octet.

3° Quelle règle vérifient les atomes d'hydrogène ?

4 TROUVER LA FORMULE DE LEWIS ET LA FORME DE LA MOLÉCULE DE TÉTRAFLUORURE DE CARBONE *(corrigés p. 17)*

Le tétrafluorure de carbone est un gaz qui fait partie de la famille des fréons, gaz utilisés comme agents réfrigérants, mais abandonnés en raison de la destruction de la couche d'ozone qu'ils entraînent.

1° Déterminer la représentation de Lewis de la molécule de tétrafluorure de carbone CF_4. Justifier.

2° Comment sont disposés les doublets d'électrons autour de l'atome de carbone ?

3° Donner la représentation de Cram de la molécule. En déduire la géométrie de cette molécule.

5 RECONNAÎTRE L'ISOMÉRIE *Z/E* *(corrigés p. 18)*

1° Le 1,2-dichloroéthène $ClCH{=}CHCl$ présente-t-il une isomérie *Z/E* ?

2° Si oui, représenter les deux isomères *Z* et *E*.

S'entraîner

6 EAU OXYGÉNÉE ★★ 10 min *(corrigés p. 18)*

Une solution aqueuse de peroxyde d'hydrogène, de formule brute H_2O_2, s'appelle de l'*eau oxygénée*. On désire établir la formule de Lewis de cette molécule.

1° Déterminer le nombre d'électrons de la couche externe des atomes d'hydrogène et des atomes d'oxygène.

2° Calculer le nombre d'électrons apportés par l'ensemble des couches externes des atomes de la molécule de peroxyde d'hydrogène. En déduire le nombre de doublets de la molécule.

3° Donner la représentation de Lewis du peroxyde d'hydrogène et indiquer le nombre de doublets non liants.

7 SULFURE D'HYDROGÈNE ★★ 5 min *(corrigés p. 18)*

Le sulfure d'hydrogène est un gaz toxique d'odeur nauséabonde, de formule H_2S. Établir la formule de Lewis de cette molécule ($Z = 1$ pour H, et $Z = 16$ pour S).

8 ISOMÉRIE *Z/E* ? ★★ 5 min *(corrigés p. 18)*

Les molécules de pent-2-ène, $CH_3{-}CH{=}CH{-}CH_2{-}CH_3$, et de propène $CH_3{-}CH{=}CH_2$, comportent une double liaison.

Présentent-elles une isomérie *Z/E* ? Si oui, représenter les isomères *Z* et *E*.

9 VISION ET ISOMÉRISATION *Z/E* ★★★ 9 min *(corrigés p. 19)*

Dans la configuration -11-*Z*, la molécule de rétinal peut s'associer à l'opsine pour donner le pigment photosensible, la rhodopsine. Quand la rhodopsine absorbe un photon, le rétinal subit une isomérisation appelée isomérisation photochimique, pour donner le rétinal « tout *E* » qui se détache de l'opsine. Ce processus déclenche un signal nerveux électrique vers le cerveau.

Le rétinal « tout *E* » subit dans l'obscurité une isomérisation enzymatique en rétinal 11-*Z* et le cycle peut recommencer.

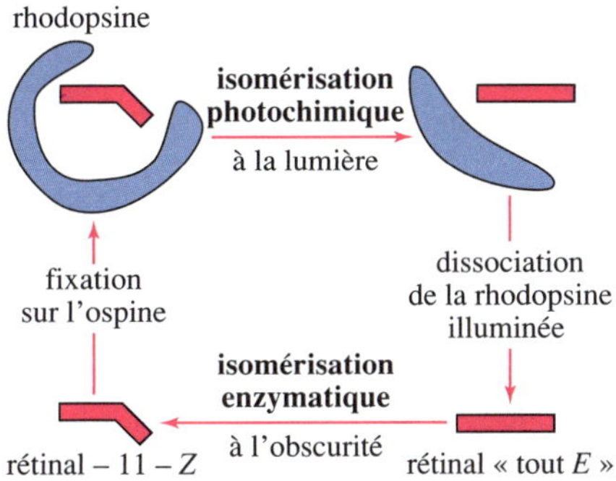

1° Quel est l'isomère du rétinal qui peut se fixer sur l'opsine ?
2° Qu'est-ce qui déclenche le signal nerveux de la vision ?
3° Qu'est-ce qui permet la transformation du rétinal -11-*Z* en isomère « tout *E* » ?

Pour aller plus loin

10 ACIDE NITREUX ★★★ 12 min (corrigés p. 19)

La formule brute de l'acide nitreux est HNO_2.
1° Vérifier que la molécule d'acide nitreux HNO_2 possède 18 électrons externes.
2° Parmi les formules de Lewis proposées ci-dessous, trouver celle qui convient ; justifier le choix et indiquer pourquoi les autres ne conviennent pas.

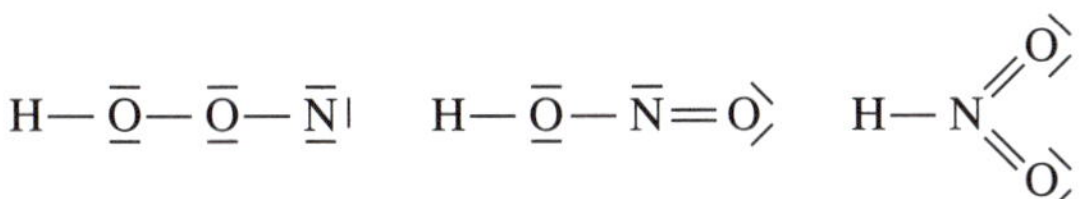

a b c

3° Indiquer la disposition des liaisons autour de l'atome d'azote et de l'atome d'oxygène.

L' interrogation écrite

11 STRUCTURE GÉOMÉTRIQUE DES MOLÉCULES ★★★ 20 min (corrigés p. 19)

1° L'acide cyanhydrique
Il s'agit d'un gaz toxique ayant l'odeur d'amande amère ; il provoque la mort par asphyxie. Sa formule brute est HCN.
a) Compléter le tableau ci-après concernant les trois éléments de la molécule.
b) Justifier la représentation de Lewis de cette molécule.
c) Quelle est la structure géométrique de cette molécule ?

Élément	hydrogène : H	carbone : C	azote : N
Structure électronique			
Nombre d'électrons sur la couche externe			
Nombre de liaisons de covalence à former			
Nombre de doublets non liants			

2° Des isomères

a) Le chlorure de vinyle (chloroéthène) qui permet la synthèse d'une matière plastique bien connue, le polychlorure de vinyle, a pour formule semi-développée $CH_2{=}CHCl$. Cette molécule possède-t-elle l'isomérie *Z*/*E* ?
Si oui, représenter les deux isomères.

b) Répondre à la même question pour la molécule de 1,2-dichloroéthène, de formule semi-développée $CHCl{=}CHCl$.

CORRIGÉS

Tester ses connaissances

1 Affirmations **vraies** : **2°** ; **4°**.

2 Affirmations **vraies** : **1° a)**, **1° b)**, **1° c)** ; **3°** ; **4°**.

Maîtriser les méthodes

3 **1°** La formule développée du propène est :

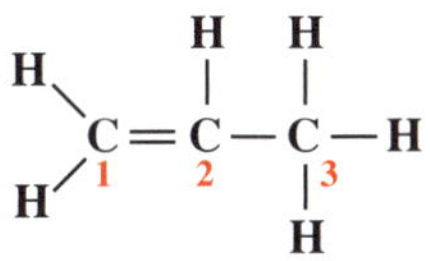

2° Le numéro atomique de l'atome de carbone est $Z = 6$. Sa structure électronique est $(K)^2(L)^4$; il a donc 4 électrons externes.

La règle de l'octet est bien respectée pour chaque carbone :

– L'atome de carbone 3 a trois liaisons covalentes avec l'atome d'hydrogène et une liaison covalente avec un atome de carbone. Il a donc quatre liaisons covalentes qui lui apportent quatre électrons externes supplémentaires, portant sa structure externe à huit électrons.

– L'atome de carbone 2 a une liaison covalente avec l'atome d'hydrogène, une liaison covalente simple avec l'atome de carbone 3 et une double liaison avec l'atome de carbone 1. Il a donc quatre liaisons covalentes avec ses voisins.

– L'atome de carbone 1 a deux liaisons covalentes avec l'atome d'hydrogène et une double liaison avec l'atome de carbone 2. Il a donc quatre liaisons covalentes avec ses voisins.

3° Les atomes d'hydrogène vérifient la **règle du duet**.

Exercice 3 : conseils à retenir
Dans une formule développée on représente toutes les liaisons par des tirets. Dans une formule semi-développée, on ne représente plus les liaisons des atomes d'hydrogène.

4 **1°** Le fluor appartient à la famille des gaz halogènes ; il a 7 électrons sur sa couche externe. Pour qu'il respecte la **règle de l'octet** (dernière couche à 8 électrons), il doit acquérir (8 – 7) = 1 électron. Il va donc former une liaison covalente.

Sur 7 électrons, 1 est engagé dans une liaison covalente, il reste donc :
7 – 1 = 6 électrons qui vont s'apparier pour former 3 doublets non liants.

L'atome de fluor a donc 3 doublets non liants et une liaison covalente.

L'atome de carbone a 4 liaisons covalentes simples et il n'a pas de doublet non liant, car tous les électrons sont engagés dans les liaisons covalentes.

La formule de Lewis de CF_4 est donc représentée ci-dessous.

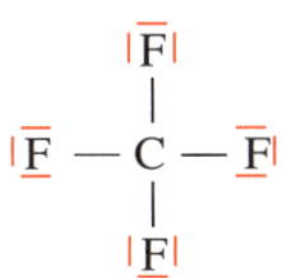

2° Les doublets de liaison sont disposés de telle façon que les répulsions soient les plus faibles possibles, donc ils ont tendance à s'éloigner au maximun. Les liaisons autour de l'atome de carbone s'écartent au maximum.

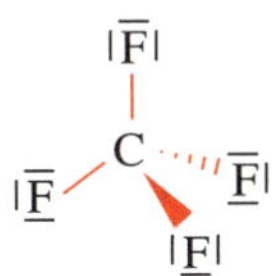

3° La molécule de tétrafluorure de carbone a une forme géométrique tétraédrique.

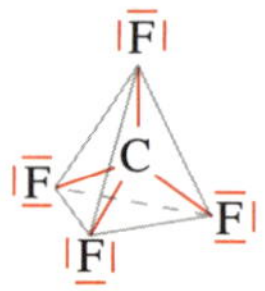

Exercice 4 : conseil à retenir
Lorsque l'atome de carbone possède 4 liaisons simples, ces liaisons sont dirigées du carbone vers les sommets d'un tétraèdre centré sur l'atome. La géométrie est tétraédrique.

5 **1°** Dans la molécule de 1,2-dichloroéthène, il y a deux atomes de carbone liés par une double liaison. Chaque atome de carbone est lié à un atome qui n'est pas un atome d'hydrogène. La molécule présente donc **deux isomères *Z* et *E***.

2° Lorsque les deux atomes d'hydrogène sont dans le même demi-plan par rapport à l'axe de la liaison C═C, l'isomère est *Z* ; dans le cas contraire, il est *E*.

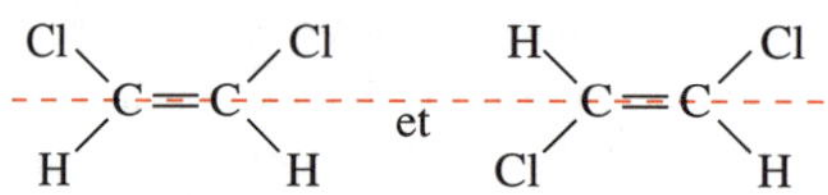

Z *E*

Exercice 5 : conseil à retenir
Les molécules de type CH*A*═CH*B*, les groupes *A* et *B* n'étant pas des atomes d'hydrogène, présentent l'isomérie *Z*/*E*, alors que les molécules de type CH*A*═CH_2 ne présentent pas l'isomérie *Z*/*E*.

S'entraîner

6 **1°** **Pour H**, *Z* = 1, la configuration électronique de H est $(K)^1$, donc **la couche externe comporte un électron**.

Pour que chaque atome d'hydrogène (couche externe à un électron) respecte la **règle du duet**, il doit acquérir (2 – 1) = 1 électron pour former une liaison covalente.

Il reste alors 1 – 1 = 0 électron, d'où 0 doublet non liant.

Chaque atome d'hydrogène a donc une liaison covalente.

Pour O, *Z* = 8, la configuration électronique de O est donc $(K)^2\,(L)^6$; **sa couche externe contient 6 électrons**.

2° Nombre total d'électrons externes pour les 4 atomes : 1 + 1 + 6 + 6 = **14. La molécule possède** donc **7 doublets**.

3° Pour que chaque atome d'oxygène respecte la **règle de l'octet** (dernière couche à 8 électrons), il doit se lier à (8 – 6) = 2 électrons. Il va donc former 2 liaisons covalentes.

Sur 6 électrons, 2 sont engagés dans 2 liaisons covalentes, il reste alors 6 – 2 = 4 électrons qui vont s'apparier pour former 2 doublets non liants.

Chaque atome d'oxygène a donc 2 doublets non liants et 2 liaisons covalentes, l'une avec un atome d'hydrogène, l'autre avec un atome d'oxygène.

Représentation de Lewis :

$$\mathbf{H-\underline{\overline{O}}-\underline{\overline{O}}-H}$$

7 Le soufre S, de numéro atomique *Z* = 16, a pour structure électronique $(K)^2(L)^8(M)^6$; il lui manque deux électrons ; il devra donc contracter deux liaisons et il portera 2 doublets non liants.

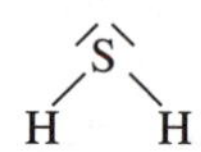

La géométrie est donc coudée.

8 **Dans la molécule de propène**, un atome de carbone lié par double liaison à un autre atome de carbone est lié à deux atomes d'hydrogène. Cette molécule ne présente donc **pas d'isomérie *Z*/*E***.

Dans la molécule de pent-2-ène, les atomes de carbone liés par une double liaison sont liés :

– l'un, à un atome d'hydrogène et au groupement méthyle CH_3 ;

– l'autre, à un atome d'hydrogène et au groupement éthyle $CH_2—CH_3$.

Donc, cette molécule présente l'**isomérie *Z*/*E***, les deux isomères sont :

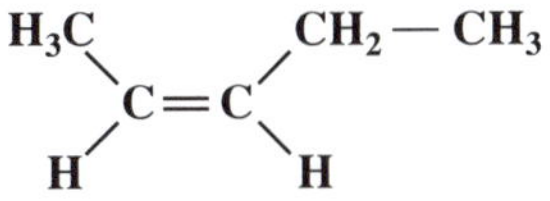

***Z* pent-2-ène**

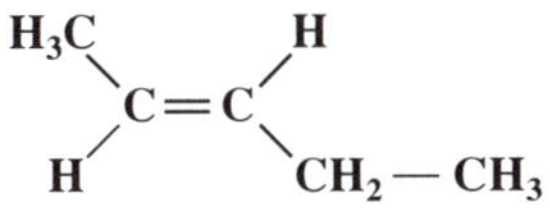

***E* pent-2-ène**

9 1° L'isomère du rétinal qui peut se fixer sur l'opsine est le **rétinal -11-*Z***.
2° Le signal nerveux qui déclenche la vision est provoqué par **la libération du rétinal « tout *E* » par la rhodopsine**.
3° C'est **la lumière** qui permet la transformation du rétinal-11-*Z* en isomère « tout *E* ».

Pour aller plus loin

10 1° L'atome d'hydrogène possède 1 électron externe, l'atome d'azote possède 5 électrons externes, l'atome d'oxygène possède 6 électrons externes. Le **nombre d'électrons externes** dans la molécule est donc :

$$1 + 5 + 2 \times 6 = \mathbf{18.}$$

2° La formule **a** ne convient pas, car elle comporte 10 doublets, donc 20 électrons externes.

La formule b convient, car on y trouve bien 18 électrons externes répartis en 4 doublets liants et 5 doublets non liants. De plus, la règle du duet est satisfaite pour H et celle de l'octet est satisfaite pour O et N.

La formule **c** ne convient pas : il y a bien 18 électrons externes, mais la règle de l'octet ne serait pas satisfaite pour l'atome N.

3° L'atome d'azote possède 1 doublet non liant, une simple liaison et une double liaison qui occupe l'espace comme une simple liaison. Le doublet non liant et les deux liaisons de l'azote s'écartent au maximum, les deux liaisons font un angle voisin de 120°.

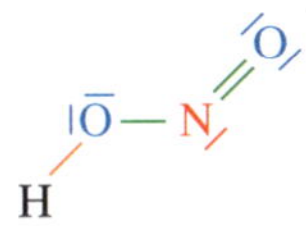

L'oxygène possède deux doublets non liants et deux liaisons simples qui forment un coude d'angle voisin de 109°.

C'est le même angle qu'entre les deux liaisons OH de la molécule d'eau.

L'interrogation écrite

11 1° a)

Élément	Hydrogène : H	Carbone : C	Azote : N
Structure électronique	$(K)^1$	$(K)^2(L)^4$	$(K)^2(L)^5$
Nombre d'électrons sur la couche externe	**1**	**4**	**5**
Nombre de liaisons de covalence à former	**1**	**4**	**3**
Nombre de doublets non liants	**0**	**0**	**1**

b) La représentation de Lewis est donc :

H — C ≡ N|

c) La liaison multiple occupe la même position qu'une liaison simple. Les deux liaisons doivent être le plus éloigné l'une de l'autre : la **molécule** est donc **linéaire**.

2° a) Cette molécule ne possède **pas l'isomérie *Z*/*E***, car l'un des atomes de carbone de la double liaison est lié à deux groupes identiques.

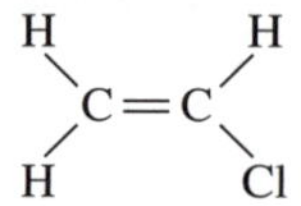

b) Cette molécule possède l'**isomérie *Z*/*E*** :

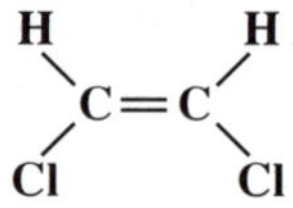

isomère *Z*

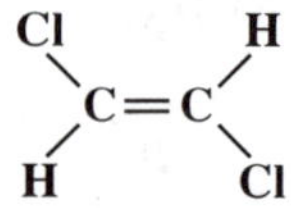

isomère *E*

CHAPITRE 2

Structure des solides

LE COURS

Les solides ioniques

▶ EXERCICES D'APPLICATION 4 ET 5, p. 26

Un **solide ionique** est **constitué d'anions** (ions négatifs) **et de cations** (ions positifs) régulièrement disposés dans l'espace. Chaque ion est soumis, de la part des ions voisins, à des interactions électrostatiques coulombiennes qui constituent des liaisons ioniques. L'ensemble est électriquement neutre.

On représente le cristal par une formule statistique qui indique la nature et la proportion des ions présents sans en indiquer la charge. Par exemple, on attribue au cristal de chlorure de sodium la formule NaCl(s).

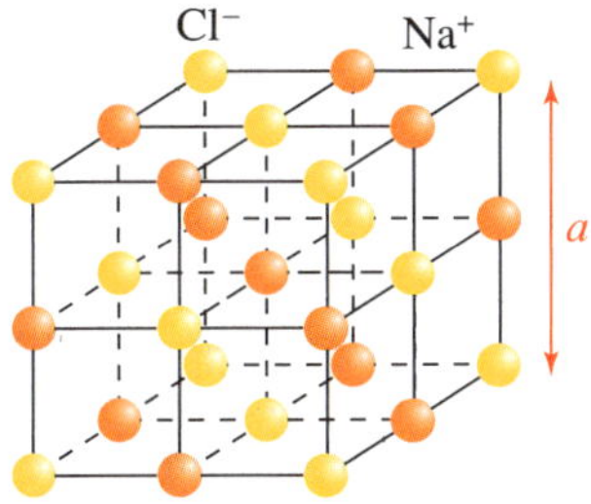

▶ Loi de Coulomb

Cette loi est celle qui régit tous les phénomènes électrostatiques.

Deux charges électriques q_A et q_B exercent l'une sur l'autre des forces d'interaction électrostatique, dont la valeur est proportionnelle à chacune des charges et inversement proportionnelle au carré de la distance d qui les sépare :

$$F_{A/B} = F_{B/A} = \frac{k\,|q_A \cdot q_B|}{d^2}$$

$F_{A/B}$ et $F_{B/A}$ sont exprimées en newton (N), d en mètre (m), q_A et q_B en coulomb (C).
k est une constante ; $k = 9{,}0 \times 10^9$ SI.
Ces deux forces ont même direction, des sens opposés et même valeur.
Si les deux charges ont même signe, l'interaction est répulsive.
Si les deux charges ont des signes opposés, l'interaction est attractive.

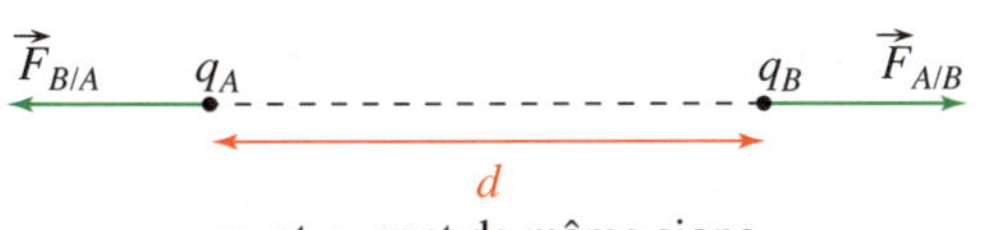

q_A et q_B sont de même signe

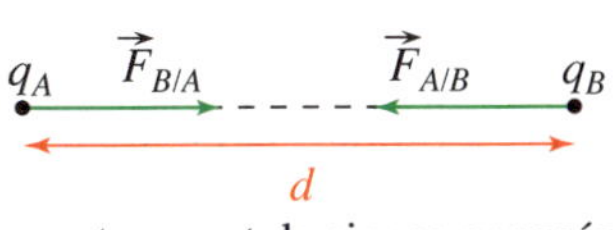

q_A et q_B sont de signes opposés

Les solides moléculaires

► EXERCICE D'APPLICATION 9, p. 27

Les solides moléculaires sont constitués de molécules covalentes. Les forces de cohésion entre ces molécules sont dues à des interactions électrostatiques plus faibles que celles existant dans les cristaux ioniques, les **interactions de Van der Waals**.
Exemples de solides moléculaires : le diiode, la carboglace (dioxyde de carbone solide).
Un cas particulier d'interaction de Van der Waals est la liaison hydrogène. Une liaison hydrogène peut s'établir entre un atome d'hydrogène lié par covalence à un atome *A* très électronégatif (F, O, N) et un atome *B* très électronégatif porteur d'un doublet non liant.

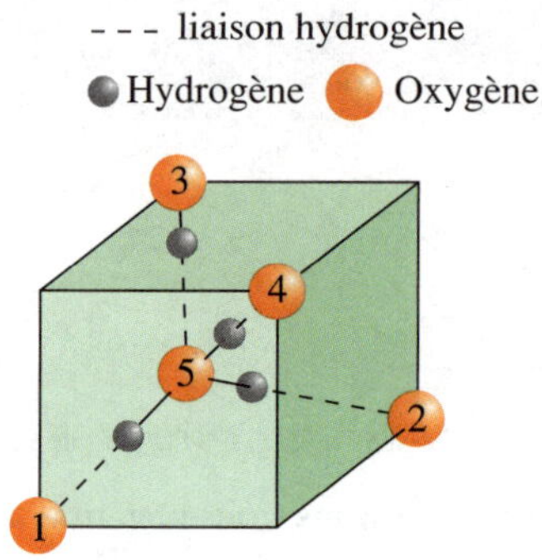

cristal de glace

Électronégativité et électropositivité des éléments

► EXERCICE D'APPLICATION 9, p. 27

L'électronégativité traduit la capacité d'un élément à attirer vers lui les électrons d'un doublet liant.
Un élément ayant tendance à **attirer** ces électrons est dit **électronégatif**.
Un élément **laissant s'éloigner** ces électrons est dit **électropositif**.
Plus l'élément est à droite et en haut de la classification (en excluant les gaz nobles), plus celui-ci est électronégatif.

électronégativité croissante (↑)

1 H Hydrogène																	2 He Hélium
3 Li Lithium	4 Be Béryllium											5 B Bore	6 C Carbone	7 N Azote	8 O Oxygène	9 F Fluor	10 Ne Néon
11 Na Sodium	12 Mg Magnésium											13 Al Aluminium	14 Si Silicium	15 P Phosphore	16 S Soufre	17 Cl Chlore	18 Ar Argon
19 K Potassium	20 Ca Calcium	21 Sc Scandium	22 Ti Titane	23 V Vanadium	24 Cr Chrome	25 Mn Manganèse	26 Fe Fer	27 Co Cobalt	28 Ni Nickel	29 Cu Cuivre	30 Zn Zinc	31 Ga Gallium	32 Ge Germanium	33 As Arsenic	34 Se Sélénium	35 Br Brome	36 Kr Krypton
37 Rb Rubidium	38 Sr Strontium	39 Y Yttrium	40 Zr Zirconium	41 Nb Niobium	42 Mo Molybdène	43 Tc Technétium	44 Ru Ruthénium	45 Rh Rhodium	46 Pd Palladium	47 Ag Argent	48 Cd Cadmium	49 In Indium	50 Sn Étain	51 Sb Antimoine	52 Te Tellure	53 I Iode	54 Xe Xénon
55 Cs Césium	56 Ba Baryum	57 La Lanthane	72 Hf Hafnium	73 Ta Tantale	74 W Tungstène	75 Re Rhénium	76 Os Osmium	77 Ir Iridium	78 Pt Platine	79 Au Or	80 Hg Mercure	81 Tl Thallium	82 Pb Plomb	83 Bi Bismuth	84 Po Polonium	85 At Astate	86 Rn Radon

électronégativité croissante (→)

L'élément le plus électronégatif est le fluor.

Caractère polaire d'une molécule

► EXERCICES D'APPLICATION 6, 12 ET 13, pp. 26, 28 et 29

Dans les molécules, certaines liaisons de covalence sont polarisées : le nuage électronique est plus dense du côté de l'atome le plus électronégatif. Si le centre des charges positives n'est pas confondu avec celui des charges négatives, la molécule est polaire.

Exemple : la molécule d'eau

G⁻ centre des charges négatives

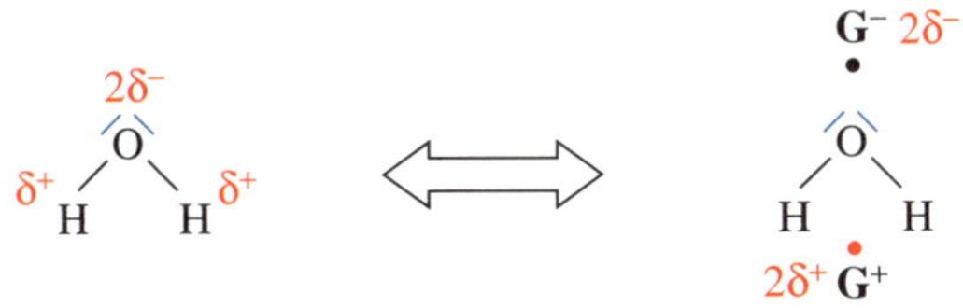

G⁺ centre des charges positives

δ représente une charge partielle positive inférieure à la charge élémentaire e = $1,6 \times 10^{-19}$ C

⁄ doublet liant formé de deux électrons

⁄ doublet non liant formé de deux électrons

L'atome d'oxygène, O, électronégatif, attire partiellement vers lui le doublet qui le lie à l'atome d'hydrogène H, électropositif. Le centre des charges négatives est différent du centre des charges positives. La molécule d'eau est donc polaire, le pôle négatif est sur l'atome O, le pôle positif se trouve entre les deux atomes H.

Dissolution d'un solide ionique

▶ EXERCICE D'APPLICATION 8, p. 26

Lorsqu'on dissout dans l'eau un composé ionique soluble, les molécules d'eau, polaires, exercent sur le cristal des forces électriques qui détruisent le cristal ionique. Les ions se dispersent dans l'eau et chacun s'entoure de quelques molécules d'eau par interaction ion-dipôle : l'ion est solvaté.

La solution obtenue conduit le courant électrique, c'est une solution électrolytique.

L'équation de dissolution s'écrit :

$$NaCl(s) \xrightarrow{\text{eau}} Na^+(aq) + Cl^-(aq)$$

L'ion solvaté s'écrit en ajoutant en indice la notation « aq » qui signifie « aqueux » après le symbole de l'ion.

Parfois, on écrit plus simplement : $NaCl(s) \xrightarrow{\text{eau}} Na^+ + Cl^-$

Il y a conservation de la matière lors de la dissolution ; la concentration $[X]$ d'un ion en solution se déduit de la concentration molaire c du soluté.

Dissolution d'un composé moléculaire

▶ EXERCICE D'APPLICATION 9, p. 27

Un composé moléculaire est soluble dans l'eau, solvant polaire, s'il est lui-même polaire.

Cas d'un gaz (chlorure d'hydrogène HCl) :

$$HCl(g) \xrightarrow{\text{eau}} H^+(aq) + Cl^-(aq)$$

Variation de température et transformation physique

▶ EXERCICE D'APPLICATION 10, p. 27

Si l'on augmente la température d'un corps, l'agitation thermique qui correspond aux mouvements désordonnés des particules (ions, molécules) augmente. Si la température d'un corps augmente suffisamment, les liaisons intermoléculaires peuvent se rompre et, ainsi, on passe de l'état solide à l'état liquide, puis à l'état gazeux.

LES DIFFICULTÉS DU CHAPITRE

Savoir écrire la formule d'un solide ionique

On l'écrit conventionnellement sans indiquer les charges des ions.

Exemples :

– Le chlorure de sodium solide, formé d'ions sodium Na^+ et chlorure Cl^-, s'écrit $NaCl(s)$; il contient autant d'ions sodium que d'ions chlorure.

– Le sulfate de sodium, formé d'ions sodium Na^+ et sulfate SO_4^{2-}, s'écrit $Na_2SO_4(s)$; il contient deux fois plus d'ions sodium que d'ions sulfate.

– Le sulfate d'aluminium, formé d'ions aluminium Al^{3+} et sulfate SO_4^{2-}, s'écrit $Al_2(SO_4)_3(s)$; il contient trois ions sulfate pour deux ions aluminium.

Savoir reconnaître une molécule polaire

Lorsqu'une molécule comporte des liaisons polarisées, elle peut être polaire, c'est-à-dire qu'elle peut avoir un centre positif et un centre négatif. C'est le cas de la molécule HCl.

La molécule de tétrachlorométhane n'est pas polaire, bien qu'ayant des liaisons polarisées. En effet, puisque les charges négatives sont symétriquement disposées de part et d'autre de la charge positive (les centres des charges positives et des charges négatives sont confondus).

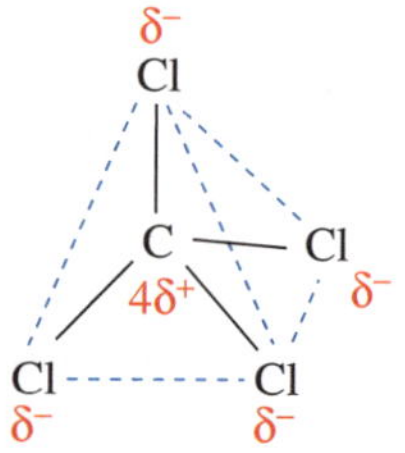

Molécule de tétrachlorométhane

EXERCICES

Tester ses connaissances

1 QCM 1

(corrigés p. 31)

Parmi les affirmations suivantes, lesquelles sont vraies ?

1° La cohésion d'un cristal ionique est due à des interactions gravitationnelles.

2° Dans le cristal de chlorure de sodium, les ions sodium attirent les ions chlorure voisins.

3° Quand on double la charge électrique d'un corps en interaction avec un autre corps chargé électriquement, la force d'interaction électrique est divisée par deux.

4° Quand on double la masse de deux corps chargés électriquement, la force d'interaction électrique reste inchangée.

5° La cohésion d'un solide moléculaire comme la glace est due à des liaisons hydrogène.

2 QCM 2

(corrigés p. 31)

Parmi les affirmations suivantes, lesquelles sont vraies ?

1° Un élément est plus électronégatif qu'un autre s'il a tendance à attirer vers lui les électrons d'un doublet qui le lie à l'autre.

2° La molécule d'eau est polaire.

3° Toute molécule possédant des liaisons polarisées est polaire.

4° Dans la formule du chlorure d'hydrogène $\overset{+\delta}{\mathrm{H}}-\overset{-\delta}{\mathrm{Cl}}$, le symbole $+\delta$ représente la charge électrique élémentaire $e = 1{,}6 \times 10^{-19}$ C.

3 QCM 3

(corrigés p. 31)

Parmi les affirmations suivantes, lesquelles sont vraies ?

1° Un cristal ionique a une structure ordonnée. Cet ordre est détruit par dissolution dans l'eau.

2° Le phénomène de solvatation des ions est dû à des interactions électriques du type ion-dipôle.

3° La dissolution dans l'eau d'un composé moléculaire ne peut pas donner une solution électrolytique.

4° Un solide passant à l'état liquide libère de l'énergie sous forme de chaleur.

Maîtriser les méthodes

Les exercices de cette rubrique font appel aux méthodes de base, qu'il faut maîtriser. Ils font l'objet d'une correction guidée pas à pas, qui récapitule ces méthodes, pour mieux les mémoriser.

4 CALCULER LA FORCE DE COHÉSION DANS UN CRISTAL (corrigés p. 31)

1° Dans un cristal de chlorure de sodium, une force s'exerce entre un ion sodium Na^+ et un ion chlorure Cl^- voisin. Préciser s'il s'agit d'une force attractive ou répulsive. Calculer la valeur de cette force sachant que la distance entre les deux ions est $d = 0{,}282$ nm.

2° Dans un cristal de chlorure de sodium, une force s'exerce entre deux ions chlorure Cl^- voisins. Préciser s'il s'agit d'une force attractive ou répulsive. Calculer la valeur de cette force sachant que la distance entre les deux ions est $d' = 0{,}564$ nm.

On donne la charge de l'électron : $e = 1{,}6 \times 10^{-19}$ C.

5 ÉCRIRE LA FORMULE D'UN SOLIDE IONIQUE (corrigés p. 31)

1° Quels sont les ions présents dans les solides ioniques suivants :
chlorure de cuivre (II) : $CuCl_2$; chlorure de cobalt (II) : $CoCl_2$; sulfate de zinc : $ZnSO_4$; nitrate de fer (III) : $Fe(NO_3)_3$; fluorure d'aluminium : AlF_3 ; sulfure de potassium : K_2S ?

2° En déduire les formules statistiques des solides suivants : sulfure de cobalt (II), sulfate de potassium, nitrate de zinc, chlorure de fer (III) et sulfate d'aluminium.

6 RECONNAÎTRE DES MOLÉCULES POLAIRES (corrigés p. 31)

Parmi les molécules ci-dessous, indiquer celles qui sont polaires.

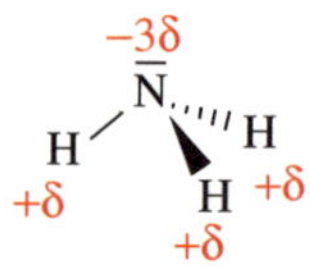

ammoniac

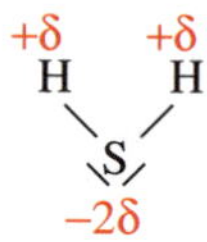

sulfure d'hydrogène

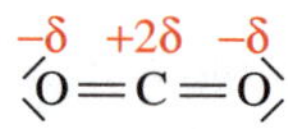

dioxyde de carbone

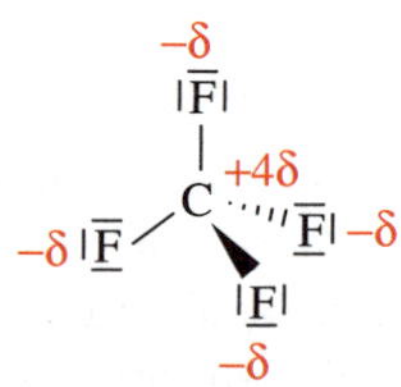

tétrafluorométhane

7 CALCULER DES CONCENTRATIONS D'IONS EN SOLUTION (corrigés p. 32)

1° Calculer la concentration en ions chlorure dans chacune des solutions ci-dessous, sachant que ces solutions ont un même volume égal à 1,0 L et que ces solutés se dissocient entièrement dans l'eau.

– La solution *a* contient 0,1 mol de chlorure de potassium KCl et 0,2 mol de chlorure de nickel, $NiCl_2$.

– La solution *b* contient 0,1 mol de chlorure de potassium, 0,2 mol de chlorure de nickel et 0,3 mol de chlorure d'aluminium $AlCl_3$.

2° Calculer les concentrations de tous les ions présents dans la solution *b*.

8 CALCULER DES CONCENTRATIONS IONIQUES LORS D'UNE DISSOLUTION (corrigés p. 32)

On dissout $n = 0{,}10$ mol de sulfate de sodium dans l'eau. La solution a un volume $V = 0{,}50$ L.

1° Indiquer la formule statistique du sulfate de sodium.

2° Écrire l'équation de la réaction associée à la dissolution du sulfate de sodium dans l'eau.

3° Calculer la concentration en soluté apporté.
4° Calculer les concentrations molaires des espèces effectivement présentes dans la solution.

S'entraîner

9 MOLÉCULE DE BROMURE D'HYDROGÈNE ★★ 10 min (corrigés p. 32)

La molécule de bromure d'hydrogène HBr est polaire.

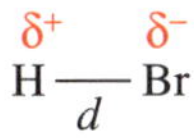

1° Dans cette molécule, quel est l'atome le plus électronégatif ? Justifier.

2° Déterminer les caractéristiques de la force électrique $\vec{F}_{H/Br}$ et de la force $\vec{F}_{Br/H}$.
3° Représenter ces forces.
Données : k = $9{,}0 \times 10^9$ SI ; $\delta = 2{,}4 \times 10^{-20}$ C ; $d = 0{,}11$ nm.
4° Le bromure d'hydrogène est-il soluble dans l'eau ? Si oui, écrire l'équation de dissolution. La solution obtenue est-elle conductrice ?

10 CHANGEMENTS D'ÉTAT ★★ 6 min (corrigés p. 33)

1° Compléter le schéma ci-dessous :

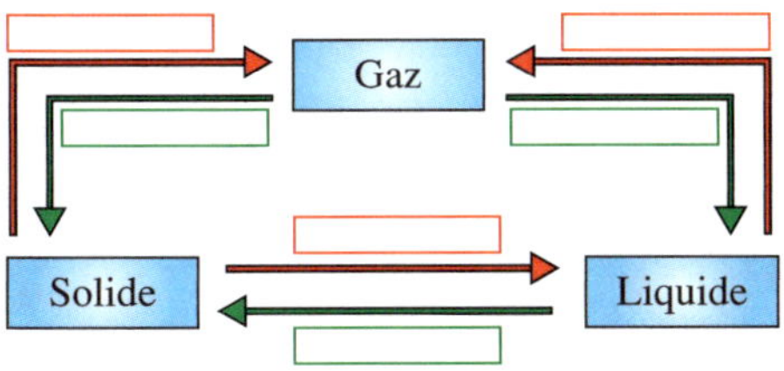

2° Parmi les trois états de la matière, quel est celui où l'agitation thermique est la plus importante ?

11 SOLUTIONS DE CHLORURE DE FER ★★ 15 min (corrigés p. 33)

Les solutions de chlorure de fer (III) sont utilisées en électronique pour réaliser des circuits imprimés. On les emploie aussi dans le traitement des eaux usées.
Par dissolution du chlorure de fer (III) hexahydraté, de formule $FeCl_3$, 6 H_2O(s), on a préparé 2 L de solution *S* de concentration $c = 1{,}00 \times 10^{-1}$ mol · L^{-1}.
1° Écrire l'équation de la réaction de dissolution.
2° Quelles sont les concentrations molaires des ions dans la solution ?
3° Quelle masse de solide a-t-on dû prélever pour préparer 2 L de solution *S* ?
4° À partir de la solution *S*, on veut obtenir, par dilution, $v' = 100$ mL de solution *S′* de concentration $c' = 5{,}00 \times 10^{-3}$ mol · L^{-1}. Quel volume de *S* faut-il utiliser ? Préciser le nom et le volume de la verrerie nécessaire.
Données : M(Fe) = 55,8 g · mol^{-1} ; M(Cl) = 35,5 g · mol^{-1} ; M(H) = 1 g · mol^{-1} ; M(O) = 16 g · mol^{-1}.

Pour aller plus loin

12 GELS SUPERABSORBANTS ★★★ 10 min *(corrigés p. 33)*

Le polyacrylate de sodium est un polymère utilisé comme superabsorbant dans les couches et serviettes hygiéniques, car il a la propriété d'absorber rapidement au moins 100 fois sa propre masse en eau.

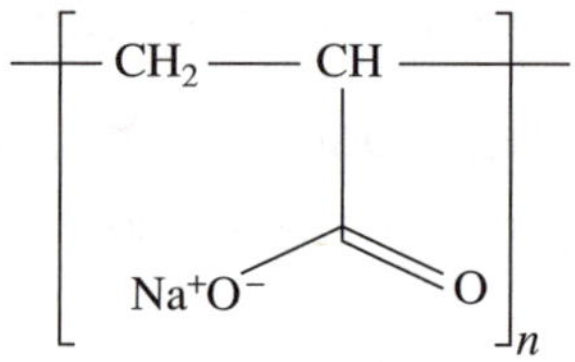

Le polyacrylate de sodium est un polymère réticulé qui se transforme en gel dès qu'il absorbe un liquide. Il possède des groupes carboxylate $RCOO^-$ accrochés à la chaîne carbonée principale et des ions sodium. Quand il entre en contact avec de l'eau, les ions sodium se détachent, laissant seuls les ions carboxylate $RCOO^-$. Étant chargés négativement, ces ions se repoussent mutuellement de sorte que le polymère se détend et absorbe l'eau.

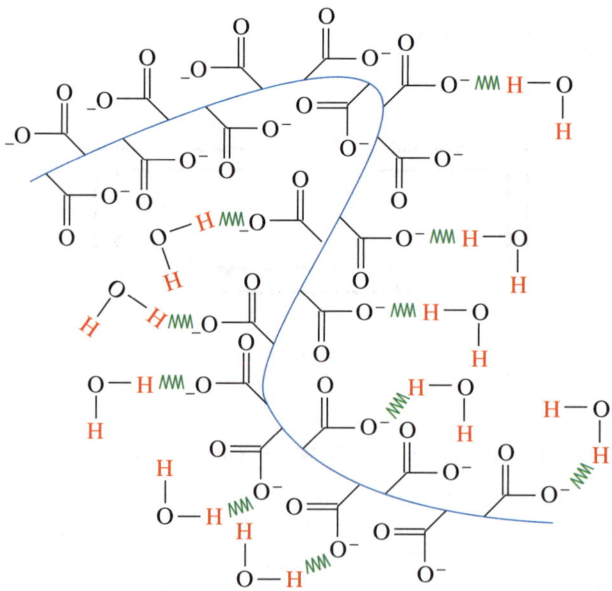

source : http://www.couches-bebe.org/2009/12/super-absorbants-sap.html

1° Quelle est la nature de la liaison entre les ions carboxylate et les ions sodium ?

2° Expliquer pourquoi les ions sodium se détachent lorsque le polymère entre en contact avec de l'eau.

3° Pourquoi le polymère se détend-il ?

4° Quelle est la nature des liaisons qui s'établissent entre le polymère et les molécules d'eau (liaisons schématisées en vert) ?

13 TENSIOACTIFS ★★★ 15 min (corrigés p. 33)

Un tensioactif est une substance possédant deux parties : une longue chaîne (plus de douze atomes de carbone), compatible avec les corps gras, donc hydrophobe, à l'extrémité de laquelle se trouve une fonction polaire, compatible avec l'eau, donc hydrophile.

Les savons sont constitués de carboxylate de sodium, de formule générale : $R\text{COONa}_{\text{solide}}$.

Ils sont peu solubles dans l'eau. L'équation de la réaction de dissolution partielle s'écrit :

$$R\text{COONa}_{\text{solide}} \longrightarrow R\text{COO}^-(\text{aq}) + \text{Na}^+(\text{aq})$$

Exemple de savon représenté ci-dessous (R correspond au groupement $CH_3—(CH_2)_{10}—$) :

ion carboxylate

$CH_3-CH_2-CH_2-CH_2-CH_2-CH_2-CH_2-CH_2-CH_2-CH_2-CH_2-COO^-$ + Na^+

partie lipophile — partie hydrophile

La partie lipophile est hydrophobe.
La partie hydrophile est lipophobe.

La formation de micelles (agrégats d'ions carboxylate) rend possible la dissolution dans l'eau d'une tache d'huile présente sur un tissu. Cette tache se laisse pénétrer par la partie lipophile du savon, alors que la partie hydrophile entraîne la tache vers l'eau (voir schéma ci-dessous).

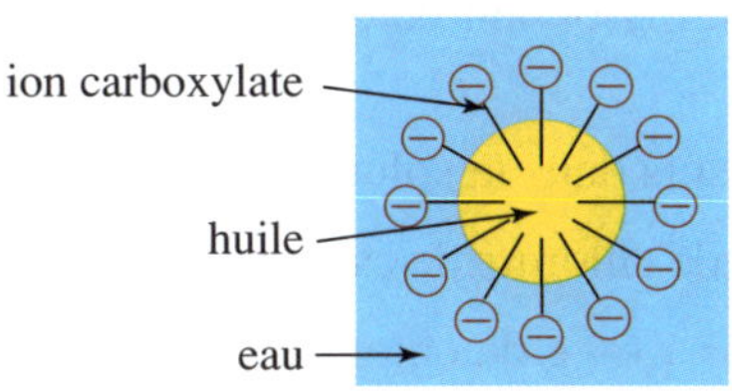

1° Choisir les bonnes réponses.
Un tensioactif :
a) est constitué par une tête hydrophobe et une chaîne carbonée hydrophile ;
b) a une tête hydrophile et une chaîne carbonée lipophile ;
c) a une tête lipophile et une chaîne carbonée hydrophobe ;
d) entre dans la composition du jaune d'œuf, des savons, des détergents.

2° Expliquer pourquoi le groupement $—COO^-$ est hydrophile.

3° Une goutte d'eau est présente dans un récipient contenant de l'huile. Représenter l'agencement d'un tensioactif, comme le savon précédent, autour de la goutte d'eau en complétant le schéma ci-contre.

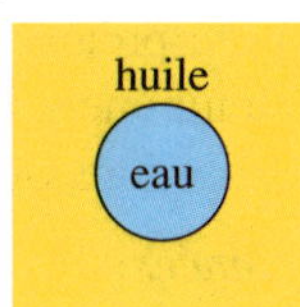

cours
exercices
interro
corrigés

4° Le jaune d'œuf contient de la lécithine, de formule représentée ci-dessous :

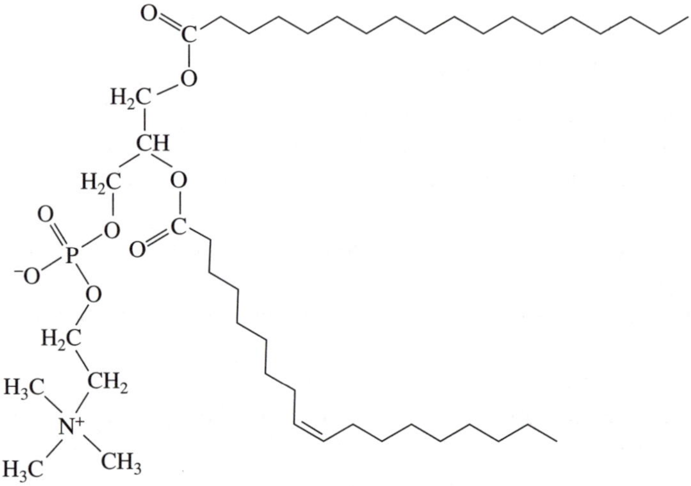

Identifier les parties hydrophobe et hydrophile de cette molécule.

L' interrogation écrite

14 LE CHLORURE DE CALCIUM 30 min *(corrigés p. 34)*

Le chlorure de calcium, $CaCl_2$, est un solide ionique.

1° Préciser le nom et la formule des ions constituant ce cristal.

2° Écrire l'équation de réaction associée à la dissolution du chlorure de calcium dans l'eau.

3° La solution obtenue en dissolvant ce cristal dans l'eau conduit-elle le courant électrique ?

4° Pourquoi les ions présents dans la solution sont-ils solvatés ?

5° Les solutions aqueuses de chlorure de calcium peuvent être utilisées en perfusion.

On dissout une masse $m = 1{,}64$ g de chlorure de calcium hexahydraté de formule $CaCl_2$, 6 $H_2O(s)$, dans de l'eau distillée. Le volume V de la solution S obtenue est égal à 125 mL.

a) Calculer la concentration molaire c de la solution S obtenue.

b) Écrire l'équation de dissolution du soluté $CaCl_2$, 6 $H_2O(s)$ dans l'eau.

c) Calculer la concentration molaire des deux ions présents dans la solution S.

d) On prélève un volume $V' = 10{,}0$ mL de cette solution S, que l'on dilue pour obtenir une solution S_d de volume $V_d = 250$ mL. Calculer les concentrations molaires des ions présents dans la solution S_d.

Données : masses molaires en $g \cdot mol^{-1}$: $M(Ca) = 40{,}0$; $M(Cl) = 35{,}5$; $M(H) = 1{,}00$; $M(O) = 16{,}0$.

CORRIGÉS

Tester ses connaissances

1 Affirmations **vraies : 2° ; 4° ; 5°.**

2 Affirmations **vraies : 1° ; 2°.**

3 Affirmations **vraies : 1° ; 2°.**

Maîtriser les méthodes

4 1° Cette **force** électrostatique est **attractive** ; elle est régie par la loi de Coulomb. La force a pour valeur :

$$F = \frac{k \cdot |q \cdot q|}{d^2} ;$$

$$F = 9 \times 10^9 \times \frac{(1{,}6 \times 10^{-19})^2}{(0{,}282 \times 10^{-9})^2}$$

$$= \mathbf{2{,}90 \times 10^{-9}\ N.}$$

2° Cette **force** électrostatique est **répulsive** ; elle est régie par la loi de Coulomb. La force a pour valeur :

$$F' = \frac{k \cdot |q \cdot q|}{d'^2} ;$$

$$F' = 9 \times 10^9 \times \frac{(1{,}6 \times 10^{-19})^2}{(0{,}564 \times 10^{-9})^2}$$

$$= \mathbf{7{,}24 \times 10^{-10}\ N.}$$

Exercice 4 : conseils à retenir

La charge d'un ion monoatomique est celle de l'électron. Pour un cation, elle est positive ; pour un anion, elle est négative. Dans la loi de Coulomb, intervient la valeur absolue de la charge électrique.

5 1° Chlorure de cuivre (II) $CuCl_2$:
Cu^{2+} et Cl^- ;
chlorure de cobalt (II) $CoCl_2$:
Co^{2+} et Cl^- ;
sulfate de zinc $ZnSO_4$: **Zn^{2+} et SO_4^{2-} ;**
nitrate de fer (III) $Fe(NO_3)_3$: **Fe^{3+} et NO_3^- ;**
fluorure d'aluminium AlF_3 : **Al^{3+} et F^- ;**
sulfure de potassium K_2S : **K^+ et S^{2-}.**

2° • Le sulfure de cobalt (II) contient des ions sulfure S^{2-} et des ions cobalt Co^{2+} : sa formule est donc **CoS**.

• Le sulfate de potassium contient des ions sulfate SO_4^{2-} et des ions potassium K^+ : sa formule est donc **K_2SO_4**.

• Le nitrate de zinc contient des ions nitrate NO_3^- et des ions zinc Zn^{2+} : sa formule est donc **$Zn(NO_3)_2$**.

• Le chlorure de fer (III) contient des ions chlorure Cl^- et des ions fer (III) Fe^{3+} : sa formule est donc **$FeCl_3$**.

• Le sulfate d'aluminium contient des ions sulfate SO_4^{2-} et des ions aluminium Al^{3+} : sa formule est donc **$Al_2(SO_4)_3$**.

Exercice 5 : conseil à retenir

Lors de l'écriture de la formule d'un cristal ionique, il faut vérifier la neutralité électrique, ainsi :
pour le sulfate d'aluminium, il y a 2 ions aluminium Al^{3+}, soit 6 charges positives ; il y a 3 ions sulfate SO_4^{2-}, soit 6 charges négatives. L'électroneutralité est bien respectée.

6 Pour qu'une molécule soit polaire, il faut que le centre des charges positives ne soit pas confondu avec celui des charges négatives.

• **La molécule d'ammoniac est polaire**. Ce gaz est très soluble dans l'eau.

• **La molécule de sulfure d'hydrogène est polaire**. Ce gaz est très soluble dans l'eau.

• **La molécule de dioxyde de carbone n'est pas polaire** car, en raison de la symétrie de la molécule, le centre des charges négatives coïncide avec le centre des charges positives. Ce gaz n'est que peu soluble dans l'eau avec laquelle il réagit partiellement.

• **La molécule de tétrafluorométhane n'est pas polaire** car le centre des charges négatives coïncide avec le barycentre des charges positives. Ce gaz n'est pas soluble dans l'eau.

Exercice 6 : conseils à retenir

• La molécule de dioxyde de carbone **n'est pas polaire** ; néanmoins, chaque liaison C═O est polarisée.

• La molécule de tétrafluorométhane **n'est pas polaire** ; néanmoins, chaque liaison C—F est polarisée.

7 1° • Dans la solution *a*, la dissolution de 0,1 mol de chlorure de potassium donne 0,1 mol d'ions chlorure. La dissolution de 0,2 mol de chlorure de nickel donne 0,4 mol d'ions chlorure.

Dans dans la solution *a*,

$$[\mathrm{Cl^-}] = \mathbf{0{,}5\ mol \cdot L^{-1}}.$$

• **Dans la solution *b*,** la dissolution de 0,3 mol de chlorure d'aluminium donne 0,9 mol d'ions chlorure. D'où la concentration totale en ions chlorure est :

$[\mathrm{Cl^-}] = 0{,}1 + 0{,}4 + 0{,}9 = \mathbf{1{,}4\ mol \cdot L^{-1}}$.

2° **Dans la solution *b***, la concentration en ions potassium est : $[\mathrm{K^+}] = \mathbf{0{,}1\ mol \cdot L^{-1}}$;

la concentration en ions nickel est :

$[\mathrm{Ni^{2+}}] = \mathbf{0{,}2\ mol \cdot L^{-1}}$;

la concentration en ions aluminium est :

$[\mathrm{Al^{3+}}] = \mathbf{0{,}3\ mol \cdot L^{-1}}$.

Exercice 7 : conseil à retenir

On peut vérifier les résultats de la seconde question avec l'équation d'électroneutralité :

$[\mathrm{K^+}] + 2[\mathrm{Ni^{2+}}] + 3[\mathrm{Al^{3+}}] = [\mathrm{Cl^-}]$:

$0{,}1 + 0{,}2 \times 2 + 0{,}3 \times 3 = 1{,}4\ \mathrm{mol \cdot L^{-1}}$.

8 1° Le solide ionique a pour formule statistique $\mathbf{Na_2SO_4}$ **(s)**.

2° La réaction associée à la dissolution du sulfate de sodium s'écrit :

$$\mathbf{Na_2SO_4(s) \xrightarrow{eau} 2\,Na^+(aq) + SO_4^{2-}(aq)}$$

3° La concentration *C* du soluté apporté est :

$$C_{\mathrm{Na_2SO_4}} = \frac{n_{\mathrm{Na_2SO_4}}}{V} = \frac{0{,}10}{0{,}50} = \mathbf{0{,}20\ mol \cdot L^{-1}}.$$

4° L'apport de $n = 0{,}10$ mol de sulfate de sodium solide fait apparaître, en solution, $n(\mathrm{Na^+}) = 0{,}20$ mol d'ions sodium $\mathrm{Na^+}$ et $n(\mathrm{SO_4^{2-}}) = 0{,}10$ mol d'ions sulfate $\mathrm{SO_4^{2-}}$.

Les concentrations molaires des espèces effectivement présentes dans la solution sont :

$$[\mathrm{Na^+}] = \frac{n(\mathrm{Na^+})}{V} = \frac{0{,}20}{0{,}50} = \mathbf{0{,}40\ mol \cdot L^{-1}}\ ;$$

$$[\mathrm{SO_4^{2-}}] = \frac{n(\mathrm{SO_4^{2-}})}{V} = \frac{0{,}10}{0{,}50}$$

$$= \mathbf{0{,}20\ mol \cdot L^{-1}}.$$

Exercice 8 : conseil à retenir

On peut écrire que la concentration *C* du soluté apporté est :

$$C_{\mathrm{Na_2SO_4}} = \frac{n_{\mathrm{Na_2SO_4}}}{V} = \frac{0{,}10}{0{,}5} = 0{,}20\ \mathrm{mol \cdot L^{-1}}\ ;$$

mais écrire $[\mathrm{Na_2SO_4}]_{\mathrm{initial}}$ pour désigner *C* ne convient pas. La notation *C* se réfère à ce qui a été introduit (ou apporté) dans la solution. La notation [...] se réfère à ce qui est effectivement présent dans la solution.

S'entraîner

9 1° L'**atome le plus électronégatif** est l'atome de **brome**, car il attire plus le doublet de liaison que l'atome d'hydrogène, puisqu'il apparaît, sur lui, une charge négative.

2° Les deux forces électriques ont pour **direction celle de la liaison covalente H—Br.**

Ces forces sont attractives, car les charges sont de signes opposés.

$\vec{F}_{\mathrm{H/Br}}$ a pour sens le sens de **Br vers H**, alors que $\vec{F}_{\mathrm{Br/H}}$ a pour sens le sens **de H vers Br**.

Ces deux forces opposées ont même valeur, donnée par la loi de Coulomb :

$$F_{\mathrm{H/Br}} = F_{\mathrm{Br/H}} = 9 \times 10^9 \times \frac{(2{,}4 \times 10^{-20})^2}{(0{,}11 \times 10^{-9})^2}$$

$$= \mathbf{4{,}3 \times 10^{-10}\ N}.$$

3° Représentation des deux forces :

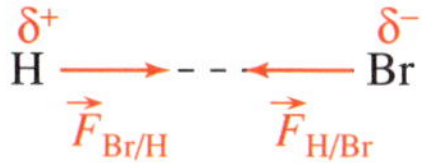

4° Le **bromure d'hydrogène** est **soluble dans l'eau**, car ses molécules peuvent établir des liaisons hydrogène avec les molécules d'eau.

$$\mathbf{HBr(g) \xrightarrow{eau} H^+(aq) + Br^-(aq)}$$

La **solution de bromure d'hydrogène** est **conductrice**, car elle contient des ions, particules chargées.

10 1°

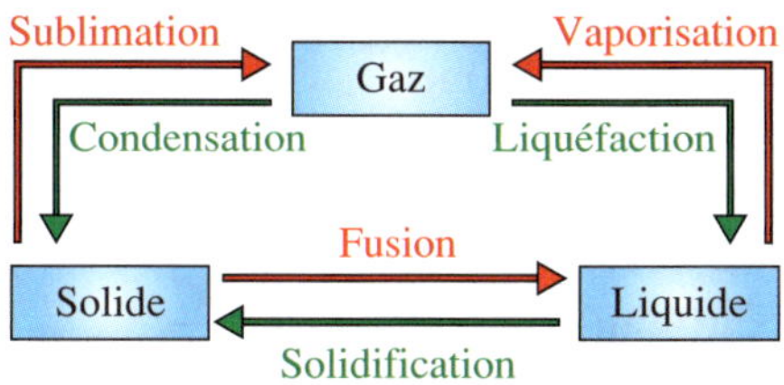

2° **L'agitation thermique est la plus importante à l'état gazeux**, où il n'y a pas de liaisons intermoléculaires entre les particules.

11 1° $\mathbf{FeCl_3, 6\,H_2O(s) \rightarrow Fe^{3+}(aq) + 3\,Cl^-(aq) + 6\,H_2O(\ell)}$.

2° D'après l'équation de réaction précédente, on a :

$[Fe^{3+}(aq)] = c = \mathbf{1{,}00 \times 10^{-1}\ mol \cdot L^{-1}}$

et $[Cl^-(aq)] = 3c = \mathbf{3{,}00 \times 10^{-1}\ mol \cdot L^{-1}}$.

3° Pour préparer 2 L de solution S, il faut dissoudre $2c$ moles de solide, soit $2{,}00 \times 10^{-1}$ mol.

La masse molaire du solide est :

$$M = M_{Fe} + 3M_{Cl} + 6(2M_H + M_O)$$
$$= 55{,}8 + 3 \times 35{,}5 + 6 \times 18$$
$$= 270{,}3\ g \cdot mol^{-1}.$$

La **masse à dissoudre** est égale à :

$270{,}3 \times 2{,}00 \times 10^{-1} = \mathbf{54\ g}$.

4° La solution S' contient $c' \cdot v'$ moles de soluté. Or, la quantité de matière se conserve lors d'une dilution : il faut donc prélever un volume v de S contenant le même nombre de moles de soluté :

$$c \cdot v = c' \cdot v'.$$

d'où $v = \dfrac{c' \cdot v'}{c}$,

soit $v = \dfrac{5{,}00 \times 10^{-3} \times 100}{1{,}00 \times 10^{-1}} = \mathbf{5\ mL.}$

On va donc prélever 5 mL de solution S à l'aide d'une **pipette jaugée de 5 mL**. On verse ce volume dans une **fiole jaugée de 100 mL** et on complète avec de l'eau distillée jusqu'au trait de jauge. On bouche la fiole et on agite.

Pour aller plus loin

12 1° Il s'agit de **liaisons ioniques**, interactions électriques attractives entre ions de charges opposées.

2° Lorsque le polymère entre en contact avec les molécules d'eau, **les ions sodium sont attirés par le pôle négatif des molécules d'eau polaires ; ils se solvatent et sont moins attirés par les ions carboxylate**.

3° **Les ions sodium étant éloignés, ils ne contrebalancent plus les interactions de répulsion entre les ions carboxylate qui cherchent donc à s'éloigner au maximum les uns des autres.**

4° Il s'établit des **liaisons hydrogène** entre l'atome d'hydrogène de la molécule d'eau, portant une charge positive, et l'atome d'oxygène de l'ion carboxylate, portant une charge négative.

13 1° Un tensioactif a une tête hydrophile et une chaîne carbonée lipophile (**proposition b)**). Il entre dans la composition du jaune d'œuf, des savons, des détergents (**proposition d)**).

cours
exercices
interro
corrigés

2° Le groupement —COO^- est hydrophile, car **il peut établir des liaisons hydogène avec le pôle positif des molécules d'eau.**

3° Les têtes hydrophiles se rangent contre la goutte d'eau, les queues hydrophobes se trouvant dans l'huile.

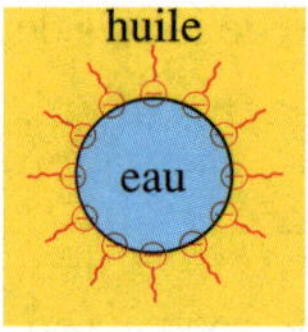

4° Les **chaînes carbonées** constituent les **parties hydrophobes** de la molécule et les **parties chargées** de la molécule sont **hydrophiles.**

L'interrogation écrite

14 **1°** Nom et formule des ions constituant le chlorure de calcium : l'**ion calcium Ca^{2+}** et l'**ion chlorure Cl^-**.

2° Équation de dissolution :

$$\mathbf{CaCl_2(s) \rightarrow Ca^{2+}(aq) + 2\ Cl^-(aq)}$$

3° La solution contient des ions mobiles, c'est un électrolyte, elle **conduit le courant électrique**.

4° Les ions sont solvatés, car **lors de la dissolution, il apparaît des liaisons entre les ions et les molécules d'eau**. Les ions s'entourent de molécules d'eau, car ils portent une charge électrique et que l'eau est un solvant polaire.

5° a) Quantité de matière n de chlorure de calcium hexahydraté :

$$n = \frac{m}{M},$$

avec $M = 40{,}0 + 2 \times 35{,}5 + 6(2 \times 1{,}00 + 16{,}0) = 219\ \text{g} \cdot \text{mol}^{-1}$;

d'où $n = \dfrac{1{,}64}{219} = 7{,}49 \times 10^{-3}$ mol.

La concentration c de la solution S est égale à :

$$c = \frac{n}{V} = \frac{7{,}49 \times 10^{-3}}{0{,}125} = \mathbf{0{,}060\ mol \cdot L^{-1}}.$$

b) L'équation de dissolution s'écrit :

$$\mathbf{CaCl_2, 6\ H_2O(s) \rightarrow Ca^{2+}(aq) + 2\ Cl^-(aq) + 6\ H_2O\ (\ell)}$$

c) D'après l'équation, on a :

$\mathbf{[Ca^{2+}\ (aq)]} = c = \mathbf{0{,}060\ mol \cdot L^{-1}}$

et $\mathbf{[Cl^-\ (aq)]} = 2c = \mathbf{0{,}120\ mol \cdot L^{-1}}$.

d) Lors de la dilution, la quantité de matière reste la même, d'où :

– pour les ions calcium :

$[Ca^{2+}\ (aq)]_i \cdot V' = [Ca^{2+}\ (aq)]_f \cdot V_d$.

on en déduit :

$$\mathbf{[Ca^{2+}\ (aq)]_f = [Ca^{2+}\ (aq)]_i \cdot \frac{V'}{V_d}} = 0{,}060 \times \frac{10{,}0}{250} = \mathbf{2{,}40 \times 10^{-3}\ mol \cdot L^{-1}}.$$

– pour les ions chlorure, leur concentration est deux fois plus grande que celle des ions calcium :

$$\mathbf{[Cl^-\ (aq)]_f} = 2{,}40 \times 10^{-3} \times 2 = \mathbf{4{,}80 \times 10^{-3}\ mol \cdot L^{-1}}.$$

CHAPITRE 3

Colorants

Comprendre

LE COURS

Synthèse soustractive ▶ EXERCICES D'APPLICATION 4 ET 9, pp. 40 et 42

La **synthèse soustractive** est **obtenue en enlevant des couleurs à la lumière blanche** à l'aide de filtres ou de pigments. Un filtre absorbe surtout la lumière correspondant à sa couleur complémentaire.

En synthèse soustractive, deux couleurs sont complémentaires si elles donnent du noir lorsqu'on les superpose. Les complémentaires sont : cyan et rouge, magenta et vert, jaune et bleu.

Superposition de filtres

filtres		couleurs diffusées
cyan, magenta	→	bleu
cyan, jaune	→	vert
magenta, jaune	→	rouge
magenta, cyan, jaune	→	noir

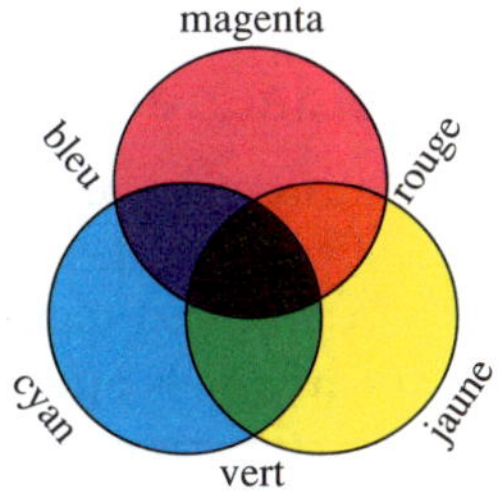

Colorants, pigments ▶ EXERCICES D'APPLICATION 6 ET 10, pp. 41 et 42

Un colorant désigne toute matière colorée utilisée pour changer la couleur d'un substrat (textile, aliment…).

Le **colorant** peut donc être :

– une **teinture absorbée** par le support et qui s'unit chimiquement aux molécules qu'elle colore. Ainsi, elle se mélange à la couleur initiale. Par exemple, un tissu cyan plongé dans un bain de teinture jaune deviendra vert par synthèse soustractive du cyan et du jaune.

– un **pigment** généralement insoluble qui se fixe à la surface de l'objet.

Un colorant peut être d'origine naturelle ou obtenu par synthèse.

Loi de Beer-Lambert ▶ EXERCICE D'APPLICATION 8, p. 41

Pour déterminer les longueurs d'onde des radiations absorbées par une solution colorée, on utilise un appareil appelé **spectrophotomètre** qui **mesure l'absorbance** ***A***, grandeur physique sans unité. Plus l'absorbance *A* est grande, plus la substance étudiée absorbe la radiation.

Soit une radiation monochromatique de longueur d'onde λ traversant une solution d'épaisseur l, l'absorbance vérifie la **loi de Beer-Lambert**, soit :

$$A = \varepsilon \cdot l \cdot C,$$

avec :
A : absorbance, sans unité ;
ε : coefficient d'absorption molaire (ou coefficient d'extinction molaire) en $L \cdot mol^{-1} \cdot cm^{-1}$;
l : largeur de cuve en cm ;
C : concentration de la solution en $mol \cdot L^{-1}$.

► Application : dosage par étalonnage d'une espèce colorée en solution aqueuse

Le dosage par étalonnage par spectrophotométrie, d'une espèce colorée en solution aqueuse, est la détermination de sa concentration C_0 en utilisant une courbe expérimentale dite courbe d'étalonnage obtenue à partir de mesures d'absorbance.

Méthode :

– On réalise une gamme étalon constituée d'une série de solutions de concentrations connues C du composé à doser et on mesure l'absorbance A de chaque solution pour la longueur d'onde λ pour laquelle l'absorbance est maximale.

– On trace le graphe $A = f(C)$, appelé courbe d'étalonnage (qui est une droite passant par l'origine pour des solutions diluées).

– On mesure, pour la longueur d'onde λ, l'absorbance A_0 de la solution de concentration inconnue C_0.

– On déduit C_0, soit graphiquement de la droite expérimentale $A = f(C)$, soit de sa modélisation numérique $A = k \cdot C$, où k est le coefficient directeur de la droite.

Couleur et structure moléculaire

► EXERCICES D'APPLICATION 7 ET 11, pp. 41 et 43

L'absorption de la lumière est liée à la structure moléculaire de la substance. Ainsi, l'absorption des radiations dans l'UV (longueurs d'onde $\lambda < 400$ nm) par une substance est due à la présence de molécules renfermant **certains groupements fonctionnels appelés groupements *chromophores***.

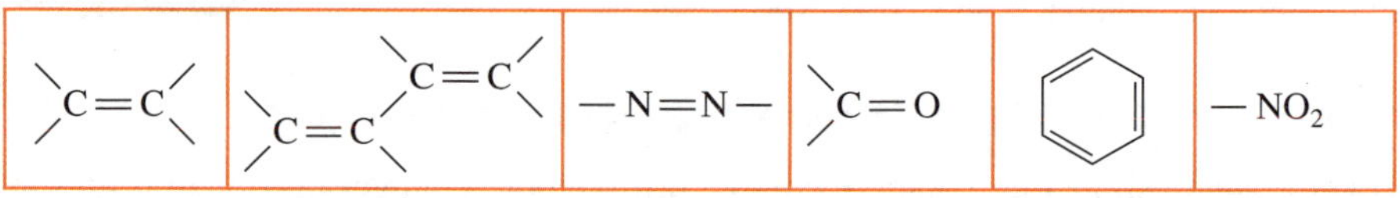

Si, dans une molécule, les doubles liaisons sont conjuguées (alternance de liaisons doubles et simples, — = — = —), l'absorption se déplace vers les plus grandes longueurs d'onde, c'est-à-dire de l'UV dans le visible et la substance correspondante devient colorée .

La présence de groupes ***auxochromes***, tels que $—NH_2$, $—OH$, $—CH_3$, $—SO_3H$, $—Cl$, $—Br$…, accentue ce déplacement de l'absorption vers les plus grandes longueurs d'onde.

► Influence du pH

Le pH a une influence sur la couleur de nombreux colorants. C'est le cas pour les indicateurs colorés.

► Influence du solvant

La couleur d'un colorant dépend souvent de la nature du solvant.

LES DIFFICULTÉS DU CHAPITRE

Les colorants artificiels sont obtenus par réactions chimiques de synthèse. La résolution des exercices correspondants exige une bonne maîtrise de la notion de bilan de matière lors d'une réaction chimique ; nous en rappelons ci-dessous les points essentiels.

Réaction chimique

La réaction chimique modélise, à l'échelle macroscopique, le passage des réactifs aux produits.

- **Équation chimique**

– Une équation chimique traduit un bilan de quantité de matière.

– Dans une équation chimique, les réactifs et les produits sont représentés par leur formule.

Les formules des réactifs sont placées à gauche et celles des produits à droite d'une flèche orientée de gauche à droite. Des nombres, appelés **nombres stœchiométriques**, placés devant la formule de chaque espèce, sont ajustés pour traduire la conservation des éléments et des charges électriques au cours de la transformation chimique.

- **Bilan de matière**

L'avancement permet de connaître l'état du système à tout instant. Le calcul de l'avancement maximal permet de connaître l'état final du système. On peut utiliser un tableau d'avancement.

Soit l'équation de réaction : a réactif 1 + b réactif 2 → c produit

Équation de réaction		***a* réactif 1** +	***b* réactif 2** →	***c* produit**
	avancement	quantité de réactif 1 (mol)	quantité de réactif 2 (mol)	quantité de produit (mol)
État initial (mol)	0	n_1	n_2	0
État en cours de transformation (mol)	x	$n_1 - ax$	$n_2 - bx$	cx
État final (mol)	x_{max}	$n_1 - ax_{max}$	$n_2 - bx_{max}$	cx_{max}

La transformation cesse lorsqu'au moins un des réactifs du système a disparu : le **réactif limitant**.

Celui-ci se détermine en comparant les valeurs trouvées pour x_{max}, en supposant la disparition totale de chaque réactif : la plus petite valeur de x_{max} correspond au réactif limitant. L'avancement maximal de la réaction correspond à la valeur la plus petite valeur de x trouvée. Le **réactif limitant** a complètement disparu en fin de réaction, il est **en défaut**. L'**autre réactif** est **en excès**. Si l'avancement maximal est le même pour les deux réactifs, la réaction se fait dans les conditions stœchiométriques. Les deux réactifs ont disparu complètement à la fin de la réaction. Il n'y a pas de réactifs en défaut ou en excès.

Comment retrouver la couleur obtenue par superposition de filtres

On applique le principe de la **trichromie** : la lumière blanche est la somme de trois lumières primaires : bleue, verte et rouge. En additionnant ces lumières, on peut retrouver toutes les autres. Il suffit de retenir les additions suivantes (synthèse additive) :
bleu + vert = cyan,
bleu + rouge = magenta,
rouge + vert = jaune.

Application : envoyons un faisceau de lumière blanche à travers des filtres. Quelle est la couleur de la lumière transmise ?

a) Filtre bleu

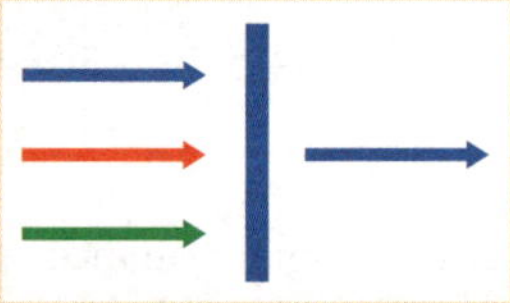

Le filtre bleu arrête les lumières verte et rouge ; il laisse passer la lumière bleue (de sa propre couleur).

b) Superposition de deux filtres bleu et rouge :

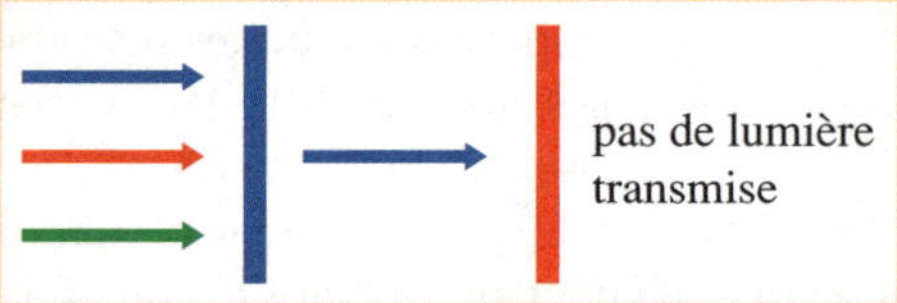

Le filtre bleu arrête les lumières verte et rouge ; il laisse passer la lumière bleue (de sa propre couleur). Le filtre rouge ne laisse passer que la lumière rouge (de sa propre couleur). Éclairé par une lumière bleue, le dernier filtre ne transmet aucune lumière.

c) Superposition d'un filtre cyan et d'un filtre jaune :

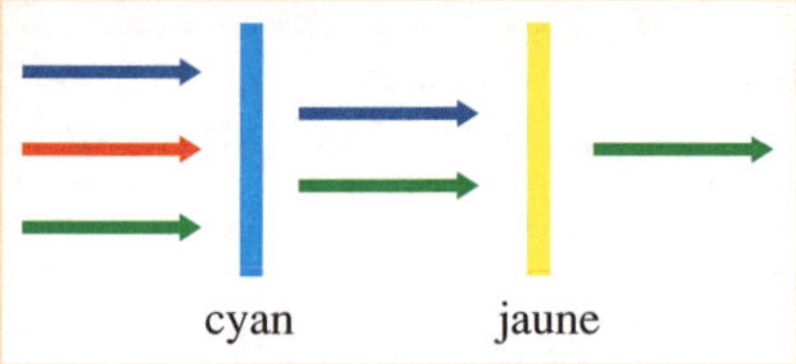

Le filtre cyan (bleu-vert) laisse passer les lumières bleue et verte ; il arrête la lumière rouge. Le filtre jaune (rouge-vert) arrête la lumière bleue ; il ne reste que la lumière verte qui traverse.

d) Superposition d'un filtre magenta et d'un filtre jaune :

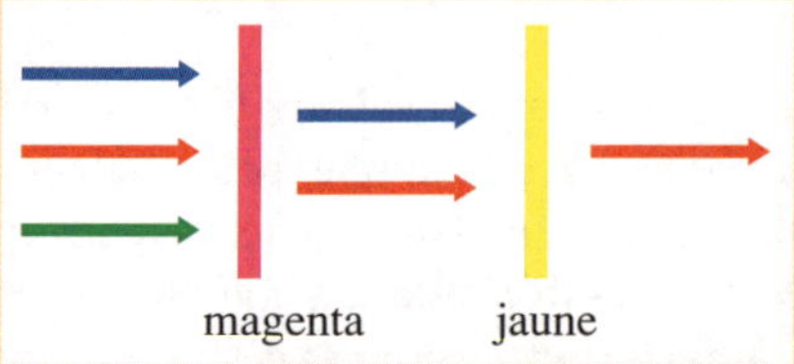

Le filtre magenta (bleu-rouge) laisse passer les lumières bleue et rouge ; il arrête la lumière verte. Le filtre jaune (rouge-vert) arrête la lumière bleue ; il ne reste que la lumière rouge qui traverse.

EXERCICES

Tester ses connaissances

Pour aider à la résolution des exercices, nous proposons une liste des couleurs du spectre en fonction de la longueur d'onde.

Couleurs	Longueurs d'onde (nm)	Couleurs complémentaires
Violet extrême	400	
Violet moyen	420	(vert-jaune)
Violet-bleu	440	
Bleu moyen	470	(jaune)
Bleu-vert	500	
Vert moyen	530	(pourpre)
Vert-jaune	560	
Jaune moyen	580	(bleu)
Jaune-orangé	590	
Orangé moyen	600	(bleu-verdâtre)
Orangé-rouge	610	
Rouge moyen	650	(vert-bleu)
Rouge extrême	780	

1 QCM 1

(corrigés p. 46)

Indiquer les affirmations vraies.

Lorsque l'avancement d'une réaction chimique totale atteint sa valeur maximale, cela signifie toujours qu'il y a eu consommation totale :

1° de tous les réactifs ;

2° d'au moins un des réactifs ;

3° de tous les produits ;

4° d'au moins un des produits.

2 QCM 2

(corrigés p. 46)

Choisir les phrases correctes.

1° Lorsque l'on superpose trois filtres jaune, cyan et magenta sur le trajet de la lumière blanche, toute la lumière est absorbée.

cours exercices interro corrigés

2° En peinture ou en imprimerie, ce sont les pigments qui jouent le rôle de filtres. Ces techniques reposent donc sur la synthèse additive de la lumière.

3° Les filtres colorés agissent comme des caches de leur couleur complémentaire.

4° Une solution colorée transmet les radiations de sa propre couleur.

3 QCM 3 *(corrigés p. 46)*

Choisir les phrases correctes.

1° La loi de Beer-Lambert s'écrit : $A = \varepsilon \cdot l \cdot C$.

2° Un spectrophotomètre mesure la concentration d'une solution.

3° L'absorbance A d'une solution ne dépend pas de la longueur d'onde de la radiation incidente.

4° La double liaison $C{=}C$ constitue un groupe auxochrome.

5° Le groupement OH provoque le déplacement de l'absorption vers les grandes longueurs d'onde.

Maîtriser les méthodes

Les exercices de cette rubrique font appel aux méthodes de base, qu'il faut maîtriser. Ils font l'objet d'une correction guidée pas à pas, qui récapitule ces méthodes, pour mieux les mémoriser.

4 TROUVER LA COULEUR DU FILTRE *(corrigés p. 46)*

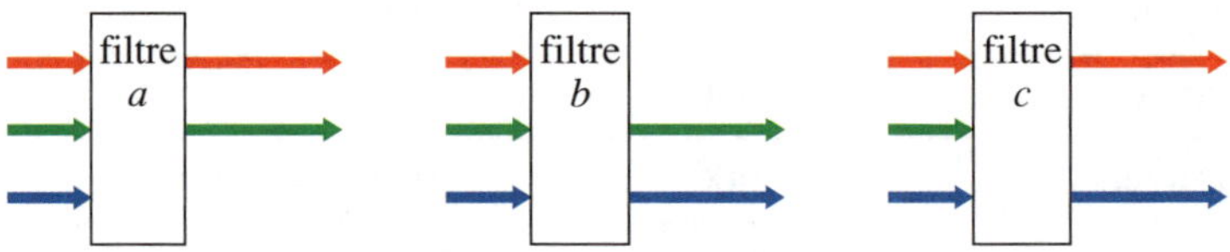

Dans les trois situations représentées ci-dessus, indiquer la couleur du filtre.

5 ÉTABLIR ET EXPLOITER UN TABLEAU D'AVANCEMENT *(corrigés p. 46)*

On mélange 4,0 mL d'une solution de chlorure de fer (III) de concentration 0,10 mol · L^{-1} et 8,0 mL d'une solution d'hydroxyde de sodium (soude) de concentration 0,70 mol · L^{-1}. Les ions fer (III), Fe^{3+}, réagissent avec les ions hydroxyde OH^- pour donner un précipité d'hydroxyde de fer (III).

1° Écrire l'équation de la réaction.

2° Quelles sont, à l'état initial, les quantités de matière d'ions fer(III) et d'ions hydroxyde ?

3° Établir le tableau d'avancement de cette réaction.

4° Quel est l'avancement maximal ? En déduire les quantités de matière des différentes espèces à l'état final.

5° Quelles sont les concentrations des ions Fe^{3+} et OH^- à la fin de la réaction ?

6° Quelle est la masse d'hydroxyde de fer (III) formée.

Données :
masses molaires : $M(\text{Fe}) = 55{,}8$ g · mol^{-1} ; $M(\text{O}) = 16$ g · mol^{-1} ; $M(\text{H}) = 1$ g · mol^{-1}.

6 UTILISER LE SPECTRE D'ABSORPTION DU PERMANGANATE DE POTASSIUM

(corrigés p. 47)

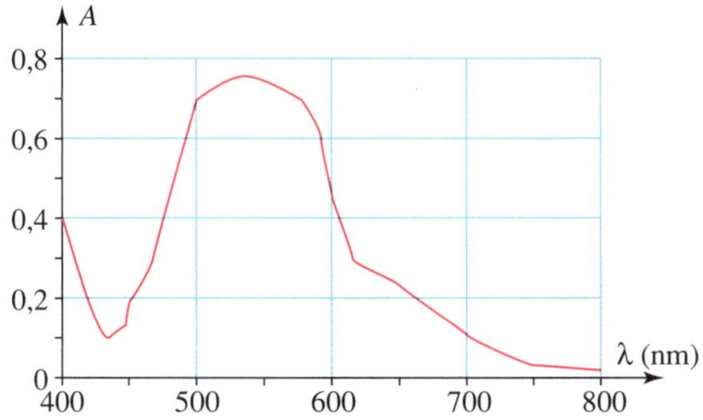

Les solutions de permanganate de potassium ont des propriétés antiseptiques.
Avec un spectrophotomètre, on trace le spectre d'absorption d'une solution de permanganate de potassium.

1° Pour quelle longueur d'onde cette solution absorbe-t-elle le plus ?
2° Quelle est la couleur des radiations absorbées ?
3° Quelle est la couleur de la « somme » des radiations transmises ?
4° Quelle est la couleur de cette solution ?

7 JUSTIFIER LES FORMES COLORÉES DE LA PHÉNOLPHTALÉINE

(corrigés p. 47)

La phénolphtaléine, colorant de synthèse, utilisé comme indicateur coloré, est incolore à pH inférieur à 8 et devient nettement rouge à pH 10.

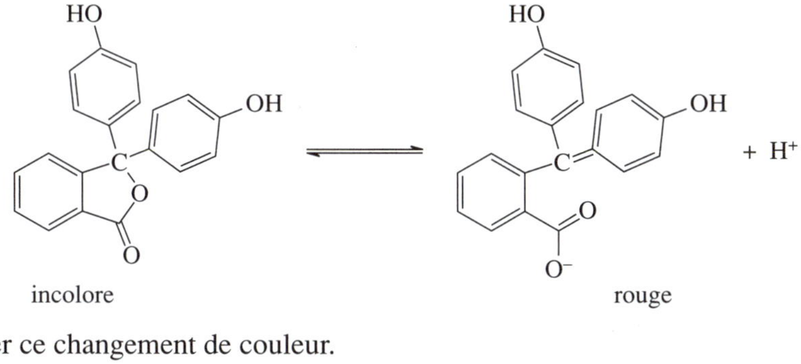

Justifier ce changement de couleur.

8 DÉTERMINER UNE CONCENTRATION PAR SPECTROPHOTOMÉTRIE

(corrigés p. 47)

On veut déterminer la concentration d'une solution *S* de dichromate de potassium. Pour cela, on mesure l'absorbance de cinq solutions aqueuses de dichromate de potassium à la longueur d'onde $\lambda = 400$ nm, dans une cuve de 1 cm d'épaisseur.

1° À quoi correspond le choix de la valeur de la longueur d'onde λ ? Comment déterminer cette valeur ?
2° Avec quel liquide doit on faire le « blanc » du spectrophotomètre ?

Nom de la solution	S_1	S_2	S_3	S_4	S_5
Concentration C en (mol · L^{-1})	5×10^{-3}	4×10^{-3}	3×10^{-3}	2×10^{-3}	1×10^{-3}
Absorbance *A*	1,48	1,24	0,90	0,59	0,31

3° Tracer la courbe d'étalonnage $A = f(C)$.
4° Énoncer la loi de Beer-Lambert en précisant le unités. Calculer le coefficient d'extinction molaire ε du dichromate de potassium.
5° Une solution S de concentration C' inconnue a, dans les mêmes conditions de mesure, une absorbance A' de 1,12. En déduire C'.

S'entraîner

9 LES COULEURS D'UNE IMPRIMANTE ★★ 12 min *(corrigés p. 48)*

Les trois réservoirs d'une cartouche d'encre couleur contiennent des encres jaune, magenta et cyan.
Quand une cartouche commence à se vider, il arrive qu'un des trois réservoirs soit vide avant les autres.
Prévoir ce que l'on observera à l'impression d'une photo couleur dans les cas suivants :
1° si le réservoir magenta est vide ;
2° si le réservoir jaune est vide ;
3° si les réservoirs magenta et cyan sont vides.

10 LE BLEU DE BROMOTHYMOL ★★ 15 min *(corrigés p. 48)*

À l'aide d'un spectrophotomètre, on relève les variations de l'absorbance A des formes acide (notée HIn) et basique (notée In^-) d'une solution de bleu de bromothymol en fonction de la longueur d'onde de la radiation lumineuse traversant la solution. On obtient les courbes suivantes :

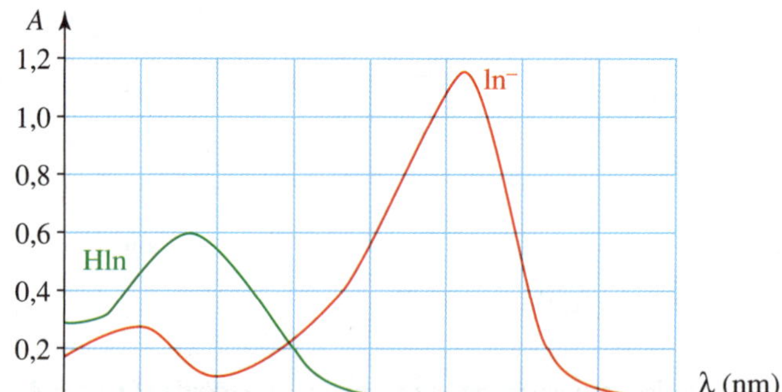

1° Pour quelle longueur d'onde l'absorbance de la forme acide HIn du bleu de bromothymol est-elle maximale ?
2° Quelle est la couleur de la lumière absorbée correspondante ?
3° En déduire la couleur donnée par la forme acide HIn du bleu de bromothymol en solution aqueuse.

4° Pour quelle longueur d'onde l'absorbance de la forme basique In^- du bleu de bromothymol est-elle maximale ?
5° Quelle est la couleur de la lumière absorbée correspondante ?
6° En déduire la couleur donnée par la forme basique In^- du bleu de bromothymol en solution aqueuse.

11 DEUX MOLÉCULES PRESQUE IDENTIQUES... ★★ 5 min (corrigés p. 48)

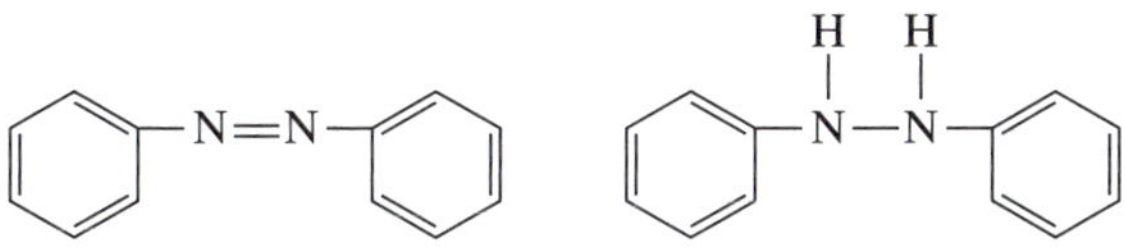

azobenzène hydrazobenzène

On réalise les spectres UV-visible de l'azobenzène et de l'hydrazobenzène.
Les longueurs d'onde aux maxima d'absorption (en nm) sont les suivantes :
– azobenzène : 228 ; 314 ; 433 ;
– hydrazobenzène : 229 ; 235 ; 244 ; 315.
1° L'un de ces deux composés est coloré ; indiquer lequel et justifier la réponse.
2° Expliquer ce phénomène en comparant la structure des deux composés.

12 SYNTHÈSE DE L'INDIGO ★★★ 20 min (corrigés p. 48)

On réalise la synthèse de l'indigo selon le protocole suivant.
Dans un erlenmeyer, on introduit 1,00 g de 2-nitrobenzaldéhyde $C_7H_5NO_3$, 20 mL de propanone C_3H_6O liquide pure et 5,0 mL d'une solution de soude de concentration 2,0 mol · L^{-1}. L'indigo, de formule $C_{16}H_{10}N_2O_2$, précipite. Après filtration, purification et séchage, on recueille ce colorant.
L'équation de la réaction s'écrit :

$$2\ C_7H_5NO_3 + 2\ C_3H_6O + 2\ HO^- \rightarrow C_{16}H_{10}N_2O_2 + 2\ CH_3CO_2^- + 4\ H_2O$$

Données : ρ(propanone) = 0,79 g · cm^{-3} ; masses molaires en g · mol^{-1} :
$M(C) = 12$; $M(H) = 1$; $M(O) = 16$; $M(N) = 14$.
1° Calculer les masses molaires :
M(indigo), *M*(2-nitrobenzaldéhyde) et *M*(propanone).
2° Déterminer les quantités de matière initiales des réactifs.
3° Quel est le réactif limitant ?
4° Quelle est la masse d'indigo qui doit se former ?

Pour aller plus loin

13 L'HÉLIANTHINE ★★★★ 30 min (corrigés p. 49)

L'hélianthine est un colorant dont la couleur change en fonction du pH de la solution dans laquelle il se trouve.

cours exercices interro corrigés

1° Dans une solution de pH < 3, l'hélianthine a un maximun d'absorption pour $\lambda = 500$ nm. Quelle est la couleur de la radiation absorbée ? Quelle est la couleur de l'hélianthine dans cette solution ?
2° Dans une solution de pH > 4,4, l'hélianthine est jaune. Sa formule est donnée ci-dessous.
Citer un groupe chromophore.

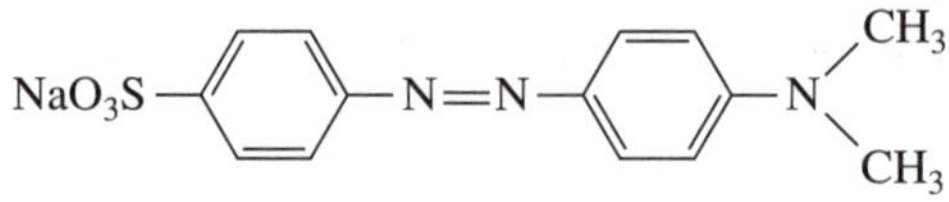

3° Pour réaliser la synthèse de 15,0 g d'hélianthine de formule brute $C_{14}H_{14}N_3SO_3Na$, on utilise 10,0 g d'acide sulfanilique $C_6H_7NO_3S$, 0,070 mol de diméthylaniline $C_8H_{11}N$ et un excès de nitrite de sodium $NaNO_2$.
a) Écrire l'équation globale de la réaction de synthèse de l'hélianthine, sachant qu'il se forme aussi de l'eau.
b) Déterminer le réactif limitant et la quantité de matière d'hélianthine n_{th} que l'on peut obtenir théoriquement.
c) Quelle est la quantité de matière d'hélianthine n_r réellement obtenue ? En déduire le rendement de la synthèse.
Données : masses molaires ($g \cdot mol^{-1}$) : $M(C) = 12$; $M(H) = 1$; $M(N) = 14$; $M(O) = 16$; $M(S) = 32$; $M(Na) = 23$

14 LE PRINCIPE DE LA PEINTURE ★★★ 15 min *(corrigés p. 50)*

1° On dessine un disque bleu dans lequel on peint une flèche verte. Qu'observe-t-on ?
2° On dessine un triangle jaune dans lequel on peint une flèche verte. Qu'observe-t-on ?
3° Quelles peintures, parmi le jaune, le cyan et le magenta, doit-on superposer pour obtenir la couleur verte ? Justifier.

15 SYNTHÈSE AU LABORATOIRE D'UN PIGMENT JAUNE ★★★ 20 min *(corrigés p. 50)*

Le chromate de plomb, de formule $PbCrO_4$, a été utilisé comme pigment dans les peintures jaunes pour les marquages routiers (lignes jaunes). Aujourd'hui, son emploi est déconseillé, car il est cancérigène.
On introduit, dans un erlenmeyer, 10 mL de nitrate de plomb ($Pb^{2+} + 2\ NO_3^-$) de concentration molaire 0,1 $mol \cdot L^{-1}$ et 10 mL de chromate de potassium ($2\ K^+ + CrO_4^{2-}$) de concentration molaire 0,1 $mol \cdot L^{-1}$.
Un précipité jaune apparaît. On le filtre sur papier-filtre, puis on le rince à l'eau distillée.
1° Écrire l'équation correspondant à la réaction de précipitation.
2° Quelle masse de chromate de plomb $PbCrO_4$ obtient-on théoriquement ?
Données : $M(Pb) = 207\ g \cdot mol^{-1}$; $M(Cr) = 52\ g \cdot mol^{-1}$; $M(O) = 16\ g \cdot mol^{-1}$.

L'interrogation écrite

16 ÉTUDE D'UN COLLYRE 20 min *(corrigés p. 50)*

Le collyre bleu Laiter contient du bleu de méthylène ou chlorure de méthylthionium.

Le bleu de méthylène est une molécule organique, qui peut existe sous deux formes, une forme oxydée bleue et une forme réduite incolore.

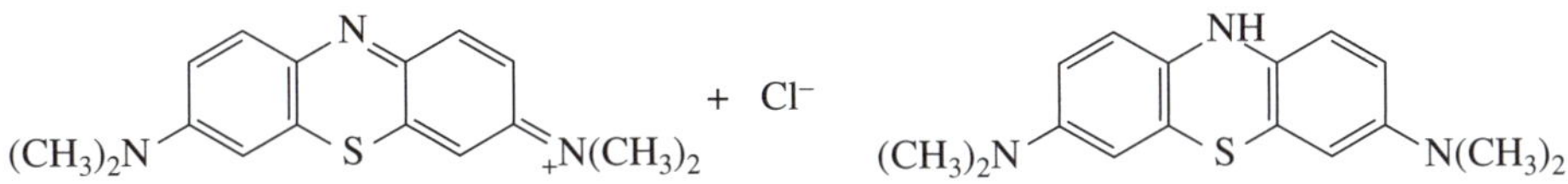

forme oxydée   forme réduite

1° Quelle est la couleur absorbée par la forme oxydée du bleu de méthylène ?

2° En examinant la structure des ions et molécules qui constituent ces deux formes, expliquer pourquoi c'est la forme oxydée qui est colorée.

3° Pour déterminer la concentration en bleu de méthylène du collyre, on va mesurer l'absorbance A de six solutions aqueuses de bleu de méthylène et celle d'une solution de collyre diluée 100 fois.

Les spectres d'absorption des solutions de ce collyre et de bleu de méthylène sont identiques.
À partir du spectre d'absorption d'une solution de bleu de méthylène, ci-dessous, indiquer la valeur de la longueur d'onde choisie pour réaliser les mesures au spectrophotomètre.

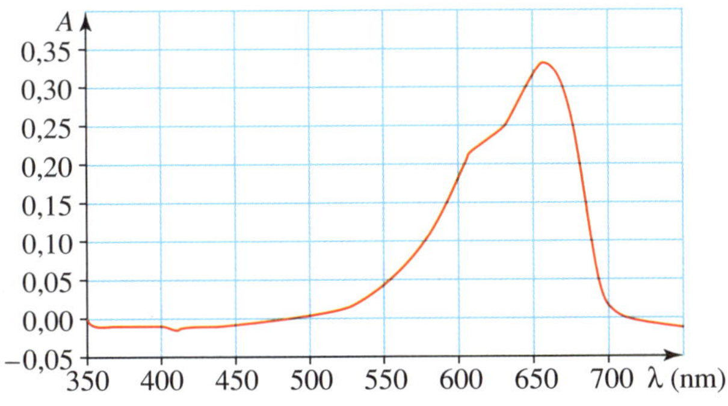

4° Les résultats des mesures d'absorbance sont consignés dans le tableau ci-dessous :

Concentration massique C_m ($mg \cdot L^{-1}$)	0,50	1,0	2,0	3,0	4,0	5,0	concentration inconnue
Absorbance	0,053	0,128	0,243	0,374	0,488	0,659	0,364

Tracer la courbe d'étalonnage $A = f(C_m)$. La loi de Beer-Lambert est-elle vérifiée ?

5° Déterminer la concentration massique du collyre.

CORRIGÉS

Tester ses connaissances

1 Affirmation **vraie** : 2°.

2 Affirmations **vraies** : 1° ; 3° ; 4°.

3 Affirmations **vraies** : 1° ; 5°.

Maîtriser les méthodes

4 • **Le filtre *a***, qui absorbe la lumière bleue, laisse passer les lumières rouge et verte, donc la lumière jaune (couleur complémentaire du bleu). Il **apparaît jaune**. Un corps est vu de la couleur de la lumière qu'il diffuse.

• Le filtre *b*, qui absorbe la lumière rouge, laisse passer les lumières bleue et verte, donc la lumière cyan (couleur complémentaire du rouge). **Il apparaît cyan.**

• Le filtre *c*, qui absorbe la lumière verte, laisse passer les lumières bleue et rouge, donc la lumière magenta (couleur complémentaire du vert). **Il apparaît magenta.**

Exercice 4 : conseil à retenir
Revoir la rubrique « Les difficultés du chapitre » qui donne la méthode exploitant le principe de trichromie.

5 1° Équation de la réaction :

$$\mathbf{Fe^{3+}\,(aq) + 3\,HO^-\,(aq) \rightarrow Fe(OH)_3(s)}$$

2° Calcul des quantités de matière initiales :

$n(Fe^{3+}) = [Fe^{3+}] \cdot V = 0{,}10 \times 4{,}0 \times 10^{-3}$
$= \mathbf{4 \times 10^{-4}\ mol}$;

$n(HO^-) = [HO^-] \cdot V = 0{,}70 \times 8{,}0 \times 10^{-3}$
$= \mathbf{5{,}6 \times 10^{-3}\ mol}$.

3° Tableau d'avancement :

Équation de réaction	avancement	Fe^{3+} +	$3\,HO^-$	$\rightarrow Fe(OH)_3$
État initial (mol)	0	$n(Fe^{3+}) = 4{,}0 \times 10^{-4}$	$n(HO^-) = 5{,}6 \times 10^{-3}$	0
État en cours de transformation (mol)	x	$4{,}0 \times 10^{-4} - x$	$5{,}6 \times 10^{-3} - 3x$	x
État final (mol)	x_{max}	$4{,}0 \times 10^{-4} - x_{max}$	$5{,}6 \times 10^{-3} - 3x_{max}$	x_{max}

4° **Avancement maximal : l'un au moins des réactifs a disparu.**

Deux hypothèses :

– soit les ions fer (III) ont disparu, alors :
$4 \times 10^{-4} - x_{max} = 0$,
$\rightarrow x_{max} = 0{,}4 \times 10^{-3}$ mol,

– soit les ions hydroxyde ont disparu, alors :
$5{,}6 \times 10^{-3} - 3x_{max} = 0$,
$\rightarrow x_{max} = 1{,}86 \times 10^{-3}$ mol.

La plus petite valeur de x_{max} correspond à l'avancement maximal :

$$\mathbf{x_{max} = 0{,}4 \times 10^{-3}\ mol.}$$

Le réactif limitant est le chlorure de fer (III) ; l'hydroxyde de sodium est en excès.

La composition finale du mélange se déduit de la dernière ligne du tableau :

$n(Fe^{3+}) = \mathbf{0}$;

$n(HO^-) = 5{,}6 \times 10^{-3} - 3x_{max}$
$= 5{,}6 \times 10^{-3} - 3 \times 0{,}4 \times 10^{-3}$
$= \mathbf{4{,}4 \times 10^{-3}\ mol}$;

$n(Fe(OH)_3) = x_{max} = \mathbf{0{,}4 \times 10^{-3}\ mol}$.

5° Les concentrations des ions Fe^{3+} et OH^- à la fin de la réaction sont :

$[Fe^{3+}] = \mathbf{0}$;

$$[HO^-] = \frac{n(HO^-)}{V\text{total}} = \frac{4{,}4 \times 10^{-3}}{12 \times 10^{-3}}$$
$= \mathbf{0{,}37\ mol \cdot L^{-1}}$.

6° Calcul de la masse d'hydroxyde de fer (III) :

$m = n(Fe(OH)_3) \cdot M(Fe(OH)_3)$;

avec $M(Fe(OH)_3) = 55{,}8 + 3(16 + 1)$

$= 106{,}8 \text{ g} \cdot \text{mol}^{-1}$.

$m = 0{,}40 \times 10^{-3} \times 106{,}8 = \mathbf{4{,}3 \times 10^{-2}\ g}$.

Exercice 5 : conseils à retenir

- Lorsque les quantités de réactifs ne sont pas données en mol, la première étape est de calculer les quantités de matière en mol. En effet, le tableau d'avancement ne permet de raisonner que sur des quantités de matière en mol.
- Attention de ne pas confondre les quantités de réactifs à l'état initial qui indiquent ce qui est réellement présent, et les coefficients stœchiométriques qui indiquent les proportions de ce qui réagit et de ce qui est formé.
- Pour rechercher le réactif limitant, il faut se souvenir que des quantités de matière ne peuvent pas être négatives.
- Le calcul des concentrations ou des masses ou des volumes permet de repasser à des grandeurs mesurables (alors que les quantités de matière en mol ne le sont pas directement).

6 1° Cette solution absorbe le plus pour des radiations de longueur d'onde **540 nm**.

2° La couleur des radiations absorbée est la couleur qui correspond à la longueur d'onde 540 nm, soit le **jaune-vert**.

3° La couleur de la « somme » des radiations transmises est la couleur complémentaire du vert, soit **rouge-violet** (magenta).

4° La couleur de cette solution est **pourpre** (rouge-violet).

Exercice 6 : conseil à retenir

Une solution a la couleur de la « somme » des radiations qu'elle transmet. Elle absorbe les radiations correspondant à la couleur complémentaire de sa propre couleur.

7 La molécule présente dans la phénolphtaléine à pH > 8 possède **plus de doubles liaisons conjuguées** que celle qui se trouve dans la forme à pH < 8. **Ceci explique la couleur rouge** à pH > 8.

Exercice 7 : conseil à retenir

Si, dans une molécule, le nombre de doubles liaisons conjuguées augmente, l'absorption se déplace vers les plus grandes longueurs d'onde, c'est-à-dire de l'UV dans le visible et la substance correspondante devient colorée .

8 1° La longueur d'onde λ correspond à la **longueur d'onde pour laquelle l'absorbance est maximale**. On la détermine **en réalisant le spectre d'une solution de dichromate de potassium diluée** ($A = f(\lambda)$).

2° On fait le « blanc » avec le solvant, ici **l'eau**.

3° $A = f(C)$ a pour représentation graphique une droite, celle qui passe le plus près des points expérimentaux.

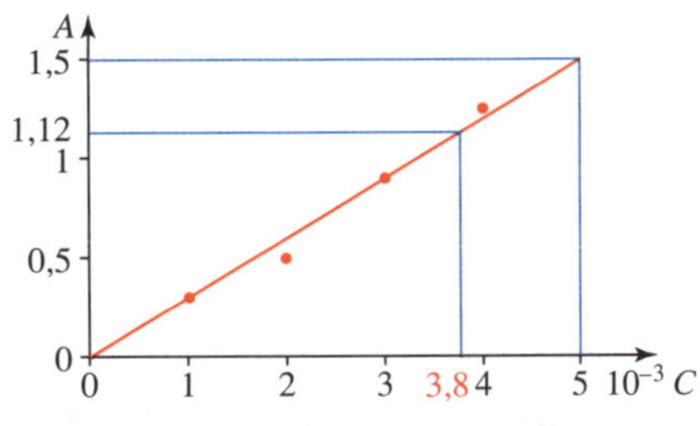

4° La loi de Beer-Lambert s'écrit :

$$A = \varepsilon \cdot l \cdot C,$$

avec :

– A : absorbance, sans unité ;

– ε : le coefficient d'absorption ou d'extinction molaire en $\text{L} \cdot \text{mol}^{-1} \cdot \text{cm}^{-1}$;

– l : la largeur de cuve en cm ;

– C : la concentration de la solution en $\text{mol} \cdot \text{L}^{-1}$.

$\varepsilon \cdot l$ est le coefficient directeur de la droite représentative de $A = f(C)$.

La droite passe par l'origine, son coefficient directeur a, tel que $A = a \cdot C$, se calcule en considérant les coordonnées d'un point sur cette droite, par exemple : $C = 5 \times 10^{-3}$ mol · L^{-1} et $A = 1{,}48$.

$$a = \frac{1{,}48}{5 \times 10^{-3}} = 296 \text{ ; or } a = \varepsilon \cdot l,$$

$$\text{d'où } \varepsilon = \frac{a}{l}, \text{ avec } l = 1 \text{ cm.}$$

On en déduit : $\boldsymbol{\varepsilon = 296}$ **L · mol^{-1} · cm^{-1}.**

5° La concentration inconnue correspondant à $A' = 1{,}12$ peut être déterminée graphiquement ,
on lit : **$C' = 3{,}8 \cdot 10^{-3}$ mol · L^{-1}**.

Exercice 8 : conseil à retenir
Dans la question 5°, on peut aussi calculer la concentration inconnue en appliquant la loi de Beer-Lambert : $A' = \varepsilon \cdot l \cdot C'$, d'où :

$$C' = \frac{A'}{\varepsilon \cdot l} = \frac{A'}{a} \rightarrow C' = \frac{1{,}12}{296} = 3{,}8 \times 10^{-3} \text{ mol} \cdot \text{L}^{-1}.$$

S'entraîner

9 1° Si le réservoir magenta est vide, les couleurs qui restent sont le jaune (rouge-vert) et le cyan (bleu-vert) ; la lumière diffusée est donc verte, on a donc la **couleur verte**.

2° Si le réservoir jaune est vide, les couleurs qui restent sont le magenta (bleu-rouge) et le cyan (bleu-vert) ; la lumière diffusée est donc bleue, on a donc la **couleur bleue**.

3° Si les réservoirs magenta et cyan sont vides, il reste la couleur jaune ; la lumière diffusée est donc jaune, on a donc la **couleur jaune**.

10 1° L'absorbance de la forme acide HIn du bleu de bromothymol est maximale pour la longueur d'onde **$\lambda_a = 438$ nm**.

2° La **couleur de la lumière absorbée** correspondante est **violet-bleu**.

3° La **couleur donnée par la forme acide** HIn du bleu de bromothymol en solution aqueuse est la couleur complémentaire du violet-bleu, soit **jaune**.

4° L'absorbance de la forme basique In^- du bleu de bromothymol est maximale pour la longueur d'onde **$\lambda_b = 620$ nm**.

5° La **couleur de la lumière absorbée** correspondante est **orangé-rouge**.

6° La **couleur donnée par la forme basique** In^- du bleu de bromothymol en solution aqueuse est la couleur complémentaire de l'orangé-rouge, soit **bleue**.

11 1° **L'azobenzène absorbe dans le bleu violet, il est donc jaune**. L'hydrazobenzène n'absorbe pas dans le visible, il est incolore.

2° **La molécule d'azobenzène possède un groupement chromophore supplémentaire, le groupe —N=N— :** l'absorption est déplacée vers les plus grandes longueurs d'onde, donc de l'UV dans le visible.

12 1° Calcul des masses molaires :

M(indigo) $= 12 \times 16 + 10 + 14 \times 2 + 16 \times 2$
$= \mathbf{262}$ **g · mol^{-1}** ;

M(2-nitrobenzaldéhyde) $=$
$12 \times 7 + 5 + 14 + 16 \times 3 = \mathbf{151}$ **g · mol^{-1}** ;

M(propanone) $= 12 \times 3 + 6 + 16$
$= \mathbf{58}$ **g · mol^{-1}**.

2° Quantités de matière introduites :

$$n(\textbf{2-nitrobenzaldéhyle}) = \frac{1{,}00}{151} = 6{,}62 \times 10^{-3} \text{ mol} = \mathbf{6{,}62 \text{ mmol}} \text{ ;}$$

$$n(\mathbf{HO^-}) = C \cdot V = 2{,}00 \times 5{,}0 \times 10^{-3} = 1{,}0 \times 10^{-2} \text{ mol} = \mathbf{10 \text{ mmol}} \text{ ;}$$

$$m(\text{propanone}) = \rho(\text{propanone}) \cdot V(\text{propanone}) = 0{,}79 \times 20 \text{ ;}$$

$$\text{d'où } n(\textbf{propoane}) = \frac{0{,}79 \times 20}{58} = 2{,}7 \times 10^{-1} \text{ mol} = \mathbf{2{,}7 \times 10^{2} \text{ mol}}.$$

3° Tableau d'avancement (voir ci-après).
Le **réactif limitant** est le **2-nitrobenzaldéhyde** :
$6{,}62 - 2x_{max} = 0$; $x_{max} = 3{,}31$ mmol.

Équation de réaction	avancement	$2\,C_7H_5NO_3$ +	$2\,C_3H_6O$ +	$2\,HO^-$ →	$C_{16}H_{10}N_2O_2$ +	$2\,CH_3CO_2^-$ +	$4\,H_2O$
État initial (mmol)	0	6,62	272	10	0	–	–
État en cours de transformation	x	$6{,}62 - 2x$	$272 - 2x$	$10 - 2x$	x	–	–
État final	x_{max}	$6{,}62 - 2x_{max}$	$272 - 2x_{max}$	$10 - 2x_{max}$	x_{max}	–	–

4° Il se forme $x_{max} = 3{,}31$ mmol d'indigo, soit une masse de :

$262 \times 3{,}31 \times 10^{-3} =$ **867×10^{-3} g d'indigo.**

Pour aller plus loin

13 **1°** La radiation absorbée, de longueur d'onde $\lambda = 500$ nm, correspond au **vert**. La couleur de l'hélianthine en milieu acide est donc **magenta**.

2° Groupe chromophore : —N=N—

3° a) Équation de réaction :

$$\mathbf{C_6H_7NO_3S + C_8H_{11}N + NaNO_2 \rightarrow C_{14}H_{14}N_3SO_3Na + 2\,H_2O}$$

b) Calcul des quantités de matière de réactifs :

M(acide sulfanilique)

$= 6 \times 12 + 7 + 14 + 3 \times 16 + 32$

$= 173\ \text{g} \cdot \text{mol}^{-1}$.

n(acide sulfanilique)

$$= \frac{m(\text{acide sulfanilique})}{M(\text{acide sulfanilique})} = \frac{10{,}0}{173} = 0{,}058\ \text{mol.}$$

Tableau d'avancement :

Équation de réaction		$C_6H_7NO_3S$ +	$C_8H_{11}N$ +	$NaNO_2$ →	$C_{14}H_{14}N_3SO_3Na$ +	$2\,H_2O$
	avancement	n(acide sulfanilique)	n(diméthylaniline)		n(hélianthine)	
État initial (mol)	0	0,058	0,070	–	0	–
État en cours de transformation (mol)	x	$0{,}058 - x$	$0{,}070 - x$	–	x	–
État final (mol)	x_{max}	$0{,}058 - x_{max}$	$0{,}070 - x_{max}$	–	x_{max}	–

Avancement maximal : l'un au moins des réactifs a disparu.

Deux hypothèses :

– soit l'acide sulfanilique a disparu, alors : $0{,}058 - x_{max} = 0 \rightarrow x_{max} = 0{,}058$ mol ;

– soit la diméthylaniline a disparu, alors : $0{,}070 - x_{max} = 0 \rightarrow x_{max} = 0{,}070$ mol.

La plus petite valeur de x_{max} correspond à l'avancement maximal :

$$x_{max} = 0{,}058\ \text{mol.}$$

Le réactif limitant est donc l'**acide sulfanilique**.

n(hélianthine) = $\boldsymbol{n_{th}}$ = **0,058 mol.**

c) La quantité de matière d'hélianthine préparée est : $n_r = \dfrac{m(\text{hélianthine})}{M(\text{hélianthine})}$;

M(hélianthine) =

$14 \times 12 + 14 + 3 \times 14 + 32 + 3 \times 16 + 23$

$= 327\ \text{g} \cdot \text{mol}^{-1}$;

d'où $\boldsymbol{n_r} = \dfrac{15{,}0}{327} =$ **0,046 mol.**

Le rendement de cette synthèse est :

$$\boldsymbol{r} = \frac{n_r}{n_{th}} = \frac{0{,}046}{0{,}058} = 0{,}79 = \mathbf{79\ \%}.$$

14 **1°** La peinture bleue diffuse la lumière bleue. La peinture verte absorbe la couleur complémentaire, le magenta, qui est une superposition du bleu et du rouge. **La flèche ne diffuse pas de lumière, elle apparaît noire**.

2° La peinture jaune diffuse la lumière jaune, superposition de rouge et de vert. La peinture verte absorbe la couleur complémentaire, le magenta, qui est une superposition du bleu et du rouge. **La flèche diffuse donc de la lumière verte, elle apparaît verte**.

3° La lumière blanche est une superposition de bleu, vert et rouge. Pour obtenir la couleur verte, il faut des peintures qui absorbent le bleu et le rouge.

La peinture qui absorbe le bleu a la couleur complémentaire du bleu, soit le jaune.

La peinture qui absorbe le rouge a la couleur complémentaire du rouge, soit le cyan.

On doit donc superposer les peintures jaune et cyan.

15 **1°** Équation de réaction :

$$Pb^{2+}(aq) + 2\ NO_3^-(aq) + 2\ K^+(aq) + CrO_4^{2-}(aq) \rightarrow PbCrO_4(s) + 2\ K^+(aq) + 2\ NO_3^-(aq)\ ;$$

soit en n'écrivant pas les ions spectateurs :

$$\mathbf{Pb^{2+}(aq) + CrO_4^{2-}(aq) \rightarrow PbCrO_4(s)}$$

2° Tableau d'avancement :

quantité de matière d'ions plomb :
$0{,}1 \times 10 = 1$ mmol ;

quantité de matière d'ions chromate :
$0{,}1 \times 10 = 1$ mmol.

Équation de réaction	avancement	Pb^{2+} +	CrO_4^{2-} →	$PbCrO_4$
État initial	0	1 mmol	1mmol	0
État en cours de transformation	x	$1 - x$	$1 - x$	x
État final	x_{max}	$1 - x_{max}$	$1 - x_{max}$	x_{max}

Les réactifs ont été introduits en proportions stœchiométriques :

$1 - x_{max} = 0$; $x_{max} = 1$ mmol.

Théoriquement, on obtient 1 mmol de chromate de plomb.

La masse molaire du chromate de plomb est égale à :

$$M(PbCrO_4) = 207 + 52 + 16 \times 4 = 323\ g \cdot mol^{-1}.$$

La masse théoriquement obtenue est égale à : $323 \times 1 \times 10^{-3} =$ **0,32 g**.

L'interrogation écrite

16 **1°** La couleur absorbée par la forme oxydée du bleu de méthylène est la couleur complémentaire du bleu, soit le (rouge + vert) = **jaune**.

2° La forme oxydée possède un plus grand nombre de doubles liaisons conjuguées (7), alors que la forme réduite n'a jamais plus de 3 doubles liaisons conjuguées. **L'absorption pour la forme oxydée est déplacée dans le visible.**

3° On choisit la longueur d'onde de la radiation la plus absorbée (dont l'absorbance est la plus grande), c'est-à-dire **λ = 660 nm**.

4° Courbe d'étalonnage :

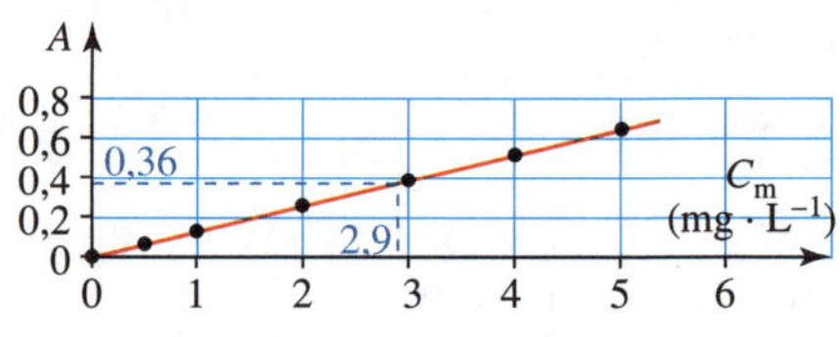

La courbe représentative de la fonction $A = f(C_m)$ étant une droite passant par l'origine, **la loi de Beer-Lambert est vérifiée.**

5° On peut déterminer graphiquement la concentration inconnue :

$$C = 2{,}9\ mg \cdot L^{-1}.$$

La solution étant diluée 100 fois, la concentration massique en bleu de méthylène du collyre est :

$2{,}9 \times 100 =$ **$2{,}9 \cdot 10^2$ mg · L^{-1}**.

CHAPITRE 4

Alcanes et alcools

LE COURS

Nomenclature

▶ EXERCICES D'APPLICATION 4 ET 5, p. 58

▶ Rappel : formule brute, formule développée, formule semi-développée

• La **formule brute** d'une molécule indique les symboles des atomes qui la constituent. Le chiffre situé en bas à droite de chaque symbole d'atome désigne leur nombre. Si aucun chiffre n'est inscrit, cela signifie que la molécule ne comprend qu'un seul atome correspondant au symbole.

• **La formule développée** d'une molécule représente toutes les liaisons covalentes (doublets liants) entre les atomes d'une molécule par des tirets. Selon les cas, les liaisons covalentes peuvent être simples, doubles, ou triples.

Le nombre de liaisons établies par chaque atome doit respecter sa valence.

• **La formule semi développée** est une écriture simplifiée de la formule développée dans laquelle **les liaisons entre les atomes de carbone et les atomes d'hydrogène ne sont pas représentées.**

▶ Alcanes

Les composés formés uniquement des éléments carbone et hydrogène sont nommés hydrocarbures. Selon la façon dont ces atomes sont assemblés, on peut en distinguer plusieurs types.

Les hydrocarbures ne possédant pas de doubles ou de triples liaisons dans leur structure sont des **alcanes.**

Pour les alcanes, il existe **trois** différentes **structures de chaînes** : **linéaire**, **ramifiée** ou **cyclique**.

Exemples :

Chaîne principale	linéaire	ramifiée	cyclique
Formule semi-développée	$CH_3-CH_2-CH_3$	$CH_3-CH-CH_3$ | CH_3	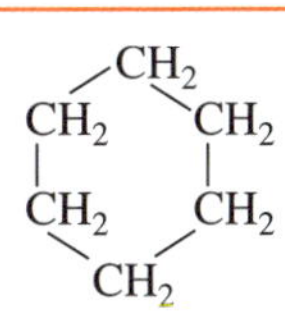

La formule brute générale des alcanes linéaires et ramifiés est C_nH_{2n+2}.
Une chaîne carbonée est dite linéaire si chaque atome de carbone est lié au plus à deux autres atomes de carbone. Pour nommer ***les alcanes linéaires***, il faut utiliser un préfixe correspondant au nombre d'atomes de carbone présents dans la chaîne principale suivi du suffixe « –ane ». Les exemples sont donnés dans le tableau suivant :

Formule semi-développée	**Nombre d'atomes de carbone**	**Préfixe**	**Alcane linéaire correspondant**
CH_4	1	méth-	méthane
$CH_3—CH_3$	2	éth-	éthane
$CH_3—CH_2—CH_3$	3	prop-	propane
$CH_3—CH_2—CH_2—CH_3$	4	but-	butane
$CH_3—CH_2—CH_2—CH_2—CH_3$	5	pent-	pentane
$CH_3—CH_2—CH_2—CH_2—CH_2—CH_3$	6	hex-	hexane

Une chaîne carbonée est dite ramifiée, s'il existe au moins un atome de carbone lié à trois autres atomes de carbone.
Pour nommer les alcanes dont ***la chaîne principale est ramifiée***, on procède comme indiqué ci-dessous, en prenant l'exemple de l'alcane de formule :

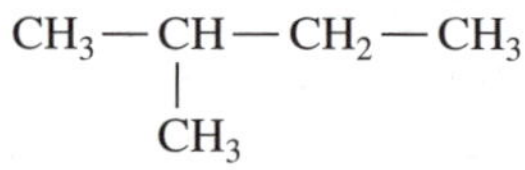

① On repère et on nomme la chaîne carbonée la plus longue.	$n = 4$, c'est un butane.
② On numérote les atomes de carbone de **la chaîne carbonée la plus longue** en commençant par l'extrémité la plus proche de la ramification.	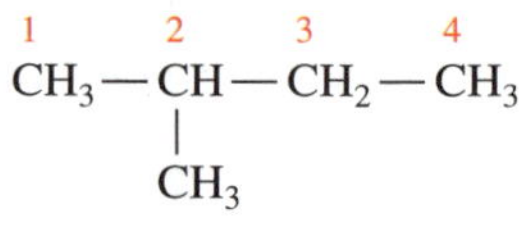
③ On nomme le **substituant alkyle** : méthyle : $—CH_3$ éthyle : $—CH_2—CH_3$ propyle : $—CH_2—CH_2—CH_3$	Le substituant est $—CH_3$: c'est un groupement méthyle.
④ On nomme l'alcane en précisant la **position de la ramification**. On met des tirets entre les numéros et les noms des substituants.	L'alcane est le 2-méthylbutane. On fait élision du « e » du nom de l'alkyle.

Certaines chaînes sont refermées sur elles-mêmes. Les hydrocarbures sont cycliques. On les nomme en faisant précéder le nom de l'alcane correspondant par le préfixe *cyclo*.

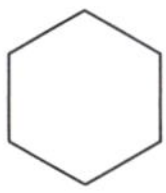

cyclohexane

cyclopropane

▶ Alcools

On appelle alcool un composé dans lequel un groupe *hydroxyle* —OH est lié à un atome de carbone tétraédrique.
Pour nommer un alcool, on procède comme indiqué ci-dessous, en prenant l'exemple de l'alcool de formule :

$$CH_3-\underset{\displaystyle OH}{\underset{|}{CH}}-CH_2-CH_2-CH_3$$

① On repère et on nomme la chaîne carbonée la plus longue contenant le groupe —OH.	$n = 5$, c'est un pentane.
② On numérote les atomes de carbone de la chaîne en commençant par l'extrémité la plus proche du groupe —OH.	$\overset{1}{CH_3}-\underset{\displaystyle OH}{\underset{\vert}{\overset{2}{CH}}}-\overset{3}{CH_2}-\overset{4}{CH_2}-\overset{5}{CH_3}$
③ La terminaison « –e » de l'alcane est remplacée par la terminaison « –ol » et précédée par la position du groupe —OH.	pentan-**2**-**ol**

L'atome de carbone portant le groupe caractéristique —OH peut être lié à 1, 2 ou 3 atomes de carbone. L'alcool est donc qualifié respectivement de primaire, secondaire, tertiaire.

Classe de l'alcool	primaire	secondaire	tertiaire
Formule semi-développée	$R-CH_2-OH$	$H-\underset{\underset{\displaystyle R'}{\vert}}{\overset{\overset{\displaystyle R}{\vert}}{C}}-OH$	$R''-\underset{\underset{\displaystyle R'}{\vert}}{\overset{\overset{\displaystyle R}{\vert}}{C}}-OH$

Propriétés physiques des alcanes et des alcools

▶ EXERCICE D'APPLICATION 2, p. 57

▶ Températures de changement d'état

Le tableau regroupe les températures de changement d'état de quelques alcools et alcanes courants.

Nom du composé		Température de fusion (°C)		Température de fusion (°C)	
Alcool	**Alcane**	**Alcool**	**Alcane**	**Alcool**	**Alcane**
méthanol	méthane	−97	−183	64,7	−161,5
éthanol	éthane	−114	−172	78,3	−88,6
propanol	propane	−126	−188	97,2	−42,1
butanol	butane	−90	−135	117,7	−0,5

• Pour un même nombre d'atomes de carbone, les températures de changement d'état sont plus grandes pour les alcools que pour les alcanes. Ces différences de comportement s'expliquent par *l'association des molécules d'alcool par liaison hydrogène*. Le dessin ci-dessous schématise un exemple d'association dans le cas du méthanol.

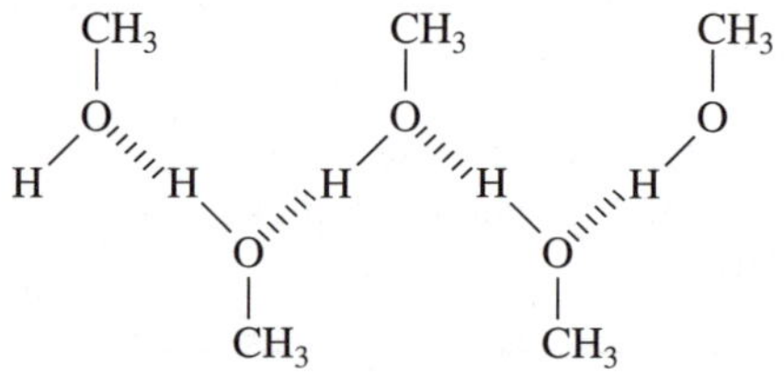

Les liaisons hydrogène s'établissent entre un atome d'hydrogène d'une molécule d'alcool et un atome d'oxygène d'une autre molécule d'alcool ; elles sont représentées par des pointillés. Ce type de liaison n'existe pas dans les alcanes. Lors d'un changement d'état, la rupture des liaisons hydrogène nécessite une température plus élevée.

• **Les alcools en tant que solvants** : du fait de la présence du groupe -OH, les alcools sont très solubles dans l'eau avec laquelle ils s'associent par liaisons hydrogène. L'éthanol est *miscible à l'eau en toutes proportions*.

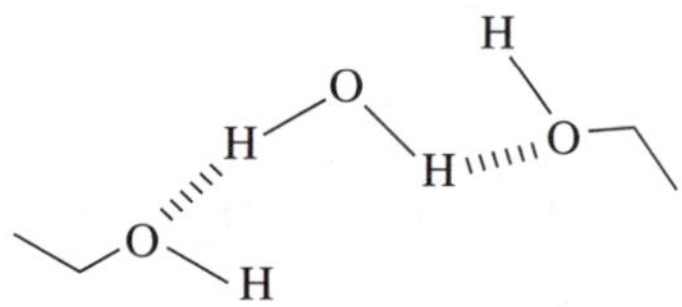

• Les propriétés physiques des hydrocarbures et des alcools sont liées :
– à la longueur de la chaîne carbonée,
– à la présence de ramifications,
– à la présence ou non d'un cycle.

Réactions chimiques de combustion ▶ EXERCICE D'APPLICATION 12, p. 60

• La **combustion complète d'un alcane** est une transformation chimique dont l'un des réactifs est le dioxygène.

Les produits de cette combustion sont le dioxyde de carbone et l'eau.

L'équation générale de la réaction de combustion d'un alcane est :

$$C_nH_{2n+2} + \frac{3n+1}{2}\, O_2 \rightarrow n\, CO_2 + (n+1)\, H_2O$$

Dans le cas d'une combustion incomplète, les produits issus de la combustion d'un alcane peuvent être du carbone ou du monoxyde de carbone.

La **combustion des alcanes** est exploitée pour la production de chaleur (chauffage industriel et domestique) et d'énergie mécanique (moteurs à combustion interne). L'énergie libérée en moyenne est d'environ 50 kJ par gramme de composé.

• De même, la combustion complète d'un alcool produit du dioxyde de carbone et de l'eau.

$$C_nH_{2n+1}OH + \left(\frac{3n}{2}\right) O_2 \rightarrow n\, CO_2 + (n+1)\, H_2O$$

LES DIFFICULTÉS DU CHAPITRE

Transformation chimique et réaction chimique

Ne confondons pas ces deux notions.

▶ Transformation chimique

On veut étudier la transformation d'un système chimique, ensemble d'espèces chimiques. Comme son nom l'indique, une transformation indique que, ce qu'il y a au **départ**, est **différent** de ce qu'il y a à **l'arrivée**. Prenons l'exemple de la combustion du méthane :

État chimique initial		État chimique final
Quantités de matière des espèces en présence : $n_i(CH_4)$; $n_i(O_2)$; $n_i(N_2)$ État physique des espèces présentes : $CH_4(g)$; $O_2(g)$; $N_2(g)$ Pression *P* Température *T*	**transformation** → **chimique**	Quantités de matière des espèces en présence : $n_f(CH_4)$; $n_f(O_2)$; $n_f(N_2)$; $n_f(H_2O)$; $n_f(CO_2)$. État physique des espèces présentes : $CH_4(g)$; $O_2(g)$; $N_2(g)$; $H_2O(g)$; $CO_2(g)$. Pression *P* Température *T*

La transformation chimique est le passage de l'état initial à l'état final.

Lors de la transformation chimique, des espèces ont été consommées, en tout ou partie : le méthane et l'oxygène ; *ce sont les réactifs. Des espèces sont apparues* : l'eau et le dioxyde de carbone ; *ce sont les produits.*

Le système peut comporter des espèces qui ne réagissent pas ; c'est le cas du diazote. Les réactifs peuvent ne pas totalement disparaître ; c'est le cas s'ils sont en excès.

▶ Réaction chimique

Ce n'est pas la réalité de la transformation telle qu'elle s'est produite, mais une modélisation. Elle permet de **modéliser** la transformation en traduisant le passage des réactifs aux produits. Elle peut indiquer l'état physique des réactifs et des produits.

Son écriture symbolique s'appelle **l'équation chimique** :

réactif 1 + réactif 2 + … → produit 1 + produit 2 + …

Le sens de la flèche donne le sens de l'évolution.

Exemple : combustion du méthane

$$\mathbf{CH_4(g) + 2\,O_2(g) \rightarrow CO_2(g) + 2\,H_2O(g)}$$

Les nombres qui précèdent les molécules sont appelés **coefficients stœchiométriques**. Le 1 n'est pas écrit. Ils précisent les proportions dans lesquelles les réactifs sont **consommés** et les produits sont **formés**.

Voici la signification de ces coefficients, dans le cas particulier de la réaction chimique précédente :

$$\mathbf{1\ CH_4\ (g) + 2\ O_2\ (g) \rightarrow 1\ CO_2\ (g) + 2\ H_2O\ (g)}$$

1 mole de méthane réagit avec 2 moles de dioxygène pour donner 1 mole de dioxyde de carbone et 2 moles d'eau.

L'avancement permet de connaître l'état du système à tout instant. Le calcul de l'avancement maximal permet de connaître l'état final du système. On peut utiliser un tableau d'avancement.

Équation de réaction		$CH_4(g)$	+ $2\,O_2(g)$	→ $CO_2(g)$	+ $2\,H_2O(g)$
	avancement				
État initial (mol)	0	$n(CH_4)$	$n(O_2)$	0	
État en cours de transformation (mol)	x	$n(CH_4) - x$	$n(O_2) - 2x$	x	$2x$
État final (mol)	x_{max}	$n(CH_4) - x_{max}$	$n(O_2) - 2x_{max}$	x_{max}	$2\,x_{max}$

La transformation cesse lorsqu'au moins un des réactifs du système a disparu : le **réactif limitant**. Celui-ci se détermine en comparant les valeurs trouvées pour x_{max}, en supposant la disparition totale de chaque réactif : la plus petite valeur de x_{max} correspond au réactif limitant.

Attention, piège !

Ne confondons pas le nombre de moles qui ont réagi avec le nombre initial de moles. Ces deux nombres ne sont égaux que si le réactif a totalement disparu, ce qui n'est pas toujours le cas.

Ainsi $n(CH_4) = n_i(CH_4) - n_f(CH_4)$, *où* $n_i(CH_4)$ *représente le nombre initial de moles de* CH_4 *et* $n_f(CH_4)$ *le nombre final de moles de* CH_4.

EXERCICES

Tester ses connaissances

1 QCM 1 (corrigés p. 62)

Indiquer si les affirmations suivantes sont vraies ou fausses.

1° Un hydrocarbure est constitué de carbone, d'hydrogène et d'oxygène.

2° La formule générale d'un alcane linéaire est C_nH_{2n+2}.

3° La chaîne principale du pentane comporte 6 atomes de carbone.

4° Dans une formule semi-développée, on représente les liaisons carbone-hydrogène.

5° Le groupement propyle est : $-CH_2-CH_2-CH_3$.

6° Le préfixe hex- correspond à 3 atomes de carbone.

7° Les chaînes cycliques sont des chaînes refermées sur elles-mêmes.

2 QCM 2 (corrigés p. 62)

Choisir la bonne réponse.

1° Pour nommer un alcool, le suffixe utilisé est :

a) « al » ; b) « one » ; c) « ol ».

2° L'éthanol est un alcool :

a) primaire ; b) secondaire ; c) tertiaire.

3° Les températures d'ébullition des alcools :

a) augmentent avec la longueur de la chaîne ;

b) diminuent avec la longueur de la chaîne ;

c) ne dépendent pas de la longueur de la chaîne.

4° Solubilité dans l'eau :

a) les alcanes sont très solubles dans l'eau ;

b) les alcools sont très solubles dans l'eau ;

c) les liaisons hydrogène entre molécules d'eau et molécules d'alcool expliquent la solubilité des alcools dans l'eau.

5° Pour un alcool et un alcane possédant le même nombre d'atomes de carbone, la température d'ébullition de l'alcool :

a) est inférieure à celle de l'alcane ;

b) est supérieure à celle de l'alcane ;

c) est égale à celle de l'alcane.

3 QCM 3 (corrigés p. 62)

Indiquer si les affirmations suivantes sont vraies ou fausses.

1° Les produits d'une combustion complète d'un alcane sont le dioxyde de carbone et l'eau.

2° La combustion d'un alcool se fait dans le diazote de l'air.

3° L'initiation de la combustion des alcanes nécessite de la chaleur.

4° La combustion des alcools produit du dioxygène et de l'eau.

Maîtriser les méthodes

Les exercices de cette rubrique font appel aux méthodes de base, qu'il faut maîtriser. Ils font l'objet d'une correction guidée pas à pas, qui récapitule ces méthodes, pour mieux les mémoriser.

4 DONNER LES NOMS DES ALCANES

(corrigés p. 62)

Nommer les composés correspondant aux molécules suivantes :

(1) 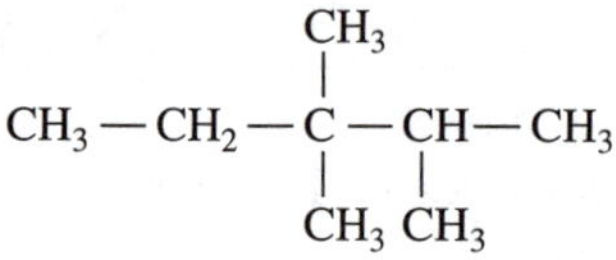

(2) 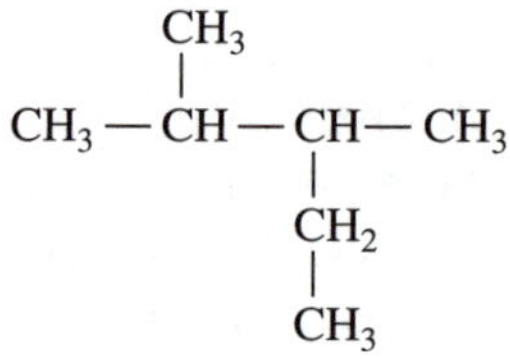

(3) 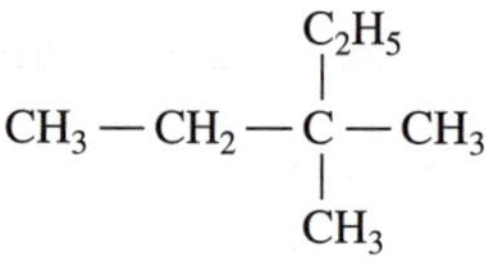

(4) 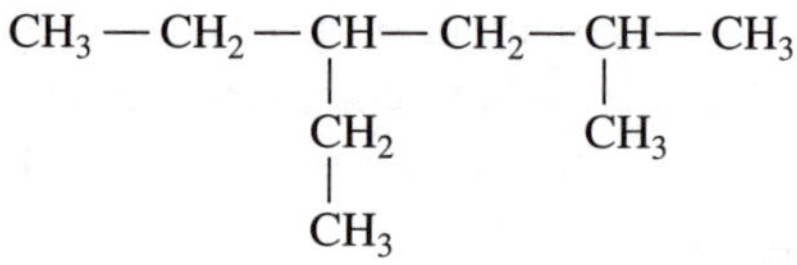

(5) 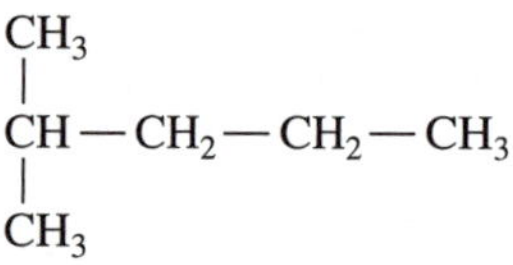

(6) 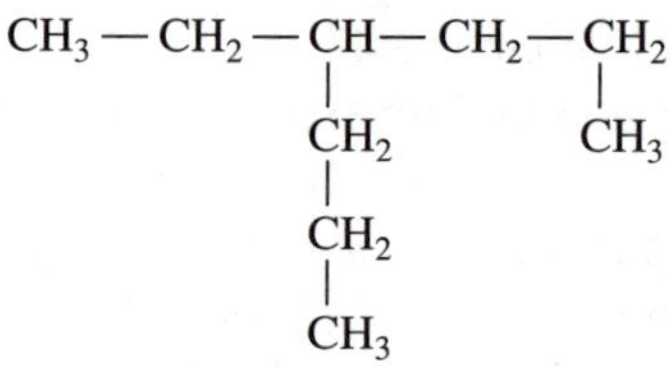

5 REPRÉSENTER DES FORMULES SEMI-DÉVELOPPÉES

(corrigés p. 62)

Écrire les formules semi-développées des molécules suivantes :

1° 3-méthylpentane ;
2° 2,2,4-triméthylhexane ;
3° 2,3-diméthyloctane ;
4° 3-éthyl-2-méthylhexane ;
5° 3-éthyl-3-méthylheptane.

6 DONNER LE NOM DES ALCOOLS CORRESPONDANTS

(corrigés p. 63)

Nommer les composés correspondant aux molécules suivantes :

(1) 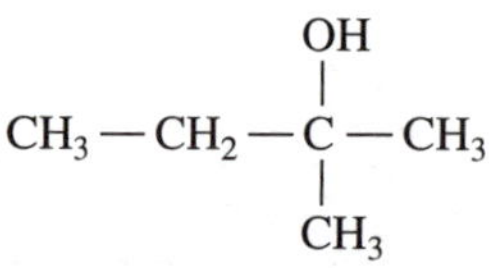

(2) 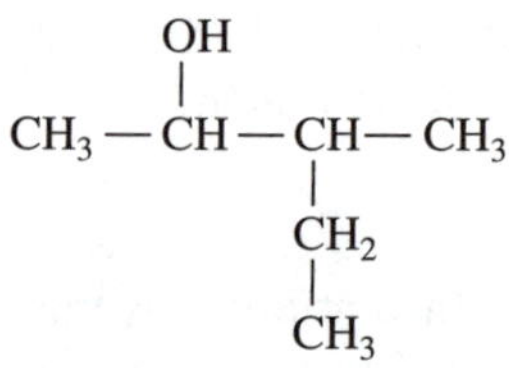

(3) 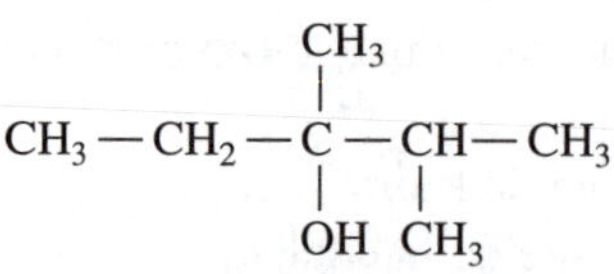

(4) 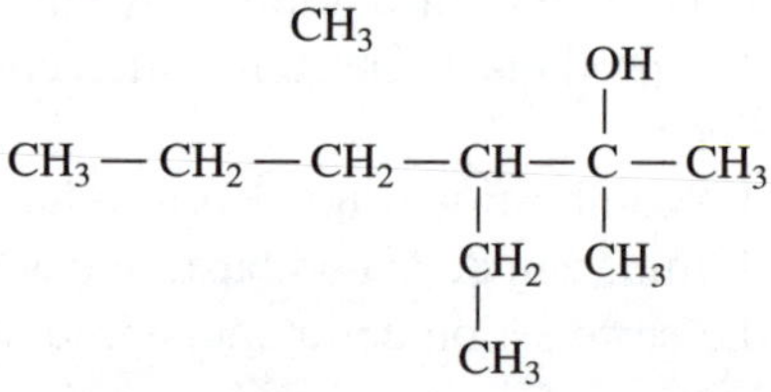

7 REPRÉSENTER LES FORMULES SEMI-DÉVELOPPÉES DES ALCOOLS (corrigés p. 64)

1° Butanol ;
2° 3-méthylpentanol ;
3° 4-éthyl-2-méthylheptan-3-ol ;
4° 2,3,4-triméthylhexan-2-ol.

S'entraîner

8 RECONNAÎTRE LA CLASSE D'UN ALCOOL ★★ 15 min (corrigés p. 64)

Indiquer la classe des chacun des alcools ci-dessous après les avoir représentés :
1° butan-2-ol ;
2° 2-méthylbutan-2-ol ;
3° propanol ;
4° 2,2-diméthylpentanol ;
5° 3-méthylpentan-3-ol.

9 FORMULE BRUTE, FORMULE DÉVELOPPÉE ★★ 8 min (corrigés p. 64)

Écrire toutes les formules possibles des composés suivants dont les formules brutes sont :
1° C_5H_{12} ;
2° $C_4H_{10}O$ (cette molécule comporte la fonction alcool).

10 DÉTERMINER LA FORMULE BRUTE D'UN ALCOOL ★★ 6 min (corrigés p. 64)

L'analyse élémentaire quantitative d'un alcool *A* de formule $C_xH_yO_z$, de masse molaire $M(A) = 102 \text{ g} \cdot \text{mol}^{-1}$, révèle qu'il contient en masse 70,6 % de carbone, 13,7 % d'hydrogène et le reste d'oxygène.
1° Déterminer le pourcentage d'oxygène dans cette molécule.
2° Déterminer la formule brute de ce composé.
Données : $M(\text{C}) = 12 \text{ g} \cdot \text{mol}^{-1}$; $M(\text{O}) = 16 \text{ g} \cdot \text{mol}^{-1}$; $M(\text{H}) = 1 \text{ g} \cdot \text{mol}^{-1}$.

11 CALCULER UNE PROPORTION ★★ 8 min (corrigés p. 65)

On considère l'alcool suivant de formule moléculaire $C_8H_{17}OH$.
1° Déterminer le pourcentage massique de chacun des atomes présents.
2° Sachant que la chaîne de cet alcool est une chaîne ramifiée et que cet alcool est un alcool tertiaire, écrire au moins deux formules semi-développées de ce composé.
Données : $M(\text{C}) = 12 \text{ g} \cdot \text{mol}^{-1}$; $M(\text{O}) = 16 \text{ g} \cdot \text{mol}^{-1}$; $M(\text{H}) = 1 \text{ g} \cdot \text{mol}^{-1}$.

12 COMBUSTION D'UN HYDROCARBURE ★★ 6 min (corrigés p. 65)

La combustion du méthane est une réaction exothermique. L'énergie ainsi libérée est de 892,3 kJ pour une mole de méthane.

1° Écrire l'équation de la réaction de combustion du méthane.

2° On considère la combustion de 0,135 kg de méthane. Quelle est l'énergie libérée par cette réaction ?

Données : $M(\text{C}) = 12 \text{ g} \cdot \text{mol}^{-1}$; $M(\text{O}) = 16 \text{ g} \cdot \text{mol}^{-1}$; $M(\text{H}) = 1 \text{ g} \cdot \text{mol}^{-1}$.

13 PRODUCTION DU DIOXYDE DE CARBONE PAR UN VÉHICULE ★★ 6 min (corrigés p. 65)

Pour se rendre au lycée, Marine utilise sa voiture qui consomme en moyenne en ville 5,4 L pour 100 km. Sa maison et son lycée sont distants de 22 km. Sa voiture est une voiture de catégorie B, car elle n'émet que 124 g de CO_2 par km.

1° Quel volume d'essence est alors consommé durant ce parcours ?

2° Quelle masse de CO_2 est émise ? Exprimer le résultat en kilogramme.

3° Quelle serait cette masse pendant une année scolaire sachant que Marine travaille 5 jours par semaine durant 32 semaines ?

14 DISTILLATION FRACTIONNÉE ★★★ 15 min (corrigés p. 66)

On dispose au laboratoire d'un mélange d'alcanes : 30 mL d'hexane, 10 mL de cyclohexane et 20 mL d'heptane. On veut réaliser une distillation fractionnée de ce mélange.

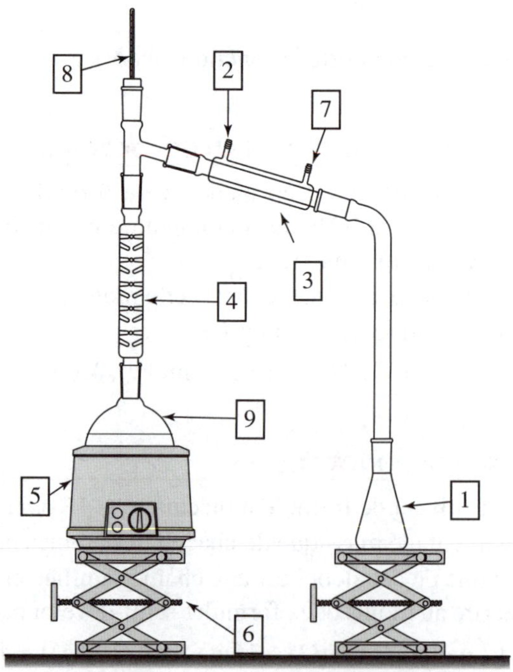

Ci-dessous, quelques caractéristiques de ces alcanes :

Nom	Masse molaire ($g \cdot mol^{-1}$)	Température d'ébullition (°C)	Masse volumique ($kg \cdot L^{-1}$)
hexane	86	68,7	0,665
cyclohexane	84	80,7	0,779
heptane	100	94,4	0,684

1° Combien y a-t-il de points d'attache sur ce schéma ? Les situer.
2° Attribuer une légende aux éléments numérotés du montage de la distillation fractionnée.
3° Calculer la masse totale du mélange.
4° Calculer la quantité de matière de chacun des alcanes du mélange.
5° Représenter l'allure de la courbe des variations de la température en fonction du temps.
6° Comment procéder pour recueillir uniquement l'hexane ?

Pour aller plus loin

15 COMBUSTION D'UN ALCANE ★★★ 15 min *(corrigés p. 66)*

On effectue la combustion complète d'un alcane. On recueille ainsi une masse de 26,4 g de dioxyde de carbone et une masse de 12,6 g d'eau.
1° Écrire l'équation de la combustion complète d'un alcane ayant *n* atomes de carbone.
2° Déterminer les quantités de matière de dioxyde de carbone et d'eau recueillies.
3° En déduire la valeur de *n*, ainsi que la formule de l'alcane étudié.
4° Représenter une formule développée linéaire et ramifiée possible pour cet alcane en donnant le nom en nomenclature classique.
Données : $M(C) = 12\ g \cdot mol^{-1}$; $M(O) = 16\ g \cdot mol^{-1}$; $M(H) = 1\ g \cdot mol^{-1}$.

L'interrogation écrite

16 COMBUSTION D'UN ALCOOL 20 min *(corrigés p. 67)*

On réalise la combustion complète de 20 g d'un alcool de formule brute C_4H_{10} dans le dioxygène.
1° Écrire les formules semi-développées possibles de l'alcool étudié et préciser chaque fois la classe de l'alcool en justifiant la réponse.
2° Écrire l'équation de la réaction de combustion de cet alcool dans le dioxygène.
3° Calculer les quantités de matière de produits formés lors de cette combustion.
4° Sachant que la combustion d'un kilogramme de cet alcool fournit une énergie thermique de 33×10^3 J, en déduire la quantité de chaleur dégagée.

Tester ses connaissances

1 Affirmations **vraies** : 2° ; 5° ; 7°.

2 **Bonnes** réponses : 1° c) ; 2° a) ; 3° a) ; 4° b) et c) ; 5° b).

3 Affirmations **vraies** : 1° ; 3°.

Maîtriser les méthodes

4

(1)

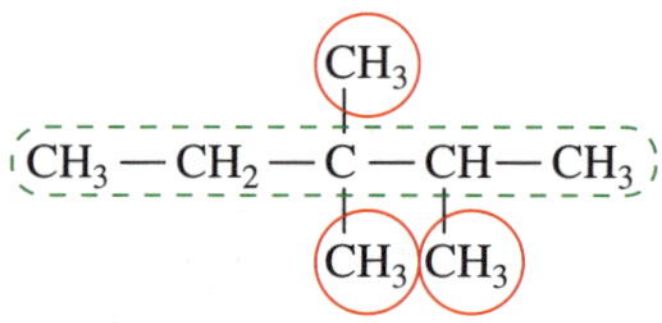

2,3, 3-triméthylpentane

(2)

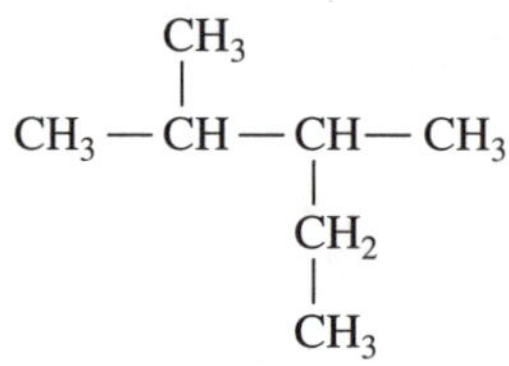

2,3 -diméthylpentane

(3)

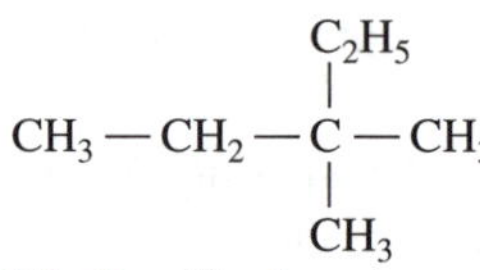

3,3-diméthylpentane

(4)

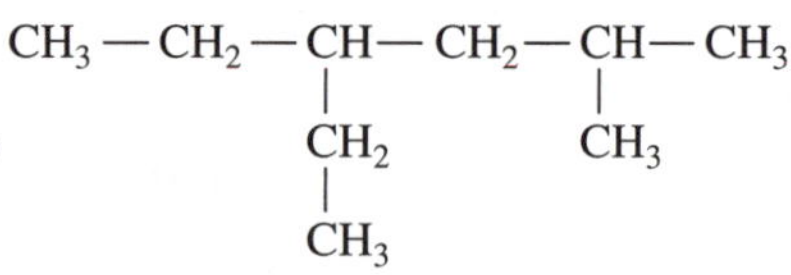

4-éthyl-2-méthylhexane

(5)

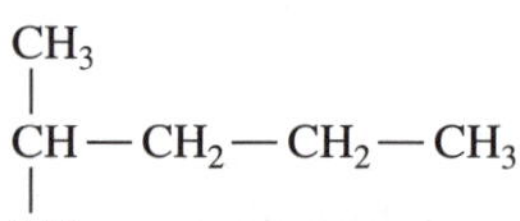

2-méthylpentane

(6)

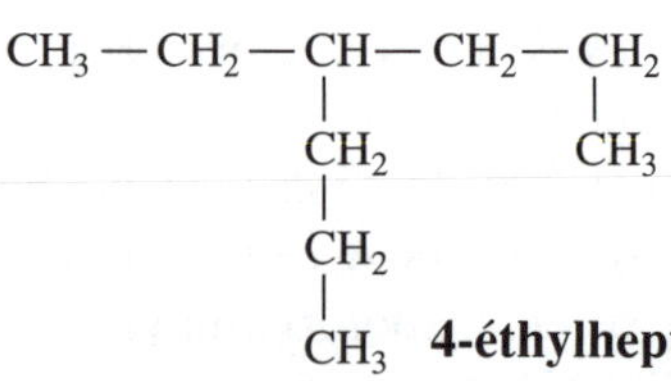

4-éthylheptane

Exercice 4 : conseils à retenir

Il est indispensable d'identifier la chaîne carbonée la plus longue. On peut l'encadrer pour mieux la visualiser : ici, la molécule (1) comporte 5 atomes de carbone donc le nom correspond au préfixe **pent- ;**

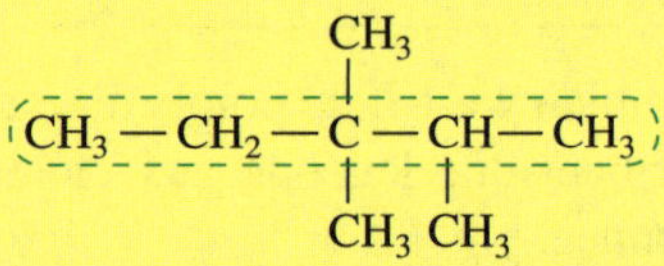

ensuite, il faut entourer les substituants :

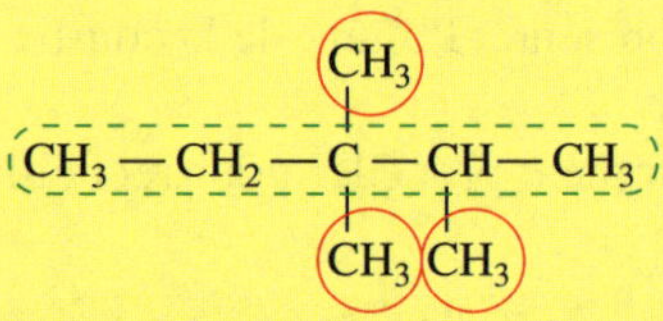

Il faut, enfin, numéroter la chaîne principale dans les deux sens.
On écrit le nom de la formule en considérant chaque sens :

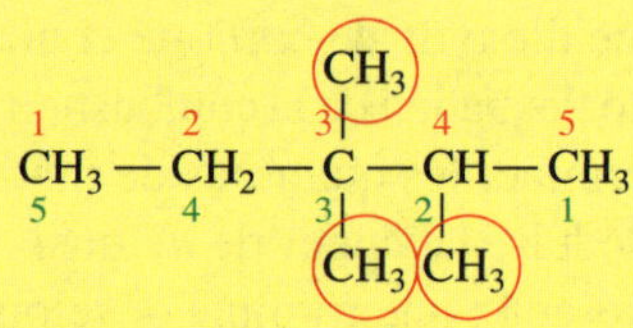

pour la numérotation rouge, le nom est **3,3,4-triméthylpentane** ;
pour la numérotation verte, le nom est **2,3,3-triméthylpentane**.
On fait la somme des indices dans les deux cas $3 + 3 + 4 > 2 + 3 + 3$.
On choisit la somme les indices de position la plus faible ; le nom retenu est donc **2,3,3-triméthylpentane.**

5 1° 3-méthylpentane :

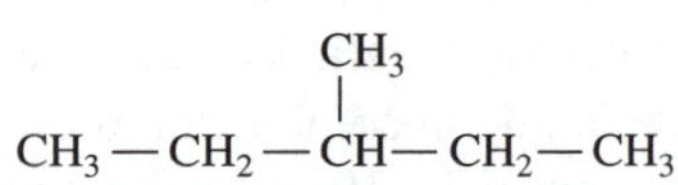

2° 2,2,4-triméthylhexane :

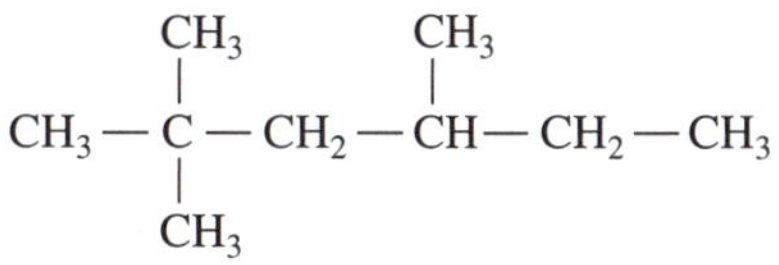

3° 2,3-diméthyloctane :

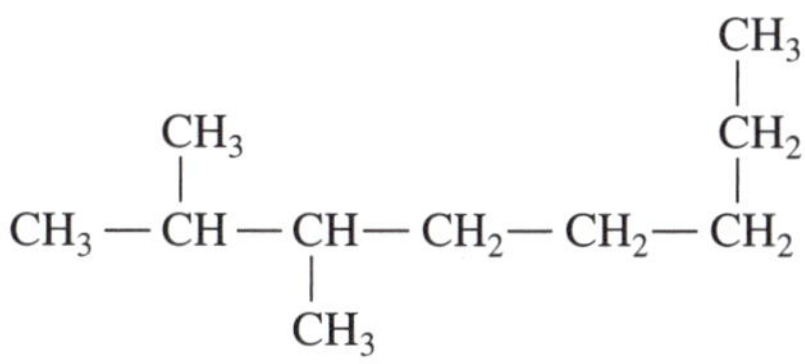

4° 3-éthyl-2-méthylhexane :

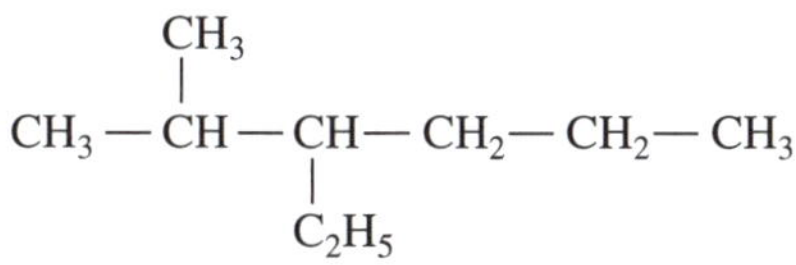

5° 3-éthyl-3-méthylheptane :

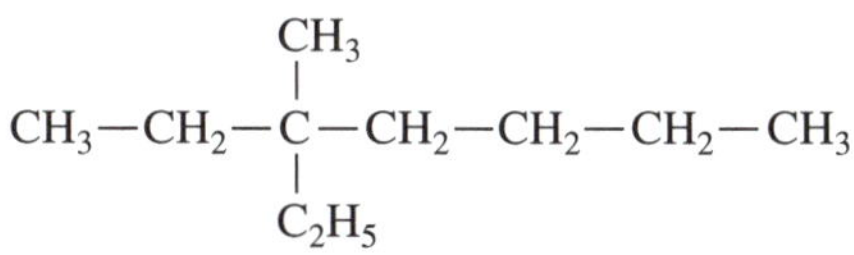

Exercice 5 : conseils à retenir

Pour **représenter** une molécule, il faut savoir à quel nombre d'atomes de carbone correspond le suffixe. Par exemple, pour la molécule de 3-méthylpentane, **pent-** correspond à **5 atomes** de carbone.
On dispose les atomes de carbone les uns à la suite des autres en formant une chaîne linéaire :

C — C — C — C — C

On rajoute ensuite les substituants dont le nombre et la position sont indiqués au début de la formule. Ici, on rajoute un substituant méthyl sur le troisième atome de carbone :

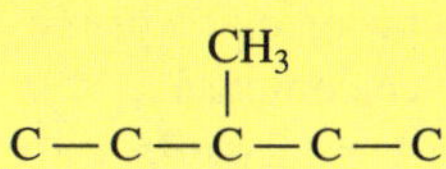

Sachant que, pour les alcanes, les atomes de carbone sont tétravalents, on complète alors en rajoutant des atomes d'hydrogène autour des atomes de carbone afin que chaque atome de carbone forme 4 liaisons :

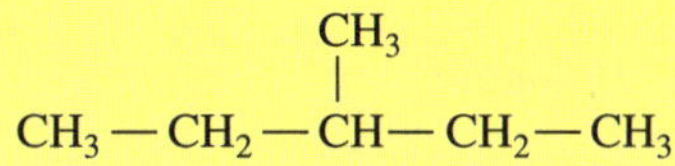

6

(1)

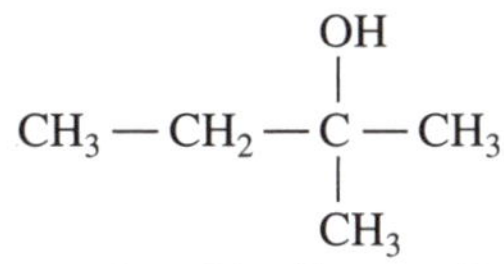

2-méthylbutan-2-ol

(2)

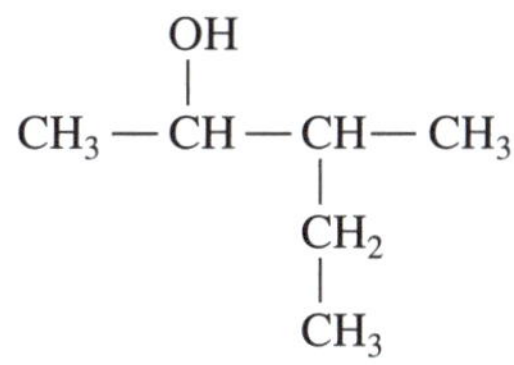

3-méthylpentan-2-ol

(3)

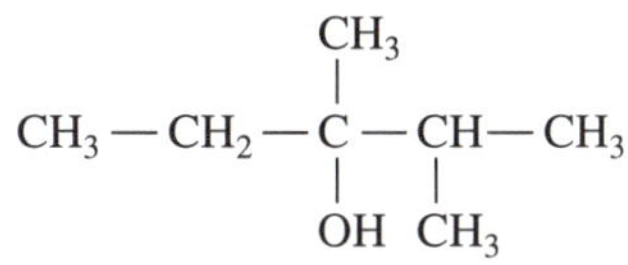

2,3-diméthylpentan-3-ol

(4)

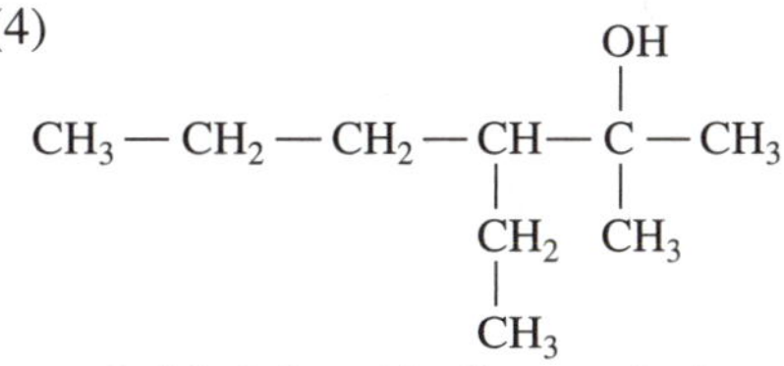

3-éthyl-2-méthylhexan-2-ol

Exercice 6 : conseils à retenir

- Pour ces molécules, la chaîne principale doit absolument comporter la fonction principale, c'est-à-dire la fonction alcool.
- Pour nommer une molécule qui possède plusieurs substituants, il est indispensable de respecter l'ordre alphabétique (éthyl- avant méthyl-).
- Pour la numérotation, il faut attribuer le plus petit numéro à l'atome de carbone qui porte la fonction alcool.

Exemple :

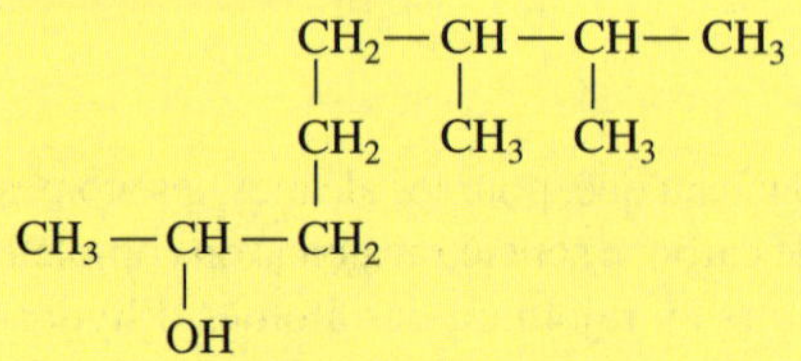

6,7-diméthyloctan-2-ol
et non le 2,3-diméthyloctan-7-ol

7 1° Butanol :

$CH_3—CH_2—CH_2—CH_2—OH$

2° 3-méthylpentanol :

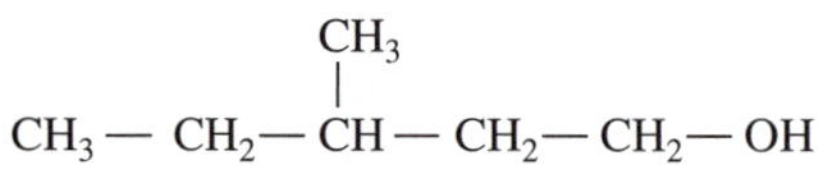

3° 4-éthyl-2-méthylheptan-3-ol :

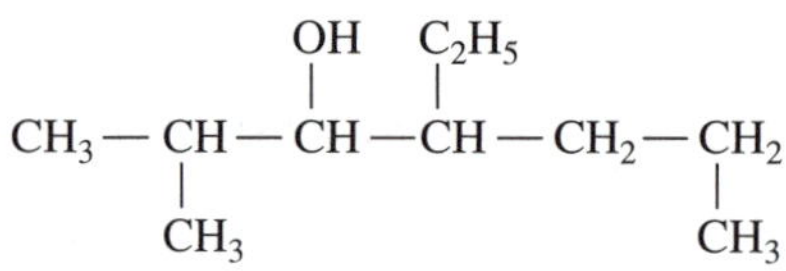

4° 2,3,4-triméthylhexan-2-ol :

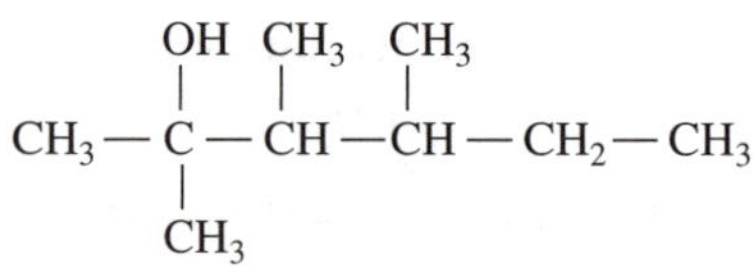

Exercice 7 : conseil à retenir
Pour ces molécules, après avoir dessiné la chaîne principale, il faut placer la fonction principale, c'est-à-dire la fonction alcool.

S'entraîner

8 1° Butan-2-ol :

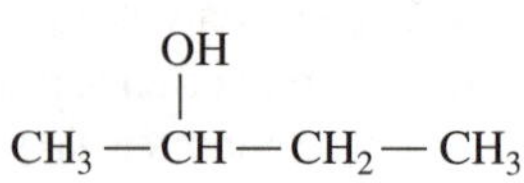

2° 2-méthylbutan-2-ol :

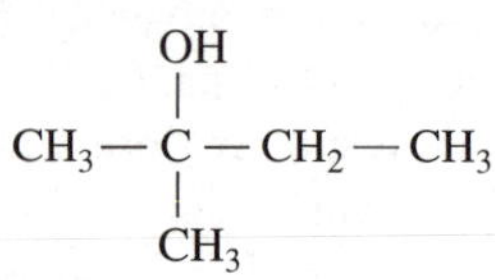

3° Propanol :

$CH_2—CH_2—CH_2—OH$

4° 2,2-diméthylpentanol :

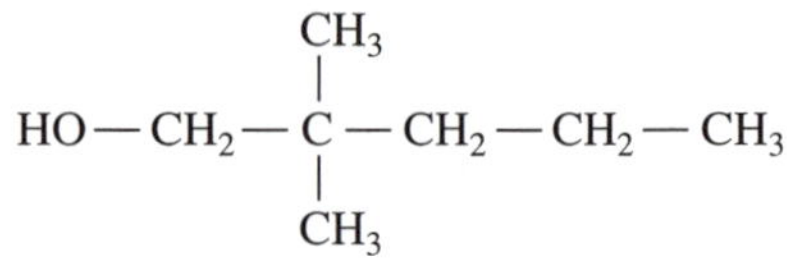

5° 3-méthylpentan-3-ol :

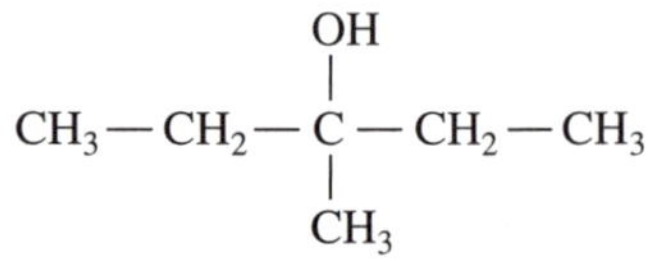

Les **molécules 3° et 4°** sont des **alcools primaires.**
La **molécule 1°** est un **alcool secondaire.**
Les **molécules 2° et 5°** sont des **alcools tertiaires.**

9 Formules possibles des composés de formules brutes :

1° C_5H_{12} :

$CH_3—CH_2—CH_2—CH_2—CH_3$

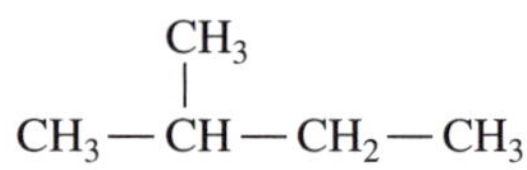

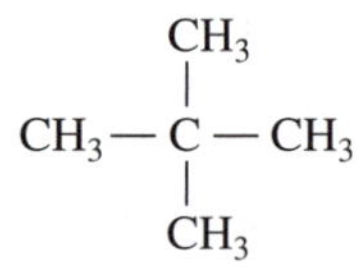

2° $C_4H_{10}O$:

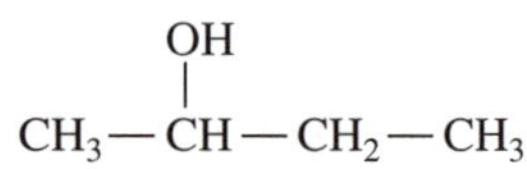

$HO—CH_2—CH_2—CH_2—CH_3$

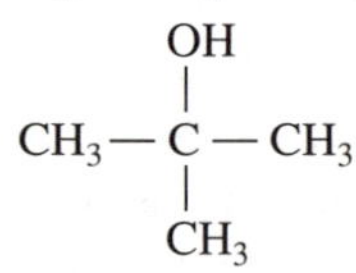

10 1° Le pourcentage d'oxygène est obtenu en soustrayant le pourcentage de carbone et d'hydrogène au pourcentage total, soit 100 – (70,6 + 13,7) = 15,7 %.
Le **pourcentage d'oxygène** dans cette molécule est donc de **15,7 %**.

2° Pour déterminer la formule chimique de ce composé, on exprime la masse molaire de ce composé :

$$M(A) = 12x + 1y + 16z,$$

où x, y et z représentent respectivement le nombre d'atomes de carbone, d'hydrogène et d'oxygène dans cette molécule.

• Le pourcentage de carbone dans cette molécule est donc de :

$$P(\mathrm{C}) = \frac{12x}{M(A)} \times 100 = 70{,}6, \text{ avec}$$

$M(A) = 102\ \mathrm{g \cdot mol^{-1}}$; ainsi,

$$x = \frac{P(\mathrm{C}) \times M(A)}{12 \times 100}\ ;\ x = \frac{70{,}6 \times 102}{12 \times 100}\ ;$$

d'où $\boldsymbol{x = 6}$.

• De la même façon, en considérant le pourcentage d'hydrogène, on peut écrire :

$$y = \frac{P(\mathrm{H}) \times M(A)}{1 \times 100}\ ;\ x = \frac{13{,}7 \times 102}{1 \times 100}\ ;$$

d'où $\boldsymbol{y = 14}$.

• De même, en considérant le pourcentage d'oxygène, on peut écrire :

$$z = \frac{P(\mathrm{O}) \times M(A)}{16 \times 100}\ ;\ z = \frac{15{,}7 \times 102}{16 \times 100}\ ;$$

d'où $\boldsymbol{z = 1}$.

La formule brute de ce composé est donc : $\mathbf{C_6H_{14}O}$.

Remarque : on peut vérifier la formule en recalculant la masse molaire de ce composé.

11 1° Masse molaire moléculaire de ce composé :

$$\begin{aligned} M(\mathrm{C_8H_{17}OH}) &= M(\mathrm{C}) \times 8 + M(\mathrm{H}) \times 18 \\ &\quad + M(\mathrm{O}) \times 1 \\ &= 12 \times 8 + 1 \times 18 + 16 \times 1 \\ &= 130\ \mathrm{g \cdot mol^{-1}}. \end{aligned}$$

Le pourcentage massique de carbone dans cette molécule est donc :

$$\boldsymbol{P(\mathrm{C})} = \frac{12 \times 8}{130} \times 100 = \mathbf{73{,}8\ \%}.$$

On procède de même pour l'hydrogène et l'oxygène :

$$\boldsymbol{P(\mathrm{H})} = \frac{1 \times 18}{130} \times 100 = \mathbf{13{,}9\ \%}$$

$$\text{et } \boldsymbol{P(\mathrm{O})} = \frac{16 \times 1}{130} \times 100 = \mathbf{12{,}3\ \%}.$$

La somme des pourcentages doit être égale à 100 %.

2° Deux formules semi-développées possibles :

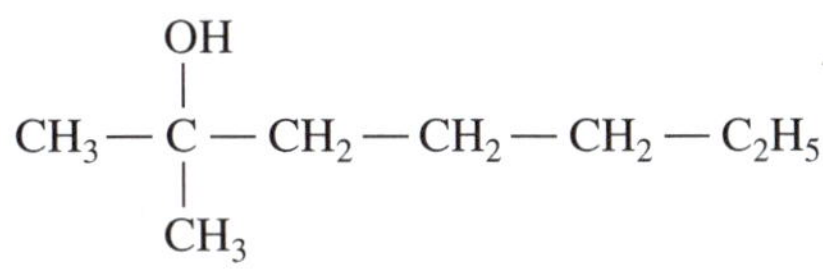

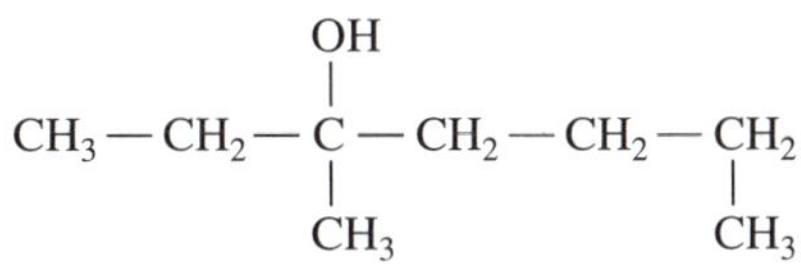

12 Le méthane a pour formule CH_4. La masse molaire moléculaire du méthane est de $M(CH_4) = 16\ \mathrm{g \cdot mol^{-1}}$.

1° L'équation de la réaction de combustion du méthane est :

$$\mathbf{CH_4 + 2\ O_2 \rightarrow CO_2 + 2\ H_2O}$$

2° La masse de méthane est de 0,135 kg, soit $m_{CH_4} = 135$ g. La quantité de matière correspondante est donc de :

$$n_{CH_4} = \frac{m_{CH_4}}{M_{CH_4}} = \frac{135}{16}$$

$$= 8{,}44 \text{ mol de méthane.}$$

Sachant que la réaction de combustion du méthane est une réaction exothermique et que l'énergie ainsi libérée est de 892,3 kJ pour une mole de méthane, donc, pour 8,44 mol, l'énergie libérée sera de $8{,}44 \times 892{,}3 = 7\ 531$;

l'énergie libérée est voisine de $\mathbf{7{,}53 \times 10^3}$ kJ.

13 1° Le volume d'essence utilisé durant ce parcours est de :

$$\boldsymbol{V} = \frac{5{,}4 \times 22}{100} = \mathbf{1{,}2\ L.}$$

2° Sachant que cette voiture émet 124 g de CO_2 par km, alors, sur 22 km, cette masse est de $\boldsymbol{m_{CO_2}} = 124 \times 22 = \mathbf{2\ 728\ g}$, soit **2,7 kg.**

3° Pendant l'année scolaire, cette masse est de :

$\boldsymbol{m_{CO_2}} = 2,7 \times 5 \times 32 \times 2 =$ **864 kg de dioxyde de carbone.**

Remarque : dans le calcul, le nombre 2 correspond au trajet aller-retour.

14 **1°** Sur ce schéma, il existe **deux points d'attache. On accroche le ballon et le réfrigérant droit.**

2°

1	2	3	4	5	6	7	8	9
erlenmeyer	**sortie d'eau**	**réfrigérant droit**	**colonne de Vigreux**	**chauffe-ballon**	**support elévateur**	**entrée d'eau**	**thermo-mètre**	**ballon**

3° Calcul de la masse totale du mélange : elle est égale à la somme des masses des composés présents dans le mélange en tenant compte de la masse volumique de chacun des constituants :

$$m_{\text{totale}} = \rho_{\text{hexane}} \times V_{\text{hexane}} + \rho_{\text{cyclohexane}} \times V_{\text{cyclohexane}} + \rho_{\text{heptane}} \times V_{\text{heptane}} ;$$

$$m_{\text{total}} = 0,665 \times 30 + 0,779 \times 10 + 0,684 \times 20 ;$$

$\boldsymbol{m_{\text{totale}} = 41,42}$ **g.**

4° Calcul de la quantité de matière de chacun des alcanes du mélange grâce à la relation :

$$\boldsymbol{n_{\text{hexane}}} = \frac{\rho_{\text{hexane}} \times V_{\text{hexane}}}{M_{\text{hexane}}} = \frac{0,665 \times 30}{86} = \mathbf{0,232\ mol}$$

$$\boldsymbol{n_{\text{cyclohexane}}} = \frac{\rho_{\text{cyclohexane}} \times V_{\text{cyclohexane}}}{M_{\text{cyclohexane}}} = \frac{0,779 \times 10}{84} = \mathbf{0,093\ mol} ;$$

$$\boldsymbol{n_{\text{heptane}}} = \frac{\rho_{\text{heptane}} \times V_{\text{heptane}}}{M_{\text{heptane}}} = \frac{0,684 \times 20}{100} = \mathbf{0,137\ mol.}$$

5° Allure de la courbe des variations de la température en fonction du temps :

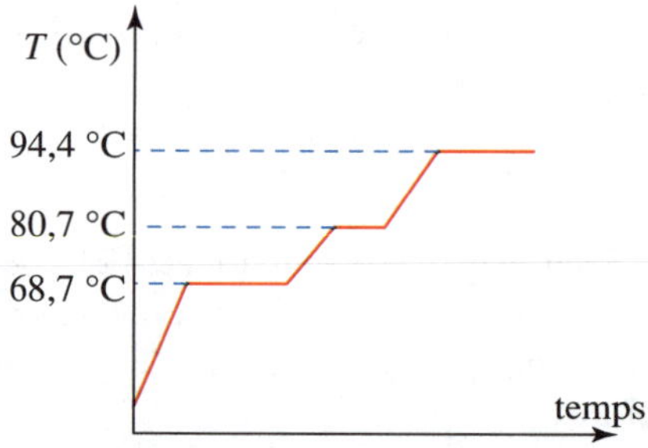

6° L'**hexane** est le constituant le plus volatil : il s'évapore en premier. **On pourra** donc **le récupérer à la fin du premier palier de température.**

Pour aller plus loin

15 **1°** L'équation de la combustion complète d'un alcane ayant n atomes de carbone est :

$$\mathbf{C_nH_{2n+2} + \frac{3n+1}{2}\, O_2 \rightarrow n\, CO_2 + (n+1)\, H_2O}$$

2° Les quantités de matière de dioxyde de carbone et d'eau recueillies, n_{CO_2} et n_{H_2O}, sont calculées à partir de la relation $n = \frac{m}{M}$, d'où :

$$\boldsymbol{n_{CO_2}} = \frac{m_{CO_2}}{M_{CO_2}} = \frac{26,4}{44} = \mathbf{0,6\ mol}$$

et $\boldsymbol{n_{H_2O}} = \frac{m_{H_2O}}{M_{H_2O}} = \frac{12,6}{18} = \mathbf{0,7\ mol.}$

3° La formule générale d'un alcane est C_nH_{2n+2}, avec n qui est un entier non nul. La masse molaire moléculaire d'un tel composé A est :

$$M(A) = M(C) \times n + (2n+2) \times M(H) = 12 \times n + (2n+2) \times 1,$$

ainsi $M(A) = 14n + 2$.

Tableau d'avancement de la combustion de l'alcane (page suivante) :

Dans l'état final, la quantité de matière de dioxyde de carbone est : $n \cdot x_{max} = 0,6$ et la quantité de matière d'eau est : $x_{max} \cdot (n+1) = 0,7$.

Équation de réaction		$C_nH_{2n}+2$ +	$\frac{3n+1}{2}O_2$ →	$n\,CO_2$	+ $(n+1)\,H_2O$
	Avancement				
État initial (mol)	0	n(alcane)	$n(O_2)$	0	0
En cours de transformation (mol)	x	n(alcane) – x	$n(O_2) - \frac{3n+1}{2}\cdot x$	$n \cdot x$	$x \cdot (n+1)$
État final (mol)	x_{max}	$n(CH_4) - x_{max}$	$n(O_2) - \frac{3n+1}{2}\cdot x_{max}$	$n \cdot x_{max}$	$x_{max} \cdot (n+1)$

En faisant le rapport de ces deux dernières relations, on obtient : $\frac{0,7}{n+1} = \frac{0,6}{n}$,
soit : $7n = 6\,n + 6$; d'où $n = 6$.

La formule brute du composé est C_6H_{14}.

4° Structure linéaire et ramifié du C_6H_{14} :

$CH_3—CH_2—CH_2—CH_2—CH_2—CH_3$

hexane

$CH_3—CH_2—CH(CH_3)—CH_2—CH_3$

3-méthylpentane

L'interrogation écrite

16 1° Formules semi-développées possibles :

$HO—CH_2—CH_2—CH_2—CH_3$

butan-1-ol
(alcool primaire)

$CH_3—CH(OH)—CH_2—CH_3$

butan-2-ol
(alcool secondaire)

$CH_3—C(OH)(CH_3)—CH_3$

2-méthylpropan-2-ol
(alcool tertiaire)

Dans un **alcool primaire**, l'atome de carbone porteur du groupe OH est lié à un seul atome de carbone.

Dans un **alcool secondaire**, l'atome de carbone porteur du groupe OH est lié à deux atomes de carbone.

Dans un **alcool tertiaire**, l'atome de carbone porteur du groupe OH est lié à trois atomes de carbone.

2° L'équation de la réaction de combustion de cet alcool dans le dioxygène s'écrit :

$$\mathbf{C_4H_{10}O + 6\ O_2 \rightarrow 4\ CO_2 + 5\ H_2O}$$

3° Masse molaire de l'alcool :
$M = 74\ g \cdot mol^{-1}$;

quantité de matière d'alcool :

$$n_{alcool} = \frac{20}{74} = 0,27\ mol.$$

Tableau d'avancement (page suivante) :

$n_{alcool} - x_{max} = 0$, d'où
x_{max} = nalcool = 0,27 mol.

On en déduit :

$$\boldsymbol{n}(\mathbf{CO_2}) = 4x_{max} = 4 \times 0,27 \approx 1,08\ mol \approx \mathbf{1,1\ mol.}$$

et $\boldsymbol{n}(\mathbf{H_2O}) = 5 \times 0,27 =$ **1,35 mol.**

4° Quantité de chaleur dégagée :

$$\boldsymbol{Q} = 20 \times 10^{-3} \times 33 \times 10^3 = \mathbf{6,6 \times 10^2\ kJ.}$$

Équation de réaction	$C_4H_{10}O \quad + \quad 6\ O_2(g) \quad \rightarrow \quad 4\ CO_2(g) \quad + \quad 5\ H_2O$				
	Avancement				
État initial (mol)	0	n_{alcool}	$n(O_2)$	0	0
En cours de transformation (mol)	x	$n_{alcool} - x$	$n(O_2) - 6x$	4x	$5x$
État final (mol)	x_{max}	$n_{alcool} - x_{max}$	$n(O_2) - 2x_{max}$	$4x_{max}$	$5x_{max}$

CHAPITRE 5

Oxydoréduction

LE COURS

Oxydants et réducteurs

▶ EXERCICE D'APPLICATION 4, p. 75

***Un oxydant* est une espèce chimique capable *de gagner un ou plusieurs électrons* au cours d'une transformation chimique.**

Exemples : Ag^+, Cu^{2+}, Fe^{3+}, MnO_4^-…

***Un réducteur* est une espèce chimique capable *de perdre un ou plusieurs électrons* au cours d'une transformation chimique.**

Exemples : Cu, Fe, Ag…

Un **couple oxydant / réducteur** est constitué de deux espèces conjuguées, reliées par une **demi-équation électronique :**

$$\textbf{Oxydant} + n\,e^- = \textbf{Réducteur.}$$

Exemple : pour le couple Ag^+/Ag, la demi-équation correspondante est : $Ag^+ + e^- = Ag$.

Réactions d'oxydoréduction

▶ EXERCICE D'APPLICATION 5, p. 75

On appelle réaction d'oxydoréduction, toute réaction au cours de laquelle se produit un transfert d'électrons. Dans toute réaction d'oxydoréduction, les réactifs sont l'oxydant Ox_1 d'un couple $Ox_1/Réd_1$ et le réducteur $Réd_2$ d'un couple $Ox_2/Réd_2$ en proportions telles que le nombre d'électrons captés par l'oxydant Ox_1 soit égal au nombre d'électrons cédés par le réducteur $Réd_2$.

$$Ox_1 + Réd_2 \rightarrow Ox_2 + Réd_1$$

Cette équation peut être décomposée en deux demi-équations électroniques :

$$Ox_1 + n\,e^- = Réd_1$$

$$Réd_2 = Ox_2 + n\,e^-$$

Exemple : on considère la réaction entre les ions Cu^{2+} et les atomes de zinc Zn.

$$\mathbf{Cu^{2+} + Zn \rightarrow Cu + Zn^{2+}}$$

Les couples oxydant/ réducteur concernés sont Cu^{2+}/Cu et Zn^{2+}/Zn.

Les demi-équations électroniques sont :

Cu^{2+}/Cu : $\mathbf{Cu^{2+} + 2\,e^- = Cu}$

Zn^{2+}/Zn : $\mathbf{Zn = Zn^{2+} + 2\,e^-}$

Applications des réactions d'oxydoréduction : les piles

▶ EXERCICE D'APPLICATION 7, p. 76

Une pile (ou générateur électrochimique) est constituée de deux demi-piles. Un récipient contenant une électrode plongeant dans un électrolyte forme une demi-pile. De plus, à chaque demi-pile correspond un couple d'oxydoréduction.
Exemple : la pile Daniell

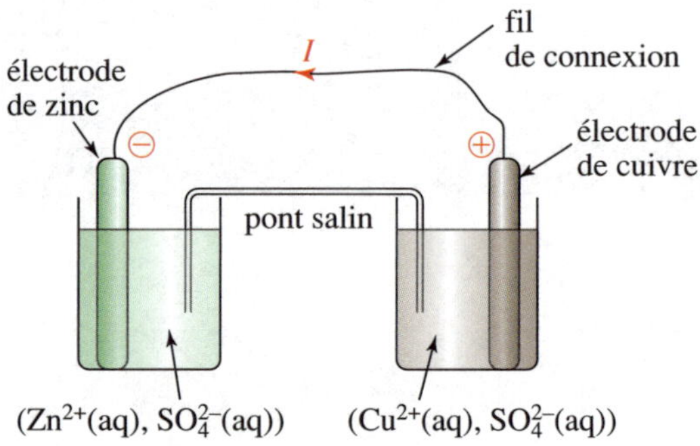

Les deux couples intervenant sont : Cu^{2+}/Cu et Zn^{2+}/Zn.
On peut schématiser la pile de la façon suivante :

$$\ominus\ \mathbf{Zn\,|\,Zn^{2+}\,\|\,Cu^{2+}\,|\,Cu}\ \oplus$$

Le pont salin permet à la pile de fonctionner en fermant le circuit et en assurant l'électroneutralité dans chaque électrolyte. Il est symbolisé par deux traits verticaux.
À l'aide d'un voltmètre, on peut mesurer la force électromotrice (f.é.m.) de la pile, c'est-à-dire la tension entre ses bornes lorsqu'elle ne débite pas (courant nul ou quasi nul).
Lorsque le circuit est fermé :
– au **pôle négatif** (appelé aussi : **anode**) se produit une réaction d'**oxydation** :

$$\mathbf{Zn = Zn^{2+} + 2\ e^-}$$

– au **pôle positif** (appelé aussi : **cathode**) se produit une réaction de **réduction** :

$$\mathbf{Cu^{2+} + 2\ e^- = Cu}$$

L'équation de la réaction globale se produisant dans la pile est :

$$\mathbf{Cu^{2+} + Zn \rightarrow Cu + Zn^{2+}}$$

C'est la somme des réactions se produisant aux électrodes (sans faire apparaître d'électrons).
Les électrons échangés au cours de la réaction traversent le circuit extérieur, ce qui permet de récupérer de l'énergie (électrique). La pile est donc un générateur électrochimique.

Quantité d'électricité fournie par une pile

▶ EXERCICE D'APPLICATION 12, p. 77

La quantité d'électricité Q mise en jeu au cours du fonctionnement d'un générateur électrochimique (pile) est : $Q = n(e^-) \times F$;
$n(e^-)$ est le nombre de moles d'électrons qui traversent le circuit extérieur de la pile.
F désigne le faraday ; c'est la quantité d'électricité correspondant à une mole d'électrons : $F = 9{,}65 \times 10^4\ C \cdot mol^{-1}$.
Une pile débitant un courant d'intensité constante I pendant une durée t fait circuler une quantité d'électricité Q :

$$C \rightarrow Q = I \times t \leftarrow s$$

$$\uparrow$$

$$A$$

Piles salines, piles alcalines, piles à combustibles, accumulateurs

▶ EXERCICE D'APPLICATION 11, p. 77

▶ Piles salines

La pile saline de type Leclanché comporte un boîtier intérieur en zinc qui joue le rôle d'anode et un bâton de graphite entouré d'une pâte humide d'oxyde de manganèse (MnO_2) qui constitue la cathode. L'électrolyte est du chlorure d'ammonium solide, NH_4Cl. La f.é.m. de cette pile est d'environ 1,5 volt.

Les deux couples oxydant/réducteur intervenant dans cette pile sont : Zn^{2+}/Zn et $MnO_2/MnO(OH)$.

Le schéma de cette pile est : $\ominus$ Zn | Zn^{2+} | NH_4Cl | MnO(OH) | MnO_2| C $\oplus$

Lors du fonctionnement de la pile :

– au pôle négatif (anode), le zinc est oxydé ; il se forme des ions Zn^{2+} suivant la réaction suivante :

$$Zn = Zn^{2+} + 2\ e^-$$

– au pôle positif (cathode), le dioxyde de manganèse est réduit suivant la réaction :

$$MnO_2 + H^+ + e^- = MnO(OH)$$

▶ Piles alcalines

Le schéma de cette pile est :

$$\ominus\ Zn\ |\ Zn(OH)_4^{2-}\ |\ KOH\ |\ MnO(OH)\ |\ MnO_2|\ C\ \oplus$$

L'électrolyte est une solution basique (par exemple, de l'hydroxyde de potassium KOH ou de l'hydroxyde de sodium NaOH).

Lors du fonctionnement de la pile :

– à l'anode (pôle négatif) : le zinc est oxydé ; il ne se forme pas d'ions Zn^{2+} mais des ions $Zn(OH)_4^{2-}$, car le milieu est basique, suivant la réaction suivante :

$$Zn + 4\ OH^- = Zn(OH)_4^{2-} + 2\ e^-$$

– à la cathode (pôle positif), le dioxyde de manganèse est réduit suivant la réaction :

$$MnO_2 + H^+ + e^- = MnO(OH)$$

▶ Piles à combustible

Une **pile à combustible** est une pile où la fabrication de l'électricité se fait grâce à l'oxydation sur une électrode (l'anode) d'un combustible (le dihydrogène) couplée à la réduction sur l'autre électrode (la cathode) du dioxygène de l'air.

On représente schématiquement une pile à combustible par :

$\ominus$ électrode métallique | combustible |électrolyte|comburant| électrode métallique $\oplus$

Lors du fonctionnement de la pile :

À l'anode (pôle « – »), le combustible (le dihydrogène H_2) est oxydé :

$$H_2 = 2\ H^+ + 2\ e^-$$

Le comburant (le dioxygène O_2) est réduit :

$$O_2 + 4\ H^+ + 4\ e^- = 2\ H_2O$$

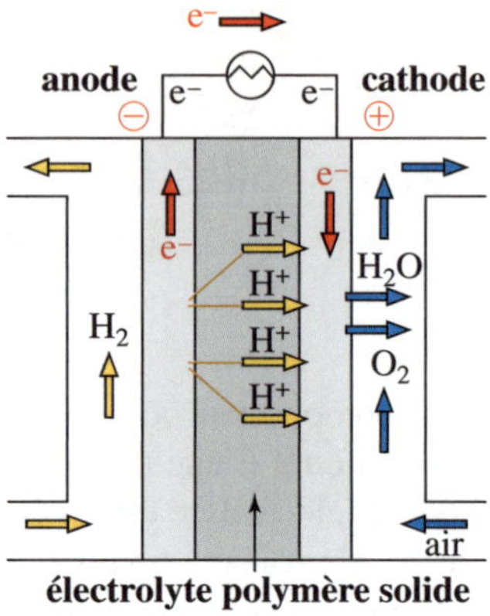

Principe d'une pile à hydrogène
à membrane d'échange d'ions

Le bilan de cette pile est : $2\ H_2(g) + O_2(g) \rightarrow 2\ H_2O(\ell)$
L'oxydant et le réducteur sont apportés de façon continue dans la pile.

▶ Accumulateurs

Un **accumulateur électrique** est un dispositif destiné à stocker l'énergie électrique et à la restituer ultérieurement. Il fait circuler un courant continu comme une pile. Les accumulateurs au plomb sont utilisés comme batteries pour l'automobile, par exemple.
On représente un accumulateur par le schéma suivant :

$$\ominus\ Pb\ |\ PbSO_4\ |H_2SO_4|\ PbSO_4PbO_2|\ Pb\ \oplus$$

Lors du fonctionnement, l'accumulateur se décharge :
Dans le premier compartiment (anode, pôle « – »), le plomb est oxydé : $Pb = Pb^{2+} + 2\ e^-$
Dans le second compartiment (cathode, pôle « + »), l'oxyde de plomb est réduit :

$$PbO_2 + 4\ H^+ + 2\ e^- = Pb^{2+} + 2\ H_2O$$

Globalement :

$$Pb + PbO_2 + 4\ H^+ \rightarrow 2\ Pb^{2+} + 2\ H_2O$$

Lorsque l'accumulateur est déchargé, on peut le recharger, contrairement aux piles. Son pôle « + » est alors relié au pôle « + » d'un générateur de courant continu (chargeur), son pôle « – » au pôle « – » du chargeur. Le fonctionnement est inversé ; les réactions chimiques précédentes se produisent en sens inverse.

LES DIFFICULTÉS DU CHAPITRE

Écriture d'une équation d'oxydoréduction

Exemple : une solution d'ions permanganate MnO_4^- (violet) est décolorée par une solution d'ions fer (II) en milieu acide.
Pour l'élément fer, le couple oxydant/réducteur et la demi-équation électronique mis en jeu sont :

$$Fe^{3+}/\ Fe^{2+} : Fe^{2+} = Fe^{3+} + e^-$$

Pour l'élément manganèse, le couple est MnO_4^-/Mn^{2+}.

Écrivons sa demi-équation, étape par étape :

– conservation des éléments :

• conservation de l'élément manganèse

$MnO_4^- + \ldots\ldots = Mn^{2+} + \ldots\ldots$

• conservation de l'élément oxygène (équilibrer avec H_2O, car on est en solution aqueuse)

$MnO_4^- + \ldots\ldots = Mn^{2+} + 4\ H_2O + \ldots\ldots$

• conservation de l'élément hydrogène (équilibrer avec H^+, car on est en milieu acide)

$MnO_4^- + 8\ H^+(aq) + \ldots\ldots = Mn^{2+} + 4\ H_2O + \ldots\ldots$

– conservation des charges : équilibrer avec des électrons.

$MnO_4^- + 8\ H^+ + 5\ e^- = Mn^{2+} + 4\ H_2O$

Les électrons n'existent pas à l'état libre en solution aqueuse. Le nombre d'électrons cédés par les ions fer (II) est égal au nombre d'électrons captés par les ions permanganate.

Les deux demi-équations s'écrivent :

$Fe^{2+} = Fe^{3+} + e^- \quad \times 5$

$MnO_4^- + 8\ H^+ + 5\ e^- = Mn^{2+} + 4\ H_2O \quad \times 1$

Pour que les électrons n'apparaissent pas dans l'équation globale de la réaction, multiplions la première demi-équation par 5 et la seconde par 1.

L'équation de réaction s'obtient en ajoutant membre à membre les deux demi-équations :

$$\mathbf{MnO_4^- + 8\ H^+ + 5\ Fe^{2+} \rightarrow Mn^{2+} + 5\ Fe^{3+} + 4\ H_2O}$$

Mouvement des porteurs de charges dans une pile

Les porteurs de charges dans le circuit électrique extérieur sont les électrons. Mais, dans les électrolytes, les porteurs de charges, ce sont les ions, ils conduisent le courant.

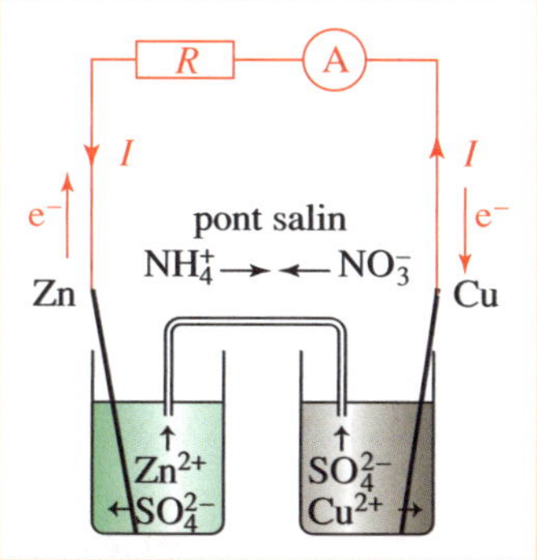

Exemple de la pile Daniell

La solution de sulfate de zinc s'enrichit en ions zinc (II), alors, pour compenser cet excès de charges positives, des ions nitrate du pont salin passent dans cette solution.

Inversement, la solution de sulfate de cuivre (II) s'appauvrit en ions cuivre (II), alors, pour compenser ce défaut de charges positives, des ions ammonium du pont salin passent dans cette solution.

Cette double migration des ions du pont salin assure le passage du courant entre les deux demi-piles.

Dans les solutions ioniques, les ions positifs (cations) circulent dans le sens du courant, les ions négatifs (anions) circulent en sens inverse.

EXERCICES

Tester ses connaissances

1 QCM 1 *(corrigés p. 79)*

Parmi les affirmations suivantes, lesquelles sont vraies ?

1° L'oxydation est la réaction inverse de la réduction.

2° Dans un couple oxydant/réducteur, le réducteur gagne des électrons et l'oxydant perd des électrons.

3° Un oxydant peut être également un réducteur.

4° Lors d'une réaction d'oxydoréduction, le réducteur donne des électrons à l'oxydant.

5° La demi-équation d'oxydoréduction suivante est correcte : $Cu^{2+} = Cu + 2\ e^-$.

2 QCM 2 *(corrigés p. 79)*

Parmi les affirmations suivantes, lesquelles sont vraies ?

1° Dans une pile, il se produit une réduction à l'anode.

2° Dans une pile saline, l'électrolyte est une solution de NH_4Cl.

3° Dans une pile, le compartiment anodique correspond au pôle négatif.

4° Dans le circuit extérieur à une pile, le courant circule du pôle négatif vers le pôle positif.

5° Dans une pile à combustible, l'oxydant et le réducteur sont apportés de façon continue.

3 QCM 3 *(corrigés p. 79)*

Choisir les bonnes réponses.

1° Dans la pile à combustible, le dihydrogène est un :

a) comburant ; **b)** combustible ; **c)** liquide ; **d)** gaz.

2° Le bilan du fonctionnement d'une pile à combustible (à hydrogène) est :

a) $2\ H_2 + O_2 \rightarrow 2\ H_2O$;

b) $2\ H_2O \rightarrow 2\ H_2 + O_2$;

c) $C + O_2 \rightarrow CO_2$.

3° Dans les batteries d'accumulateurs de voitures, le métal utilisé comme électrode est :

a) le zinc ; **b)** le cuivre ; **c)** le plomb ; **d)** l'argent.

4° Dans une pile alcaline, l'électrolyte est :

a) un acide ; **b)** une base ; **c)** de l'eau distillée.

5° Un accumulateur :

a) peut être rechargé, contrairement aux piles ;

b) ne peut pas être rechargé ;

c) délivre une tension alternative.

Maîtriser les méthodes

Les exercices de cette rubrique font appel aux méthodes de base, qu'il faut maîtriser. Ils font l'objet d'une correction guidée pas à pas, qui récapitule ces méthodes, pour mieux les mémoriser.

4 ÉQUILIBRER LES DEMI-ÉQUATIONS ÉLECTRONIQUES (corrigés p. 79)

Équilibrer les demi-équations d'oxydoréduction des couples oxydant/réducteur suivants en milieu acide :

MnO_4^-/Mn^{2+}	$Cr_2O_7^{2-}/Cr^{3+}$
NO_3^-/NO	ClO^-/Cl_2
H^+/H_2	ClO^-/Cl^-
Ag^+/Ag	SO_4^{2-}/SO_2

5 RÉACTIONS D'OXYDORÉDUCTION (corrigés p. 79)

Écrire les réactions d'oxydoréduction dans les cas suivants :

1° L'ion hypochlorite ClO^- oxyde les ions fer (II) Fe^{2+}.
Couples : ClO^-/Cl^- et Fe^{3+}/Fe^{2+}.

2° L'ion hypochlorite ClO^- oxyde l'ion chlorure Cl^-.
Couples : ClO^-/Cl_2 et Cl_2/Cl^-.

3° Le peroxyde d'hydrogène H_2O_2 oxyde l'ion iodure I^-.
Couples : H_2O_2/H_2O et I_2/I^-.

4° Le diiode I_2 oxyde l'ion thiosulfate $S_2O_3^{2-}$.
Couples : I_2/I^- et $S_4O_6^{2-}/S_2O_3^{2-}$.

5° L'ion dichromate oxyde l'ion fer (II) Fe^{2+}.
Couples : $Cr_2O_7^{2-}/Cr^{3+}$ et Fe^{3+}/Fe^{2-}.

6 OXYDORÉDUCTION (corrigés p. 80)

Dans un tube à essai contenant une solution de sulfate de cuivre (II), on introduit de la poudre de fer. Peu à peu, la solution prend une coloration verdâtre indiquant la présence d'ions fer (II) et la poudre de fer se recouvre d'un dépôt métallique rouge-orangé.

1° Quelle est la coloration initiale de la solution de sulfate de cuivre (II) ? Justifier.

2° Écrire les couples oxydant/réducteur mis en jeu dans cette transformation chimique.

3° Écrire les demi-équations électroniques correspondantes.

4° Écrire l'équation de réaction de cette transformation chimique.

5° Quel est l'oxydant dans cette réaction ? Quel est le réducteur ?

6° Quelle est l'espèce qui est oxydée ? Quelle est celle qui est réduite ?

7 SCHÉMA D'UNE PILE (corrigés p. 80)

Donner le schéma conventionnel de la pile représentée ci-contre :

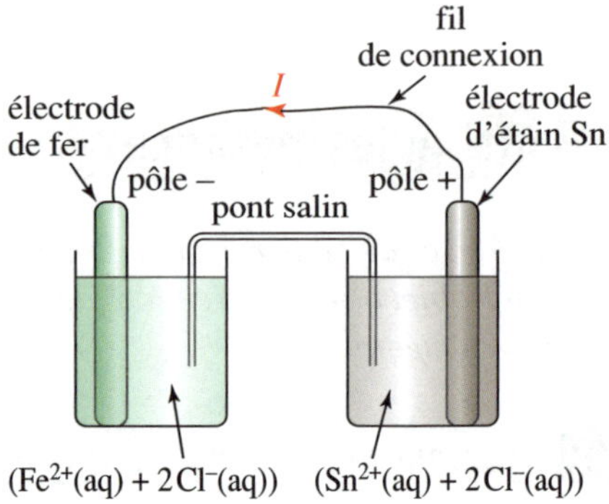

8 DESSIN D'UNE PILE À PARTIR D'UN SCHÉMA D'UNE PILE (corrigés p. 80)

Représenter la pile à partir du schéma conventionnel donné ci-dessous :

anode $\ominus$ Al | Al^{3+} | | Zn^{2+} | Zn $\oplus$ cathode

S'entraîner

9 ATTAQUE ACIDE ★★★ 15 min (corrigés p. 81)

Dans un bécher contenant 2,0 g de poudre de zinc, on introduit 40 mL d'acide sulfurique de concentration molaire $C = 2\ \text{mol} \cdot \text{L}^{-1}$.

1° Écrire les demi-équations électroniques pouvant se produire.

2° Quelle observation peut-on faire au cours de cette réaction ?

3° Écrire l'équation de la réaction chimique associée à cette transformation en précisant quelle espèce joue le rôle d'oxydant et quelle est celle qui joue le rôle de réducteur.

4° Donner l'état final du système si l'on considère la réaction comme totale.

5° En déduire le volume de dihydrogène qui se dégage, sachant que le volume molaire est de $V_m = 24\ \text{L} \cdot \text{mol}^{-1}$.

6° La réaction étant terminée, comment peut-on identifier la présence d'ions Zn^{2+} dans cette solution ?

Données : couples oxydant/réducteur Zn^{2+}/Zn et H^+/H_2 ; $M_{Zn} = 65{,}4\ \text{g} \cdot \text{mol}^{-1}$.

10 UN CLOU EN FER DANS UNE SOLUTION DE NITRATE D'ARGENT ★★ 10 min (corrigés p. 81)

Un clou en fer est plongé dans une solution de nitrate d'argent. Au bout d'un certain temps, le clou va se recouvrir d'aiguilles brillantes de métal argent.

1° Dans cette transformation chimique, l'ion Ag^+ a-t-il été réduit ou oxydé ?

2° En fin de réaction, on ajoute un peu de solution d'hydroxyde de sodium ; il se forme un précipité vert.

Quel ion est mis en évidence par cette expérience ?

3° Le fer présent au départ de la réaction est-il réduit ou oxydé ?

Écrire la demi-équation électronique correspondant à cette réaction.

4° Déduire, des deux demi équations électroniques, l'équation finale de cette transformation.
5° Sachant que 0,1 mol d'argent a disparu lors de la réaction, déterminer la perte de masse du clou.
Donnée : masse molaire $M(\text{Fe}) = 56\ \text{g} \cdot \text{mol}^{-1}$.

Pour aller plus loin

11 PILE À COMBUSTIBLE ★★★★ 15 min *(corrigés p. 82)*

Les piles à combustibles mettent en jeu les réactions d'équations :

électrode 1 : $\frac{1}{2}\ O_2\,(g) + H_2O + 2\ e^- = 2\ HO^-$

électrode 2 : $H_2\,(g) + 2\ HO^- = 2\ H_2O + 2e^-$

1° Déterminer quelle électrode est l'anode et quelle électrode est la cathode.
2° Écrire l'équation de la réaction globale qui se produit dans la pile.
3° La tension de fonctionnement vaut 0,93 V pour une intensité de 150 mA. Quelles sont les masses de dihydrogène et de dioxygène consommées par cette pile si l'on suppose un fonctionnement continu durant 24 h ?
Données : masses molaires : $M(\text{H}) = 1\ \text{g} \cdot \text{mol}^{-1}$; $M(\text{O}) = 16\ \text{g} \cdot \text{mol}^{-1}$.

12 PILE EN FONCTIONNEMENT ★★★★ 18 min *(corrigés p. 83)*

On réalise une pile dont la réaction de fonctionnement est :

$$Al^{3+}\,(aq) + 3\ Ag\,(s) \rightarrow Al\,(s) + 3\ Ag^+\,(aq)$$

1° Préciser les deux couples oxydant/réducteur mis en jeu et réaliser un schéma de la pile.
2° Préciser la polarité de cette pile. Justifier en écrivant les réactions aux électrodes. Compléter le schéma.
3° Cette pile débite un courant d'intensité $I = 135$ mA à travers une résistance pendant $t = 25$ min. En déduire la quantité d'électricité et la quantité de matière d'électrons qui ont circulé.
4° Calculer la variation de masse de chaque électrode lors de ce fonctionnement.
Données : faraday : $1\ \text{F} = 96\,500\ \text{C} \cdot \text{mol}^{-1}$;
masses molaires atomiques : $M(\text{Al}) = 27{,}0\ \text{g} \cdot \text{mol}^{-1}$; $M(\text{Ag}) = 107{,}9\ \text{g} \cdot \text{mol}^{-1}$.

13 ACCUMULATEUR FER-NICKEL ★★★ 10 min *(corrigés p. 83)*

Le schéma de la constitution de l'accumulateur fer-nickel est le suivant :

$$\ominus\ Fe \mid Fe(OH)_2 \mid KOH \mid Ni(OH)_2 \mid Ni\ \oplus$$

1° Donner le rôle de chacun des constituants de cet accumulateur.
2° Écrire l'équation d'oxydation anodique lorsqu'il se forme de l'hydroxyde ferreux $Fe(OH)_2$.
3° Écrire l'équation de réduction cathodique sachant qu'il se forme de l'hydroxyde de nickel $Ni(OH)_2$.

4° Écrire l'équation globale d'oxydoréduction lors de la décharge de l'accumulateur.
5° Écrire l'équation globale d'oxydoréduction lors de la charge de l'accumulateur.

14 ÉTUDE DE LA PILE Fe (s)/Fe^{2+}// Ag^+/Ag (s) ★★★★ 15 min *(corrigés p. 84)*

On considère la pile symbolisée par :

$$Fe(s)/Fe^{2+} \,//\, Ag^+/Ag(s)$$

Lors de son fonctionnement, l'équation de la réaction globale se produisant est :

$$Fe(s) + 2\,Ag^+(aq) \rightarrow Fe^{2+}(aq) + 2\,Ag(s)$$

1° Quelle est la quantité d'électricité qui circule dans la pile lorsque celle-ci fonctionne 3 h en débitant un courant d'intensité $I = 1{,}3$ mA ?
2° Écrire les équations de réactions qui se produisent sur chaque électrode. Identifier les bornes positive et négative de la pile.
3° Calculer la variation de masse de chacune des électrodes.
Données : $M(Ag) = 108$ g · mol^{-1} ; $M(Fe) = 55{,}8$ g · mol^{-1} ; 1 F = 96 500 C · mol^{-1}.

L'interrogation écrite

15 CONSTITUTION ET ÉTUDE D'UNE PILE 25 min *(corrigés p. 84)*

On dispose du matériel suivant :
• un petit bécher contenant un volume $V_1 = 20$ mL de solution de nitrate d'argent de concentration $C_1 = 1{,}0 \times 10^{-1}$ mol · L^{-1} ;
• un petit bécher contenant un volume $V_2 = 20$ mL de solution de nitrate de cuivre de concentration $C_2 = 5{,}0 \times 10^{-2}$ mol · L^{-1} ;
• un fil de cuivre, de masse $m = 1{,}0$ g, et un fil d'argent, bien décapés et équipés d'un dispositif de connexion électrique ;
• un pont salin contenant une solution ionique saturée de nitrate de potassium.

1° Faire un schéma annoté de la pile qu'il est possible de constituer à partir du matériel disponible.
2° Un ampèremètre en série avec un conducteur ohmique de résistance $R = 100\ \Omega$ est placé entre les bornes de la pile. Le conducteur ohmique est parcouru par un courant de très faible intensité dans le sens de l'argent vers le cuivre.
a) En déduire le sens de circulation des électrons dans le conducteur ohmique.
b) Interpréter alors le fonctionnement de la pile en écrivant les deux demi-équations aux électrodes.
c) Quels rôles joue le pont salin ? Indiquer sur le schéma le mouvement des porteurs de charges dans le pont.
3° On laisse fonctionner le système pendant une durée suffisamment longue pour que la pile ne débite plus.
a) Construire le tableau descriptif de l'évolution du système.
b) Quel est le réactif limitant ?
c) Quelle est la concentration en ions cuivre (II) en fin de réaction ?
d) Déterminer la quantité d'électricité qui a traversé la résistance depuis l'instant où la pile a commencé à débiter jusqu'à l'instant où la pile s'arrête de fonctionner.
e) La capacité d'une pile est la charge électrique qu'elle fait circuler pendant sa durée de vie. La calculer en coulomb, puis en A · h.

CORRIGÉS

Tester ses connaissances

1 Affirmations **vraies** : 1° ; 3° ; 4°.

2 Affirmations **vraies** : 2° ; 3° ; 5°.

3 **Bonnes** réponses : 1° b) et 1° d) ; 2° a) ; 3° c) ; 4° b) ; 5° a).

Maîtriser les méthodes

4 Les demi-équations d'oxydoréduction des couples oxydant/réducteur sont :

• MnO_4^-/Mn^{2+} :

$\mathbf{MnO_4^- + 8\,H^+ + 5\,e^- = Mn^{2+} + 4\,H_2O}$

• NO_3^-/NO :

$\mathbf{NO_3^- + 4\,H^+ + 3\,e^- = NO + 2\,H_2O}$

• H^+/H_2 : $\mathbf{2\,H^+ + 2\,e^- = H_2}$

• Ag^+/Ag : $\mathbf{Ag^+ + e^- = Ag}$

• $Cr_2O_7^{2-}/Cr^{3+}$:

• $\mathbf{Cr_2O_7^{2-} + 14\,H^+ + 6\,e^- = 2\,Cr^{3+} + 7\,H_2O}$

• ClO^-/Cl_2 :

$\mathbf{ClO^- + 4\,H^+ + 2\,e^- = Cl_2 + 2\,H_2O}$

• ClO^-/Cl^- :

$\mathbf{ClO^- + 2\,H^+ + 2\,e^- = Cl^- + H_2O}$

• SO_4^{2-}/SO_2 :

$\mathbf{SO_4^{2-} + 4\,H^+ + 2\,e^- = SO_2 + 2\,H_2O}$

Exercice 4 : conseils à retenir

Il faut bien respecter les étapes décrites dans la partie « Les difficultés du chapitre ».

❶ Équilibrer en premier les éléments autres que l'oxygène et l'hydrogène.

❷ Équilibrer l'élément oxygène avec des molécules d'eau (H_2O).

❸ Équilibrer l'élément hydrogène avec des protons H^+.

❹ Équilibrer les charges avec les électrons.

❺ On refait une vérification pour voir s'il n'y a aucun oubli.

Remarque : il ne faut pas oublier que les électrons sont toujours placés du côté de l'oxydant.

5 Les réactions d'oxydoréduction sont :

1° L'ion hypochlorite ClO^- oxyde l'ion fer(II) Fe^{2+}.

Couples : ClO^-/Cl^- et Fe^{3+}/Fe^{2+}

• L'ion hypochlorite est l'oxydant, on écrit donc l'équation de réduction de l'ion hypochlorite en ion chlorure Cl^-.

ClO^-/Cl^- :

$$ClO^- + 2\,H^+ + 2\,e^- = Cl^- + H_2O$$

• L'ion Fe^{2+} est un réducteur, il faut donc écrire l'équation d'oxydation de l'ion fer (II) en ion fer (III).

Fe^3/Fe^{2+} : $Fe^{2+} = Fe^{3+} + e^-$

Pour faire apparaître le même nombre d'électrons dans les deux demi-équations, il faut **multiplier** la seconde **par 2** :

$(Fe^{2+} = Fe^{3+} + e^-) \times \mathbf{2}$

Donc : $2\,Fe^{2+} = 2\,Fe^{3+} + 2\,e^-$

• En ajoutant à la première demi-équation, on obtient :

$$ClO^- + 2\,H^+ + 2\,e^- = Cl^- + H_2O$$
$$2\,Fe^{2+} = 2\,Fe^{3+} + 2\,e^-$$

Équation de réaction :

$$\mathbf{ClO^- + 2\,H^+ + 2\,Fe^{2+} = 2\,Fe^{3+} + Cl^- + H_2O}$$

2° L'ion hypochlorite ClO^- oxyde l'ion chlorure Cl^-.

Couples : ClO^-/Cl_2 et Cl_2/Cl^-

• L'ion hypochlorite est l'oxydant, donc on écrit l'équation de réduction de l'ion hypochlorite en dichlore Cl_2.

ClO^-/Cl_2 :

$$2\,ClO^- + 4\,H^+ + 2\,e^- = Cl_2 + 2\,H_2O$$

• L'ion Cl^- est un réducteur, il faut donc écrire l'équation d'oxydation de l'ion chlorure en dichlore Cl_2.

Cl_2/Cl^- : $2Cl^- = Cl_2 + 2\,e^-$

• Équation de réaction :

$$2\,ClO^- + 4\,H^+ + 2\,Cl^- = 2\,Cl_2 + 2\,H_2O$$

3° Le peroxyde d'hydrogène H_2O_2 oxyde l'ion iodure I^-.

Couples : H_2O_2/H_2O et I_2/I^-

• Le peroxyde d'hydrogène H_2O_2 est l'oxydant, donc on écrit l'équation de réduction de H_2O_2 en H_2O :

H_2O_2/H_2O :

$$H_2O_2 + 2\,H^+ + 2\,e^- = 2\,H_2O$$

• L'ion I^- est un réducteur, il faut donc écrire l'équation d'oxydation de l'ion iodure I^- en diiode I_2.

I_2/I^- :

$I_2 + 2\,e^- = 2\,I^-$, donc $2\,I^- = I_2 + 2\,e^-$

• Équation de réaction :

$$H_2O_2 + 2\,H^+ + 2\,I^- = I_2 + 2\,H_2O$$

4° Le diiode I_2 oxyde l'ion thiosulfate $S_2O_3^{2-}$.

Couples : I_2/I^- et $S_4O_6^{2-}/S_2O_3^{2-}$

• Le diiode I_2 est l'oxydant, donc on écrit l'équation de réduction de I_2 en I^-.

I_2/I^- : $I_2 + 2\,e^- = 2\,I^-$

• L'ion $S_2O_3^{2-}$ est un réducteur, il faut donc écrire l'équation d'oxydation de l'ion $S_2O_3^{2-}$ en $S_4O_6^{2-}$.

$S_4O_6^{2-}/S_2O_3^{2-}$:

$S_4O_6^{2-} + 2\,e^- = 2\,S_2O_3^{2-}$, donc

$$2\,S_2O_3^{2-} = S_4O_6^{2-} + 2\,e^-$$

• Équation de réaction :

$$I_2 + 2\,S_2O_3^{2-} = 2\,I^- + S_4O_6^{2-}$$

5° L'ion dichromate oxyde l'ion fer (II) Fe^{2+}.

Couples : $Cr_2O_7^{2-}/Cr^{3+}$ et Fe^{3+}/Fe^{2-}

• L'ion dichromate est l'oxydant, donc on écrit l'équation de réduction de $Cr_2O_7^{2-}$ en Cr^{3+}.

$Cr_2O_7^{2-}/Cr^{3+}$:

$$(Cr_2O_7^{2-} + 14\,H^+ + 6\,e^- = 2\,Cr^{3+} + 7\,H_2O) \times 1$$

• L'ion Fe^{2+} est un réducteur, il faut donc écrire l'équation d'oxydation de l'ion fer (II) en ion fer (III).

Fe^{3+}/Fe^{2+} : $Fe^{3+} + e^- = Fe^{2-}$,

donc : $Fe^{2-} = Fe^{3+} + e^- \quad \times 6$

• Équation de réaction :

$$Cr_2O_7^{2-} + 14\,H^+ + 6\,Fe^{2+} = 2\,Cr^{3+} + 6\,Fe^{3+} + 7\,H_2O$$

Exercice 5 : conseils à retenir

• Il faut bien respecter les étapes décrites dans la partie « Les difficultés du chapitre ».

• Pour combiner les deux demi-équations électroniques, il est parfois nécessaire d'employer des coefficients de manière à éliminer les électrons de l'équation finale.

6 1° La solution est de couleur **bleue en raison de la présence des ions cuivre (II).**

2° Les couples mis en jeu sont $\mathbf{Cu^{2+}/Cu}$ et $\mathbf{Fe^{2+}/Fe}$.

3° $\mathbf{Cu^{2+} + 2\,e^- = Cu}$ et $\mathbf{Fe = Fe^{2+} + 2\,e^-}$

4° $\mathbf{Cu^{2+} + Fe = Cu + Fe^{2+}}$

5° L'oxydant de cette réaction est l'**ion cuivre (II) Cu^{2+}** et le **réducteur** est le **fer Fe**.

6° L'**espèce** qui est **oxydée** est le **fer Fe** et celle qui est **réduite** est l'**ion cuivre (II) Cu^{2+}**.

Exercice 6 : conseil à retenir

À partir des indications de l'énoncé (couleur, état de la matière (poudre, lame), nom d'un ion), il est possible d'identifier les espèces mises en présence.

7 Le schéma conventionnel de la pile est :

anode ⊖ Fe | Fe^{2+} || Sn^{2+} | Sn ⊕ cathode

8 La représentation de la pile dont le schéma est donné ci-après :

anode ⊖ Al | Al^{3+} || Zn^{2+} | Zn ⊕ cathode

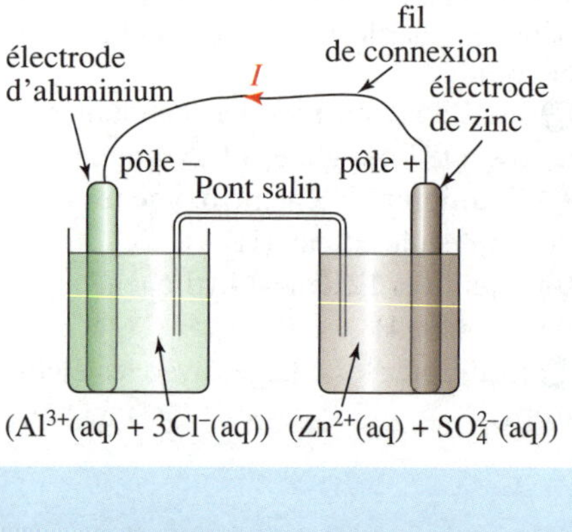

Exercices 7 et 8 : conseil à retenir
Les signes des électrodes permettent de connaître le sens du courant.

S'entraîner

9 1° La solution d'acide sulfurique est composée d'ions sulfate SO_4^{2-} et d'ions hydrogène H^+. La poudre de zinc est composée de zinc solide, de formule Zn. Le couples mis en jeu sont Zn^{2+}/Zn et H^+/H_2. Dans cette réaction, le zinc va jouer le rôle de réducteur et les ions hydrogène le rôle d'oxydant.

$$\mathbf{Zn = Zn^{2+} + 2\,e^-}$$
$$\mathbf{2\,H^+ + 2\,e^- = H_2}$$

2° Au cours de cette réaction, un gaz va se dégager ; c'est du dihydrogène. Lors de la réaction, **il y a** donc **effervescence**.

3° Dans les deux demi-équations électroniques, le nombre d'électrons échangés est identique. L'équation de la réaction chimique associée à cette transformation est :

$$2\,H^+ + Zn \rightarrow H_2 + Zn^{2+}$$

Dans cette réaction, les **ions H^+** jouent le rôle d'**oxydant**, car ils captent des électrons et le **zinc** joue le rôle de **réducteur**, car il cède des électrons.

4° Déterminons les quantités initiales de réactifs :

$n_{Zn} = \dfrac{m_{Zn}}{M_{(Zn)}} = \dfrac{2{,}0}{65{,}4}$; $n_{Zn} = 0{,}031$ mol.

$n_{H^+} = C_{H^+} \cdot V_{solution} = 2 \times 40 \times 10^{-3}$;

$n_{H^+} = 0{,}08$ mol.

Établissons le tableau d'avancement :

Équation	$2\,H^+$ +	Zn →	H_2 +	Zn^{2+}
Quantité de matière initiale	$n_{H^+(i)}$	$n_{Zn(i)}$	0	0
Quantité de matière finale	$n_{H^+} - 2x_{max}$	$n_{Zn} - x_{max}$	x_{max}	x_{max}

Déterminons le réactif limitant.

À l'état final : $n_{Zn(i)} - x_{1max} = 0$

correspond à $x_{1max} = n_{Zn(i)} = 0{,}031$ mol ;

$n_{H^+(i)} - 2x_{max} = 0$ correspond à

$x_{2max} = \dfrac{n_{H^+(i)}}{2} = 0{,}04$ mol ;

donc $\boldsymbol{x_{max} = x_{1max} = 0{,}031}$ **mol**

On choisit la plus petite valeur trouvée.

Le zinc est donc le réactif limitant, d'où la composition finale :

$\boldsymbol{n_{Zn} = 0}$ **mol** ; $\boldsymbol{n_{Zn^{2+}} = x_{max} = 0{,}031}$ **mol.**

$\boldsymbol{n_{H^+}} = n_{H^+} - 2x_{max} = \mathbf{0{,}018}$ **mol** ;

$\boldsymbol{n_{H_2}} = x_{max} = \mathbf{0{,}031}$ **mol.**

5° Le volume de dihydrogène qui se dégage est donné par le relation :

$n_{H_2} = \dfrac{V_{H_2}}{V_m}$, d'où $V_{H_2} = n_{H_2} \cdot V_m$;

$\boldsymbol{V_{H_2}} = 0{,}031 \times 24$

$= \mathbf{0{,}74}$ **L de dihydrogène**.

6° On peut identifier la présence d'ions Zn^{2+} dans cette solution **en versant une solution d'hydroxyde de sodium, il se forme un précipité blanc**.

10 1° L'ion argent a capté un électron pour se transformer en argent métallique. Le couple mis en jeu est Ag^+/Ag : $Ag^+ + e^- = Ag$.

L'**ion Ag^+** ayant gagné un électron, il a donc **été réduit**.

2° L'ion mis en évidence est l'**ion fer (II) Fe^{2+}**.

3° Un atome de fer a été transformé en ion Fe^{2+} fer (II) ; cette transformation correspond à une perte de 2 électrons. Le **fer** métallique **a** donc **été oxydé**. Le couple oxydant/réducteur mis en jeu est Fe^{2+}/Fe.

La demi-équation électronique est :

$$\mathbf{Fe = Fe^{2+} + 2\ e^-}$$

4° Il faut multiplier la première demi-équation électronique par 2 pour retrouver un nombre identique d'électrons échangés.

$$2\ Ag^+ + 2\ e^- = 2\ Ag$$
$$Fe = Fe^{2+} + 2\ e^-$$

L'équation finale est donc :

$$\mathbf{Fe + 2\ Ag^+ = 2\ Ag + Fe^{2+}}$$

5° L'équation chimique de la réaction indique que la disparition de 2 moles d'ions argent correspond à la disparition de 1 mole de fer.

Il a donc disparu $n_{Fe} = \frac{0,1}{2} = 0,05$ mol de fer, soit **une masse de** :

$m_{Fe} = n_{Fe} \times M_{Fe} = 0,05 \times 56 =$ **2,8 g**.

Pour aller plus loin

11 **1°** À l'anode, il y a une réaction d'oxydation et, à la cathode, il y a une réaction de réduction. Les réactifs mis en présence sont le dioxygène O_2 et le dihydrogène H_2. Sur l'électrode 1, le dioxygène subit une réduction, ainsi l'**électrode 1** est la **cathode** (borne « + »). À l'électrode 2, le dihydrogène subit une oxydation, l'**électrode 2** est donc l'**anode** (borne « – »).

2° L'équation de la réaction globale se déduit des demi-équations électroniques :

électrode 1 :

$\frac{1}{2} O_2(g) + H_2O + 2\ e^- = 2\ HO^-$

électrode 2 :

$H_2(g) + 2\ HO^- = 2\ H_2O + 2\ e^-$

$$\mathbf{H_2(g) + \frac{1}{2} O_2(g) \rightarrow H_2O(\ell)}$$

3° La quantité d'électricité échangée dans une pile est $Q = I \cdot \Delta t$.

La quantité d'électrons échangée est donc : $n(e^-) = \frac{I \cdot \Delta t}{F}$.

Établissons le tableau d'avancement de cette équation de réaction :

Équation	H_2 +	$\frac{1}{2} O_2$ →	H_2O	$2\ e^-$
Quantité de matière initiale	$n_{H_2(i)}$	$n_{O_2(i)}$	**0**	**0**
Quantité de matière finale	$n_{H_2(f)} = n_{H_2(i)} - x_{max}$	$n_{O_2(f)} = n_{O_2(i)} - \frac{1}{2} x_{max}$	$\mathbf{x_{max}}$	$\mathbf{2\ x_{max}}$

La quantité d'électrons échangée s'écrit aussi : $n(e^-) = 2\ x_{max,}$ d'où $x_{max} = \frac{I \cdot \Delta t}{2F}$.

• La quantité de dioxygène consommée est : $n_{O_2(i)} - n_{O_2(f)} = \frac{1}{2} x_{max} = \frac{I \cdot \Delta t}{4F}$.

D'où la masse de dioxygène consommée est :

$$m_{O_2} = (n_{O_2(i)} - n_{O_2(f)}) \cdot M_{O_2} = \frac{I \cdot \Delta t \cdot M_{O_2}}{4\ F} ;$$

$$m_{O_2} = \frac{0,150 \times 86\ 400 \times 32}{4 \times 96\ 500} = 1,07\ g.$$

La masse de dioxygène consommée est de 1,07 g.

• De même, pour le dihydrogène :

La quantité de dihydrogène consommée est : $n_{H_2(i)} - n_{H_2(f)} = x_{max} = \frac{I \cdot \Delta t}{2\ F}$.

La masse de dihydrogène consommée est

$$m_{H_2} = (n_{H_2(i)} - n_{H_2(f)}) \cdot M_{H_2} = \frac{I \cdot \Delta t \cdot M_{H_2}}{2\ F} ;$$

$$m_{H_2} = \frac{0,150 \times 86\ 400 \times 2}{2 \times 96\ 500} = 0,13\ g.$$

La masse de dihydrogène consommée est de 0,13 g.

12 1° Les deux couples oxydant/réducteur mis en jeu sont $\mathbf{Al^{3+}_{(aq)}/Al_{(S)}}$ et $\mathbf{Ag^{+}_{(aq)}/Ag_{(S)}}$.
Pour le schéma de la pile, les solutions ioniques sont données comme exemple, mais, dans les deux cas, l'anion peut être différent.

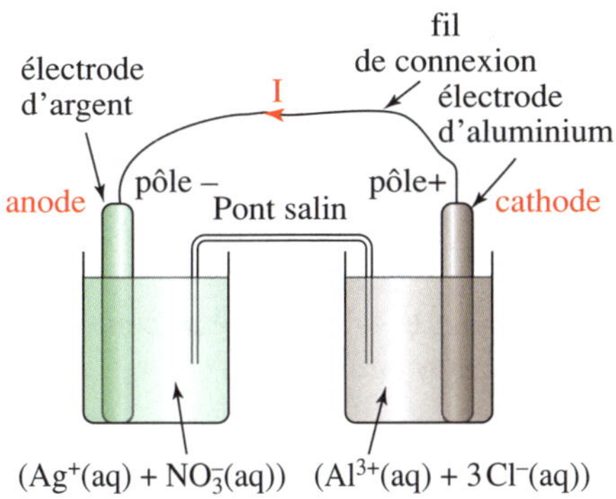

2° Dans cette pile, les ions aluminium ont subi une réduction car ils ont gagné 3 électrons ; ainsi, **l'électrode d'aluminium constitue la cathode** (**l'électrode positive**). Les atomes d'**argent** ont perdu 1 électron, donc ils ont subi une oxydation et l'électrode d'argent **constitue l'anode** de cette pile (**électrode négative**).

À la cathode : $\mathbf{Al^{3+}_{(aq)} + 3\ e^- = Al_{(s)}}$

À l'anode : $\mathbf{Ag(s) = Ag^{+}_{(aq)} + e^-}$

3° La quantité d'électricité délivrée par cette pile est $\boldsymbol{Q = I \cdot t}$,

donc $Q = 0{,}135 \times 25 \times 60$; $\boldsymbol{Q = 202{,}5}$ **C**.

La quantité de matière d'électrons qui a circulé est :

$$n(e^-) = \frac{I \cdot \Delta t}{F} = \frac{0{,}135 \times 1\,500}{96\,600}\ ;$$

$\boldsymbol{n(e^-) = 0{,}0021}$ **mol.**

Établissons le tableau d'avancement de cette équation de réaction :

Équation	$Al^{3+}(aq)$ +	3 Ag(s) →	Al(s) +	Zn^{2+}	3 e^-
Quantité de matière initiale	$n_{Al^{3+}(i)}$	$n_{Ag(i)}$	0	0	0
Quantité de matière finale	$n_{Al^{3+}(i)} - x_{max}$	$n_{Ag(i)} - 3\ x_{max}$	x_{max}	$3\ x_{max}$	$3\ x_{max}$

L'augmentation de quantité de matière de l'électrode d'aluminium est x_{max}.
Or la quantité d'électrons échangés est $n(e^-) = 3\ x_{max} = 0{,}002\ 1$ mol,

d'où $x_{max} = \dfrac{n(e^-)}{3} = 0{,}000\ 7$ mol.

L'augmentation de masse de l'électrode d'aluminium est :

$m(Al) = x_{max} \cdot M(Al) = 0{,}000\ 7 \times 27$
$= 0{,}019$ g.

La masse de l'électrode d'aluminium a augmenté de 19 mg.

La diminution de quantité de matière de l'électrode d'argent est $3\ x_{max}$.
Or la quantité d'électrons échangés est $n(e^-) = 3\ x_{max} = 0{,}002\ 1$ mol.

La diminution de masse de l'électrode d'argent est :

$3\ x_{max} \cdot M(Ag) = 0{,}002\ 1 \times 107{,}9$
$= 0{,}226$ g.

La masse de l'électrode d'argent a diminué de 226 mg.

13 1° **L'ensemble $Ni(OH)_2$|Ni constitue la cathode** de cet accumulateur, l'hydroxyde de potassium KOH représente l'**électrolyte qui permet le lien entre les deux électrodes, l'ensemble Fe | $Fe(OH)_2$ représente l'anode**.

2° L'équation d'oxydation anodique est :

$$\mathbf{Fe + 2\ OH^- = Fe(OH)_2 + 2\ e^-}$$

3° L'équation de réduction cathodique est : $\mathbf{Ni(OH)_2 + 2\ e^- = Ni + 2\ OH^-}$

4° L'équation globale d'oxydoréduction lors de la décharge de l'accumulateur est :

$$\mathbf{Fe(OH)_2 + Ni \rightarrow Fe + Ni(OH)_2}$$

5° L'équation globale d'oxydoréduction lors de la charge de l'accumulateur est l'inverse de celle de la décharge, donc :

$$\mathbf{Fe + Ni(OH)_2 \rightarrow Fe(OH)_2 + Ni}$$

14 **1°** La quantité d'électricité qui a traversé la pile est :

$Q = I \cdot t = 0{,}0013 \times 3 \times 3\ 600 = \mathbf{14{,}04\ C}$.

2° Identification des bornes positive et négative de la pile.

Sur l'électrode de fer, l'équation de réaction est :

$$\mathbf{Fe(s) = Fe^{2+}_{(aq)} + 2\ e^-}.$$

Sur l'électrode d'argent, l'équation de réaction est :

$$2\ Ag^+_{(aq)} + \mathbf{2\ e^-} = 2\ Ag(s),$$

soit $\mathbf{Ag^+_{(aq)} + e^- = Ag(s)}$.

Le fer Fe(s) s'oxyde ; c'est un réducteur qui donne des électrons à l'extérieur de la pile. C'est **la borne négative de la pile (anode)**. Sa masse diminue.

Les ions argent $Ag^+_{(aq)}$ se réduisent ; ce sont des oxydants qui reçoivent des électrons e^- pour devenir des atomes d'argent Ag.

L'argent (solide) est la borne positive de la pile (cathode). Sa masse augmente.

3° Calcul de la variation de masse de chacune des électrodes :

La quantité d'électricité qui a traversé la pile est telle que :

$$Q = n(e^-) \cdot F.$$

Établissons le tableau d'avancement de cette équation de réaction :

Équation	$Fe(s)$ +	$2\ Ag^+(aq) \rightarrow$	$Fe^{2+}(aq)$ +	$2\ Ag(s)$	$2\ e^-$
Quantité de matière initiale	$n_{(Fe)(i)}$	$n_{Ag^+(i)}$	0	0	0
Quantité de matière finale	$n_{(Fe)(i)} - x_{max}$	$n_{Ag^+(i)} - 2\ x_{max}$	x_{max}	$2\ x_{max}$	$2\ x_{max}$

La quantité d'électricité qui a traversé la pile est telle que :

$Q = n(e^-) \cdot F = 2\ x_{max} \cdot F$, d'où

$$x_{max} = \frac{Q}{2\ F} = \frac{14{,}04}{96\ 500 \times 2} = 7{,}27 \times 10^{-5}\ \text{mol}.$$

La diminution de quantité de matière de l'électrode de fer est : $n(Fe) = x_{max}$.

On en déduit **la diminution de masse de l'électrode de fer** :

$m(Fe) = n(Fe) \cdot M(Fe) = x_{max} \cdot M(Fe)$

$= 7{,}27 \times 10^{-5} \times 55{,}8$;

$m(Fe) = 4{,}067 \times 10^{-3}\ g = \mathbf{4{,}06\ mg}$.

L'augmentation de masse de l'électrode d'argent est :

$m(Ag) = n(Ag) \cdot M(Ag)$

$= 2\ x_{max} \cdot M(Ag)$

$m(Ag) = 7{,}27 \times 10^{-5} \times 2 \times 108$

$= 0{,}015\ 7\ g = \mathbf{15{,}7\ mg}$

L'interrogation écrite

15 **1°**

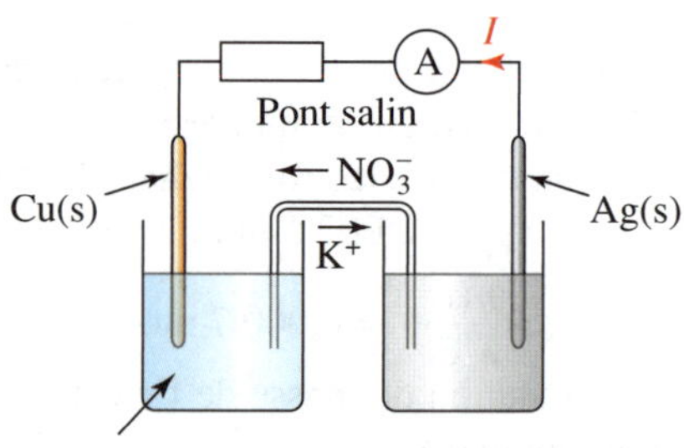

2° a) À l'extérieur de la pile, le courant circule de l'argent vers le cuivre, **les électrons circulent en sens inverse, du cuivre vers l'argent dans le conducteur ohmique**.

b) **L'électrode de cuivre est donc la borne « – », l'anode**.

Il s'y produit l'oxydation du cuivre en ions Cu^{2+} : **$Cu(s) = Cu^{2+}(aq) + 2\ e^-$.**
L'électrode d'argent est la borne « + », la cathode.

Il s'y produit la réduction des ions Ag^+ en métal argent : **$Ag^+(aq) + e^- = Ag(s)$.**

c) **Le pont salin permet de fermer le circuit électrique, il assure le passage du courant entre les deux solutions, sous forme d'un déplacement d'ions. Il permet aussi de conserver la neutralité des solutions en leur apportant des ions.**

D'un côté, il y a consommation d'ions Ag^+, le pont salin apporte des ions K^+ pour compenser. Dans l'autre bécher, il y a formation d'ions Cu^{2+}, le pont salin apporte des ions NO_3^- pour compenser.

3° a) Tableau d'avancement :
Quantités de matière dans l'état initial :

$$n_0(Ag^+) = C_1 \cdot V_1 = 1{,}0 \times 10^{-1} \times 20 \times 10^{-3} = 2{,}0 \times 10^{-3} \text{ mol ;}$$

$$n_0(Cu^{2+}) = C_2 \cdot V_2 = 5{,}0 \times 10^{-2} \times 20 \times 10^{-3} = 1{,}0 \times 10^{-3} \text{ mol ;}$$

$$n_0(Cu) = \frac{m_0(Cu)}{M(Cu)} = \frac{1{,}0}{63{,}5} = 1{,}57 \times 10^{-2} \text{ mol.}$$

On peut considérer la réaction comme totale.

Équation chimique		$2\ Ag^+(aq)$	$+\ Cu(s)$	$\rightarrow\ 2\ Ag(s)$	$+\ Cu^{2+}(aq)$
État du système	Avancement	Quantité de matière en mol			
État initial	0	$2{,}0 \times 10^{-3}$	$1{,}57 \times 10^{-2}$	$n_0(Ag)$	$1{,}0 \times 10^{-3}$
En cours	x	$2{,}0 \times 10^{-3} - 2x$	$1{,}57 \times 10^{-2} - x$	$n_0(Ag) + 2x$	$1{,}0 \times 10^{-3} + x$
État final	x_{max}	$2{,}0 \times 10^{-3} - 2x_{max}$	$1{,}57 \times 10^{-2} - x_{max}$	$n_0(Ag) + 2\ x_{max}$	$1{,}0 \times 10^{-3} + x_{max}$

b) • Si Ag^+ est le réactif limitant, $n_f(Ag^+) = 0 = 2{,}0 \times 10^{-3} - 2x_{max}$, donc $x_{1max} = 1{,}0 \times 10^{-3}$ mol.

• Si Cu est le réactif limitant, $n_f(Cu) = 0 = 1{,}57 \times 10^{-2} - x_{max}$, donc $x_{2max} = 1{,}57 \times 10^{-2}$ mol.

• $x_{1max} < x_{2max}$. L'avancement maximal atteint le plus tôt est $1{,}0 \times 10^{-3}$ mol, **Ag^+ est le réactif limitant**.

c) $$[Cu^{2+}]_f = \frac{n_f(Cu^{2+})}{V_2} = \frac{1{,}0 \times 10^{-3} + x_{max}}{V_2}$$

$$[Cu^{2+}]_f = \frac{2{,}0 \times 10^{-3}}{20 \times 10^{-3}} = \mathbf{0{,}10\ mol \cdot L^{-1}}\text{ ;}$$

d) D'après la demi-équation :

$$Ag^+ + e^- = Ag,$$

quand un atome d'argent se forme, un électron circule dans le fil électrique. On peut dire aussi qu'une mole d'électrons (donc une quantité d'électricité d'un faraday) circule dans le fil lorsque une mole d'argent se forme. Il s'est formé une quantité de matière d'argent égale à $2\ x_{max} = 2{,}0 \times 10^{-3}$ mol. Donc le nombre de mole d'électrons qui a circulé dans le fil est $n(e^-) = 2{,}0 \times 10^{-3}$ mol.

cours exercices interro corrigés

La quantité d'électricité qui a traversé le fil est Q telle que :

$\boldsymbol{Q} = n(\mathrm{e}^-) \cdot \mathrm{F}$;

$Q = 2{,}0 \times 10^{-3} \times 96{,}5 \times 10^3$

$= \mathbf{193\ C}$.

e) La capacité c de la pile est la quantité d'électricité qui traverse le fil lorsque tous les ions Ag^+ ont été consommés :

$\boldsymbol{c} = Q = 193\ \mathrm{C}$

$= \dfrac{193}{3\,600} = \mathbf{0{,}0536\ A \cdot h}$.

CHAPITRE 6

Aldéhydes et cétones

Agir

LE COURS

Nomenclature

▶ EXERCICES D'APPLICATION 4 ET 5, p. 92

Les composés comportant dans leur structure le **groupe carbonyle** $-\overset{\overset{\displaystyle O}{\|}}{C}-$ sont appelés **composés carbonylés**.

Il existe deux types de composés carbonylés :

- les **aldéhydes** de formule générale $R-CHO$. Le groupe carbonyle est lié à un groupe alkyle ou phényle et à un atome d'hydrogène (ou à deux atomes d'hydrogène dans le cas du méthanal).

Formule générale d'un aldéhyde : $R-\overset{\overset{\displaystyle O}{\|}}{C}-H$

Pour nommer un aldéhyde, on ajoute le suffixe -al au nom de l'hydrocarbure correspondant à la chaîne principale. L'atome de carbone de la fonction aldéhyde porte le numéro 1, mais il n'est pas mentionné. On procède comme indiqué dans le tableau ci-dessous :

① On repère et on nomme la chaîne carbonée la plus longue comportant la fonction carbonyle en utilisant le préfixe adéquat. n = nombre d'atomes de carbone de la chaîne carbonée.	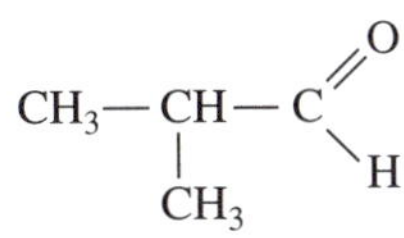 $n = 3$, le préfixe est propan-.
② On numérote les atomes de carbone de **la chaîne carbonée la plus longue comportant le groupement fonctionnel en débutant par ce dernier.**	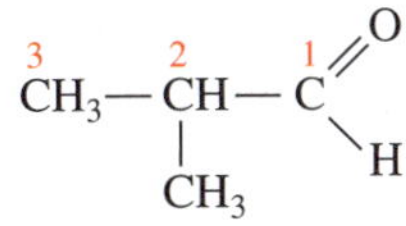
③ On nomme le substituant alkyle : méthyle : $-CH_3$ éthyle : $-CH_2-CH_3$ propyle : $-CH_2-CH_2-CH_3$	Le substituant est $-CH_3$: c'est un groupement méthyle.
④ On nomme l'aldéhyde en précisant la position de la ramification. On termine par le suffixe -al. On met des tirets entre les numéros et les noms des substituants (on supprime le « e » terminal dans le nom de l'alkyle.	L'aldéhyde est le 2-méthylpropanal.

• les **cétones** de formule générale $R'—CO—R$. Le groupe carbonyle est lié à des groupes alkyles ou phényles.

Formule générale d'une cétone : $R'—\overset{\overset{\displaystyle O}{\|}}{C}—R$

Pour nommer une cétone, on ajoute le suffixe -one au nom de l'hydrocarbure correspondant à la chaîne principale. L'atome de carbone portant la fonction cétone doit être numéroté mais doit avoir le plus petit indice possible. On procède comme indiqué dans le tableau ci-dessous :

① On repère et on nomme la chaîne carbonée la plus longue comportant la fonction carbonyle en utilisant le préfixe adéquat. n = nombre d'atomes de carbone de la chaîne carbonée.	$CH_3—\overset{\overset{\displaystyle O}{\|}}{C}—CH_2—CH_3$ $n = 4$, le préfixe est butan-.
② On numérote les atomes de carbone de **la chaîne carbonée la plus longue comportant le groupement fonctionnel dans les deux sens.**	$\underset{1}{\overset{4}{CH_3}}—\underset{2}{\overset{\overset{\displaystyle O}{\|}}{\overset{3}{C}}}—\underset{3}{\overset{2}{CH_2}}—\underset{4}{\overset{1}{CH_3}}$
③ On nomme la cétone en précisant la position de la fonction. Le sens de numérotation est choisi de façon à ce que le numéro porté par la fonction cétone soit le plus petit possible. Ici, le sens retenu est celui de la numérotation rouge. Le numéro est inscrit entre le préfixe et la terminaison –one séparé par des tirets.	La cétone est la butan-2-one.

Mise en évidence des aldéhydes et des cétones

► EXERCICE D'APPLICATION 9, p. 93

Mise en évidence des carbonyles : test d'identification à la 2,4-DNPH

Un composé carbonylé (aldéhyde, cétone) donne, en présence de la 2,4 dinitrophényl-hydrazine (ou 2,4-DNPH), un précipité de couleur orangée.

Mise en évidence des aldéhydes : tests d'identification

Pour différencier les aldéhydes des cétones, on peut utiliser deux tests qui ne caractérisent que les aldéhydes. Ces tests utilisent le caractère réducteur des aldéhydes.

• **Avec la liqueur de Fehling**

Un aldéhyde donne, en présence de la liqueur de Fehling, un précipité de couleur rouge.

• **Avec le réactif de Tollens**

Un aldéhyde donne, en présence du réactif de Tollens, un dépôt d'argent (miroir d'argent).

Oxydation des alcools

► EXERCICE D'APPLICATION 8, p. 93

• L'oxydation ménagée d'un alcool primaire conduit à la formation d'un aldéhyde (si l'oxydant est en défaut), puis à la formation d'un acide carboxylique (si l'oxydant est en excès).

– Oxydation d'un alcool primaire en aldéhyde par action du permanganate de potassium en milieu acide :

Les couples oxydant/réducteur considérés sont :

MnO_4^- / Mn^{2+} et $R—CHO / R—CH_2OH$

$$MnO_4^- + 8\,H^+ + 5e^- = Mn^{2+} + 4\,H_2O \quad (\times 2)$$

$$R—CH_2OH = R—CHO + 2\,H^+ + 2e^- \quad (\times 5)$$

$$5\,R—CH_2OH + 2\,MnO_4^- + 6\,H^+ \rightarrow 5\,R—CHO + 2\,Mn^{2+} + 8\,H_2O$$

– Oxydation d'un alcool primaire en acide carboxylique par action du permanganate de potassium en milieu acide :

Les couples oxydant/réducteur considérés sont :

MnO_4^- / Mn^{2+} et $R—CO_2H / R—CH_2OH$

$$MnO_4^- + 8\,H^+ + 5e^- = Mn^{2+} + 4\,H_2O \quad (\times 4)$$

$$R—CH_2OH + H_2O = R—CO_2H + 4\,H^+ + 4e^- \quad (\times 5)$$

$$5\,R—CH_2OH + 4\,MnO_4^- + 12\,H^+ \rightarrow 5\,R—CO_2H + 4\,Mn^{2+} + 11\,H_2O$$

- L'oxydation ménagée d'un alcool secondaire conduit à la formation d'une cétone.

– Oxydation d'un alcool secondaire en cétone par action du permanganate de potassium en milieu acide :

Les couples oxydant/réducteur considérés sont :

MnO_4^- / Mn^{2+} et $R_1—CO—R_2 / R_1—CHOH—R_2$

$$MnO_4^- + 8\,H^+ + 5e^- = Mn^{2+} + 4\,H_2O \quad (\times 2)$$

$$R_1—CHOH—R_2 = R_1—CO—R_2 + 2\,H^+ + 2e^- \quad (\times 5)$$

$$5\,R_1—CHOH—R_2 + 2\,MnO_4^- + 6\,H^+ \rightarrow 5\,R_1—CO—R_2 + 2\,Mn^{2+} + 8\,H_2O$$

- Un alcool tertiaire ne subit pas d'oxydation ménagée.

Remarque : une oxydation ménagée n'altère pas la chaîne carbonée.

Oxydation des aldéhydes

▶ EXERCICE D'APPLICATION 10, p. 93

Les aldéhydes peuvent être oxydés en acide carboxylique, par le permanganate de potassium, par exemple.

Les couples oxydant/réducteur considérés sont :

MnO_4^- / Mn^{2+} et $R—CO_2H / R—CHO$

$$MnO_4^- + 8\,H^+ + 5e^- = Mn^{2+} + 4\,H_2O \quad (\times 2)$$

$$R—CHO + H_2O = R—CO_2H + 2\,H^+ + 2e^- \quad (\times 5)$$

$$5\,R—CHO + 2\,MnO_4^- + 6\,H^+ \rightarrow 5\,R—CO_2H + 2\,Mn^{2+} + 3\,H_2O.$$

Les cétones ne subissent pas d'oxydation ménagée.

LES DIFFICULTÉS DU CHAPITRE

Connaître les tests d'identification des aldéhydes et des cétones

Les aldéhydes et les cétones sont des composés très utilisés dans les synthèses organiques. Il est indispensable de savoir les identifier rapidement à l'aide de tests caractéristiques.

	Observations	
Groupements fonctionnels	**Aldéhyde**	**Cétone**
2,4-DNPH	Précipité jaune-orangé	Précipité jaune orangé
Liqueur de Fehling	Précipité rouge brique	Pas de réaction
Réactif de Tollens	Formation miroir d'argent	Pas de réaction

Formation des aldéhydes et des cétones

La classe d'un alcool peut être déterminée par la nature du produit obtenu par une oxydation ménagée.

Classe de l'alcool oxydé	**Groupement fonctionnel obtenu**
Alcool primaire	Aldéhyde
Alcool secondaire	Cétone
Alcool tertiaire	Pas de réaction

EXERCICES

Tester ses connaissances

1 QCM 1 (corrigés p. 97)

Corriger les affirmations fausses parmi les suivantes.

1° Un aldéhyde est un hydrocarbure.

2° Les aldéhydes et les cétones comportent un groupement carbonyle.

3° Le nom d'un aldéhyde se termine par -al.

4° Cette molécule est le propanal.

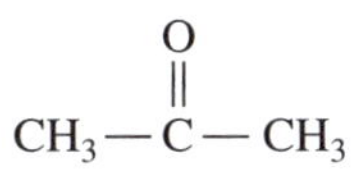

5° La fonction aldéhyde se situe à une extrémité de la chaîne principale.

2 QCM 2 (corrigés p. 97)

Choisir la (ou les) bonne(s) réponse(s).

1° Une solution mise en présence de liqueur de Fehling conduit à la formation d'un précipité rouge. Quelle est donc la nature de l'espèce testée ?

a) un aldéhyde ; **b)** un alcool ; **c)** une cétone.

2° Une solution mise en présence de 2,4-DNPH conduit à la formation d'un précipité orangé. Quelle est donc la nature de l'espèce testée ?

a) un aldéhyde ; **b)** un alcool ; **c)** une cétone ; **d)** un acide carboxylique.

3° Un aldéhyde peut s'oxyder en :

a) cétone ; **b)** acide carboxylique ; **c)** alcool.

3 QCM 3 (corrigés p. 97)

Choisir la bonne réponse.

1° L'oxydation ménagée d'un alcool secondaire produit :

a) un aldéhyde ; **b)** un acide carboxylique ; **c)** une cétone ; **d)** rien.

2° L'oxydation ménagée d'un alcool primaire produit :

a) un aldéhyde ; **b)** un acide carboxylique ; **c)** une cétone ; **d)** rien.

3° L'oxydation ménagée d'un alcool tertiaire produit :

a) un aldéhyde ; **b)** un acide carboxylique ; **c)** une cétone ; **d)** rien.

4° L'oxydation du propan-1-ol par le permanganate de potassium donne :

a) du propanal ; **b)** de la propanone ; **c)** rien.

Maîtriser les méthodes

Les exercices de cette rubrique font appel aux méthodes de base, qu'il faut maîtriser. Ils font l'objet d'une correction guidée pas à pas, qui récapitule ces méthodes, pour mieux les mémoriser.

4 REPRÉSENTER DES MOLÉCULES *(corrigés p. 97)*

- Butanal ;
- 3-méthylpentanal ;
- 2,3,4-triméthylheptanal ;
- 3-méthylbutan-2-one ;
- 2,4-diméthylpentan-3-one ;
- 4-propylheptan-2-one.

5 NOMMER DES MOLÉCULES *(corrigés p. 98)*

Donner les noms des molécules suivantes.

(1) 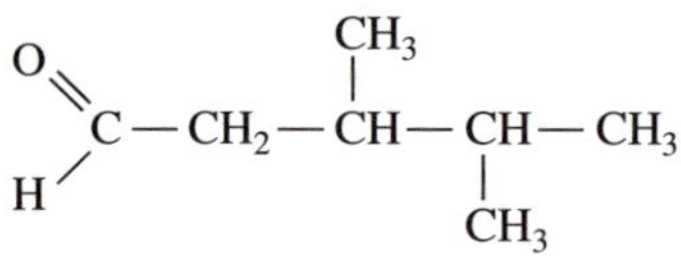

(2) 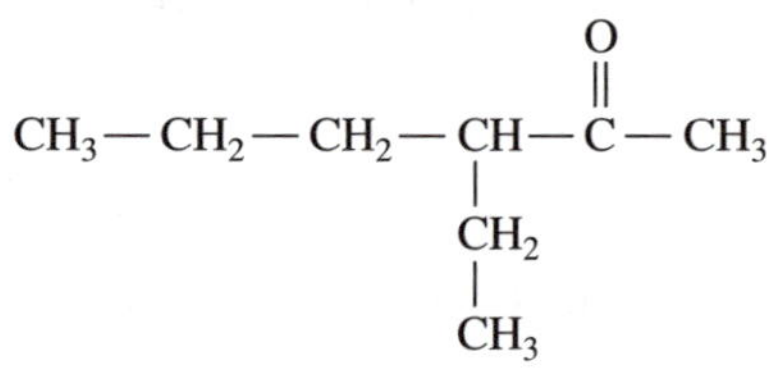

(3) 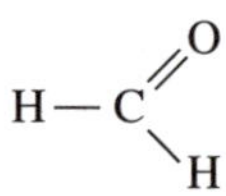

(4) 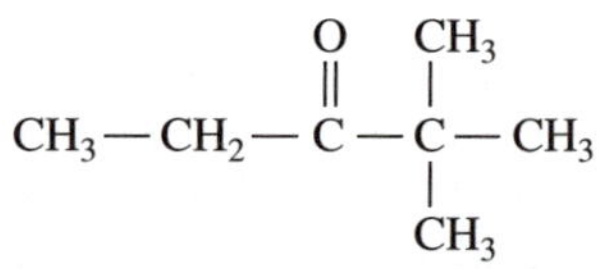

6 RECHERCHER DES MOLÉCULES ISOMÈRES *(corrigés p. 98)*

Trouver et nommer deux molécules isomères l'une de l'autre (un aldéhyde et une cétone) ayant pour formule brute $C_6H_{12}O$.
Indiquer le type d'isomérie de ces molécules.

7 RECONNAÎTRE UN GROUPEMENT FONCTIONNEL *(corrigés p. 98)*

Identifier et nommer les groupes caractéristiques présents dans les molécules suivantes. Pour les fonctions alcools, on précisera la classe de l'alcool.

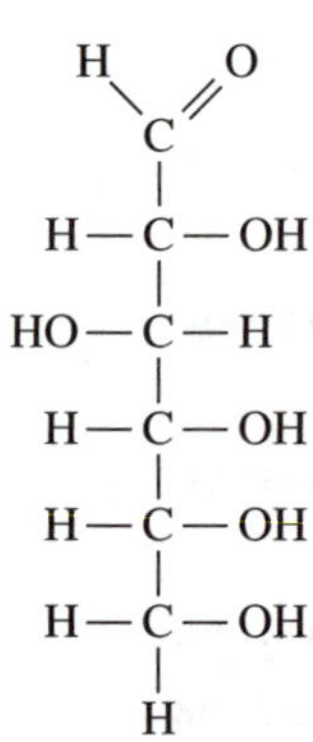

glucose

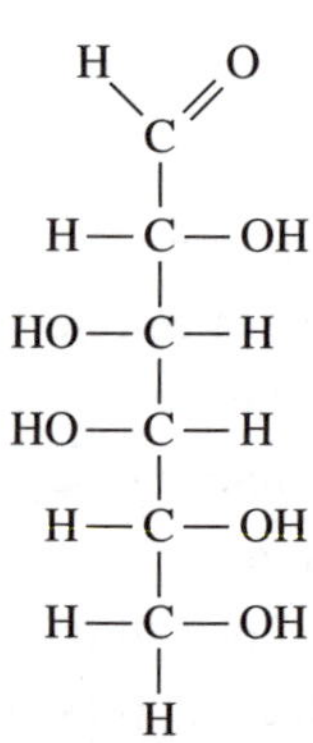

galactose

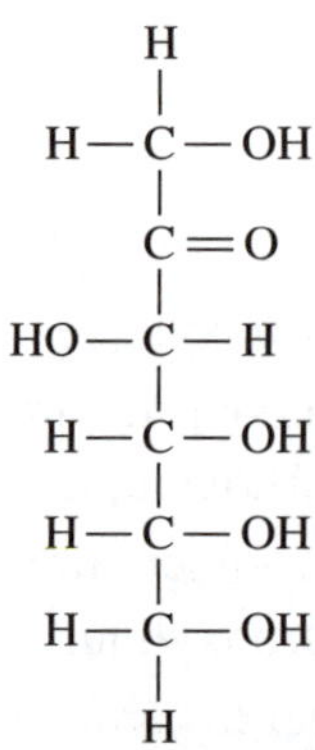

fructose

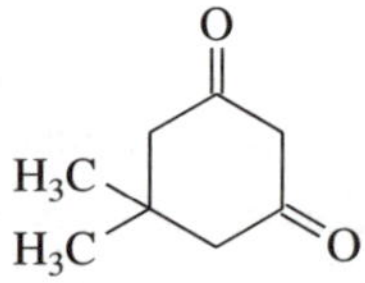

5,5-diméthylhexan-1,3-dione

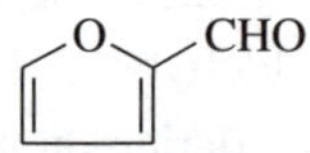

furan-2-carbaldéhyde

8 PRODUITS D'OXYDATION (corrigés p. 99)

Écrire les formules semi-développées et indiquer la classe des alcools dont les produits d'oxydation sont :

1° l'éthanal CH_3-CHO ;

2° la butan-2-one 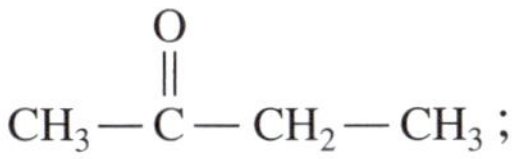 ;

3° l'acide propanoïque 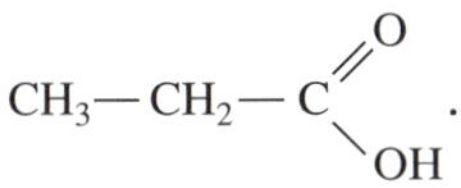 .

S'entraîner

9 IDENTIFICATION D'UN COMPOSÉ ORGANIQUE ★★ 12 min (corrigés p. 99)

Un composé *A* a pour formule brute C_4H_8O. On effectue une série d'expériences afin de l'identifier.

• Expérience 1 : quelques gouttes de ce composé sont introduites dans un tube à essai contenant de la 2,4-DNPH. On observe un précipité jaune-orangé.

• Expérience 2 : quelques gouttes de ce composé sont introduites dans un tube à essai contenant de la liqueur de Fehling. Le tube est chauffé et l'on observe l'apparition d'une coloration rouge brique.

1° Quel groupe caractéristique est mis en évidence par l'expérience 1 ?

2° Donner alors les trois formules semi-développées possibles pour ce composé *A*.

3° D'après les résultats de l'expérience 2, quelle formule peut-on éliminer pour ce composé *A* ?

4° Le composé *A* possède une chaîne carbonée ramifiée ; en déduire sa formule.

Données : $M(C) = 12\ g \cdot mol^{-1}$; $M(O) = 16\ g \cdot mol^{-1}$; $M(H) = 1\ g \cdot mol^{-1}$.

10 OXYDATION D'UN COMPOSÉ INCONNU ★★ 12 min (corrigés p. 100)

1° Le composé *A*, de formule brute C_7H_6O, présente les propriétés suivantes :

① Son spectre d'absorption en infrarouge met en évidence la présence d'un cycle benzénique.

② L'action de la 2,4-dinitrophénylhydrazine (2,4-DNPH) donne un précipité jaune-orangé.

③ Le test à la liqueur de Fehling donne un précipité rouge.

a) Que peut-on conclure à la suite de l'expérience ② ?

b) Que peut-on conclure à la suite de l'expérience ③ ?

c) En déduire la formule semi-développée de *A*.

d) Quel composé serait obtenu par oxydation du composé *A* ?

2° On donne les couples oxydant/réducteur suivants :

$Cr_2O_7^{2-}/Cr^{3+}$ et $R-COOH/R-CHO$, avec *R* cycle benzénique (C_6H_5-)

a) Écrire les deux demi-équations électroniques correspondantes.
b) Écrire l'équation de la réaction d'oxydation du composé A par le dichromate de potassium en milieu acide.

11 IDENTIFICATION D'UN ALCOOL ★★ 15 min (corrigés p. 100)

L'étiquette d'un flacon d'alcool est en partie illisible. On peut encore lire sa masse molaire moléculaire : $M = 74\ \text{g} \cdot \text{mol}^{-1}$. On réalise l'oxydation ménagée d'un échantillon de cet alcool pour en permettre l'identification.

1° En considérant la formule générale d'un alcool comme étant $C_nH_{2n+2}O$, déterminer la formule brute de cet alcool.

2° Indiquer les noms et les formules semi-développées des alcools possibles. Rappeler la classe à laquelle appartient chaque alcool trouvé.

3° Un test à la 2,4-DNPH, avec quelques gouttes du produit obtenu par l'oxydation ménagée de l'alcool étudié, se révèle positif. Qu'observe-t-on ?
Ce test suffit-il à identifier la famille du composé obtenu ? Pourquoi ?

4° En complément, on réalise un test à la liqueur de Fehling avec le produit obtenu : ayant chauffé quelques gouttes de ce produit avec 4 mL de liqueur de Fehling, on observe que l'aspect de la liqueur de Fehling ne change pas. Ce test est-il positif ? Quels composés nous permet-il d'identifier ?

5° Quelle est alors la classe de l'alcool qu'on a oxydé ? Quel est son nom ?

Données : $M(\text{H}) = 1{,}0\ \text{g} \cdot \text{mol}^{-1}$; $M(\text{C}) = 12{,}0\ \text{g} \cdot \text{mol}^{-1}$; $M(\text{O}) = 16{,}0\ \text{g} \cdot \text{mol}^{-1}$.

12 OXYDATION D'UN ALCOOL ★★★ 20 min (corrigés p. 100)

Pour identifier deux alcools isomères de formule $C_4H_{10}O$, on les soumet à une réaction d'oxydation ménagée par l'ion permanganate en milieu acide.
L'alcool A conduit à un mélange de deux composés organiques C et D tandis que l'alcool B conduit à un produit unique E.

1° C réagit avec la liqueur de Fehling. Que peut-on en déduire ?

2° Quelle formule retenir pour C, sachant que son squelette est ramifié ? Donner son nom.

3° En déduire la formule semi-développée de A et celle de D. Nommer A et D.

4° E réagit avec la 2,4-dinitrophénylhydrazine (2,4-DNPH) pour former un précipité jaune, mais il ne réagit pas avec la liqueur de Fehling. Déterminer la formule de E et en déduire, en justifiant, la formule et le nom du composé B.

5° Écrire l'équation de la réaction d'oxydation de B par l'ion permanganate en milieu acide. On donne le couple rédox : MnO_4^- / Mn^{2+}.

Pour aller plus loin

13 DÉTERMINATION DE LA FORMULE D'UN COMPOSÉ ★★★★ 30 min (corrigés p. 101)

La combustion complète d'une masse $m_1 = 2{,}1$ g d'un corps A, de formule $C_xH_yO_z$, produit une masse $m_2 = 5{,}37$ g de dioxyde de carbone et une masse $m_3 = 2{,}20$ g d'eau.
À l'état gazeux, le composé A a une densité par rapport à l'air de $d(A) = 2{,}966$.

1° Écrire l'équation de cette réaction de combustion avec les coefficients stœchiométriques convenables.

2° Calculer la quantité de matière du composé *A* qui a réagi, ainsi que les quantités de matière des produits formés.
3° Déterminer la formule brute du composé *A*.
4° Proposer des formules semi-développées possibles pour *A*.
5° En faisant le test avec la 2,4-DNPH, il y a formation d'un précipité jaune-orangé, alors qu'avec la liqueur de Fehling, il n'y a pas de réaction. De plus, cette molécule est symétrique. Trouver *A* et nommer cette molécule.
Donnée : masse molaire de l'air : $M(\text{air}) = 29 \text{ g} \cdot \text{mol}^{-1}$.

14 RÉACTIF DE TOLLENS ★★ ★ 20 min (corrigés p. 102)

Afin de réaliser un dépôt d'argent sur la paroi d'un ballon, on peut oxyder un aldéhyde par le réactif de Tollens. Ce dernier contient l'ion diamine argent $Ag(NH_3)_2^+$. Pour cela, on fait réagir 40 mL d'une solution de propanal de concentration 0,5 mol · L^{-1} avec le réactif de Tollens. Le réactif de Tollens étant en excès, tout le propanal est ainsi oxydé.
La réduction de l'ion diamine argent $Ag(NH_3)_2^+$ en argent métallique s'écrit :

$$Ag(NH_3)_2^+(aq) + e^- = Ag(s) + 2\ NH_3(aq)$$

L'oxydation du propanal en ion carboxylate en milieu basique s'écrit :

$$C_3H_6O(\ell) + 3\ HO^-(aq) = C_3H_5O_2^-(aq) + 2\ e^- + 2\ H_2O(\ell)$$

1° Écrire l'équation de cette réaction chimique.
2° En déduire la masse d'argent ainsi formé.
3° On considère que le miroir d'argent recouvre 120 cm^2 de la surface du ballon. Calculer l'épaisseur du dépôt sur la paroi du ballon.
Données : masse molaire de l'argent $M(Ag) = 107{,}9 \text{ g} \cdot \text{mol}^{-1}$;
masse volumique de l'argent $10{,}50 \text{ g} \cdot \text{cm}^{-3}$.

15 PRÉPARATION DE L'ACÉTONE ★★ ★★ 20 min (corrigés p. 103)

L'acétone $CH_3—CO—CH_3$ est un solvant très utilisé dans l'industrie et au laboratoire. C'est également un composé à la base de la fabrication de plastiques, de médicaments, et d'autres produits chimiques.
1° Quel est le nom de l'acétone dans la nomenclature officielle ?
2° Donner la formule développée et le nom d'un isomère de l'acétone possédant le groupe carbonyle.
Une des étapes de la fabrication de l'acétone est l'oxydation du propan-2-ol par le dichromate de potassium.
3° Écrire les demi-équations électroniques des deux couples.
4° Écrire l'équation de la réaction d'oxydoréduction correspondant à l'oxydation du propan-2-ol par l'ion dichromate $Cr_2O_7^{2-}$.
5° Quel volume minimum d'une solution de dichromate de potassium acidifiée de concentration $1{,}00 \times 10^{-1}$ mol · L^{-1} doit-on utiliser pour oxyder complètement 2 mL de propan-2-ol ?
Données : les couples oxydant/réducteur : $Cr_2O_7^{2-}/Cr^{3+}$; C_3H_6O/C_3H_8O ;
masse volumique du propan-2-ol, $\rho = 0{,}785 \text{ g} \cdot \text{cm}^{-3}$.

16 OXYDATION MÉNAGÉE DE L'ÉTHANOL ★★ ★★ 20 min (corrigés p. 104)

On réalise l'oxydation ménagée d'un volume $V = 10$ mL d'éthanol absolu (densité $d = 0,8$) par le dichromate de potassium à $C = 0,25$ mol · L^{-1} ; on désire n'oxyder l'alcool qu'au stade d'aldéhyde.

1° Écrire les demi-équations électroniques relatives à la transformation. En déduire l'équation de réaction globale modélisant cette transformation.

2° Quel volume V maximal de dichromate de potassium doit-on utiliser pour réaliser cette transformation ?

3° À quel composé conduirait l'oxydation de l'alcool par un excès de dichromate de potassium ?

Données : $Cr_2O_7^{2-}/Cr^{3+}$ et $CH_3—CHO/CH_3CH_2—OH$.

L'interrogation écrite

17 IDENTIFICATION DE COMPOSÉS ORGANIQUES 30 min (corrigés p. 105)

On considère trois flacons contenant chacun un alcool. Ces alcools appartiennent à des classes différentes.

Une fois le flacon contenant l'alcool primaire identifié, on réalise l'expérience suivante. On oxyde 1,365 g de cet alcool, de formule brute $C_nH_{2n+1}OH$, par une solution de permanganate de potassium acidifiée de formule (K^+, MnO_4^-) de concentration molaire 0,80 mol · L^{-1}.

Le volume versé jusqu'au changement de couleur de la solution est $V_{eq} = 15,5$ mL.

1° Écrire les équations d'oxydoréduction de cette réaction en supposant que cet alcool s'oxyde en acide carboxylique de formule générale $C_nH_{2n}O_2$.

2° Déterminer la quantité de matière de cet alcool en sachant qu'au moment de la décoloration de la solution, les réactifs (alcool et ions permanganate introduits) ont totalement réagi.

Établir pour cela un tableau d'avancement de la réaction.

3° Déterminer la masse molaire de cet alcool.

L'analyse élémentaire quantitative de cet alcool révèle qu'il contient 68,2 % de carbone, 13,6 % d'hydrogène et le reste d'oxygène.

4° Déterminer la formule brute de ce composé.

5° La formule de cet alcool primaire est ramifié. Écrire une formule semi-développée possible. Donner son nom.

Données : $M(C) = 12$ g · mol^{-1} ; $M(O) = 16$ g · mol^{-1} ; $M(H) = 1$ g · mol^{-1} ;
couples oxydant/ réducteur : MnO_4^- / Mn^{2+} et $C_nH_{2n}O_2$ / $C_nH_{2n+1}OH$;
masse molaire du permanganate de potassium = 158 g · mol^{-1}.

CORRIGÉS

Tester ses connaissances

1 **1° Un aldéhyde n'est pas un hydrocarbure, c'est un dérivé carbonylé. 2° Vrai. 3° Vrai. 4° C'est la propanone. 5° Vrai.**

2 **1° a)** ; **2° a)** et **c)** ; **3° b)**.

3 **1° c)** ; **2° a)** et **b)** ; **3° d)** ; **4° a)**.

Maîtriser les méthodes

4 • Butanal

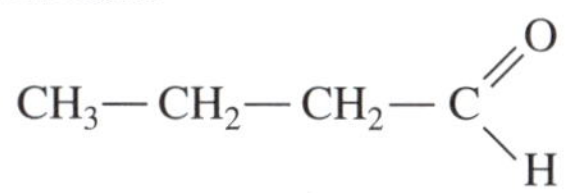

• 3-méthylpentanal

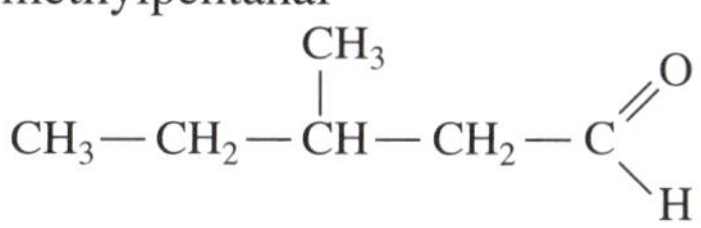

• 2,3,4-triméthylheptanal

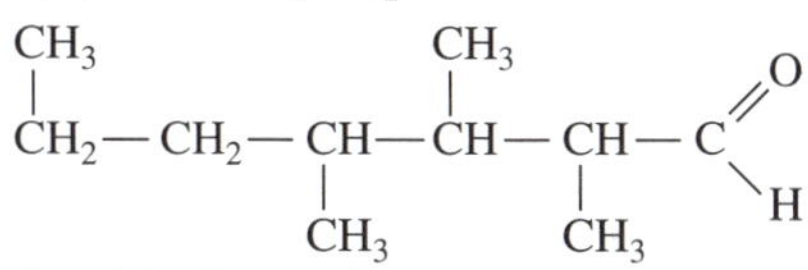

• 3-méthylbutan-2-one

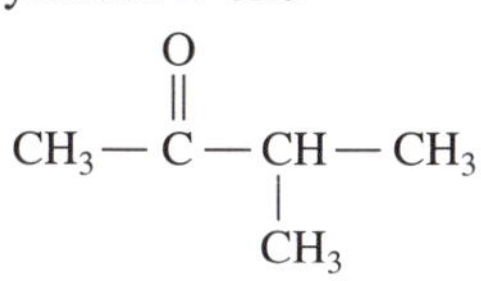

• 2,4-diméthylpentan-3-one

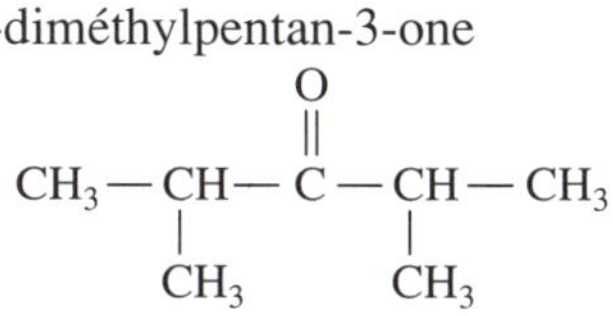

• 4-propylheptan-2-one

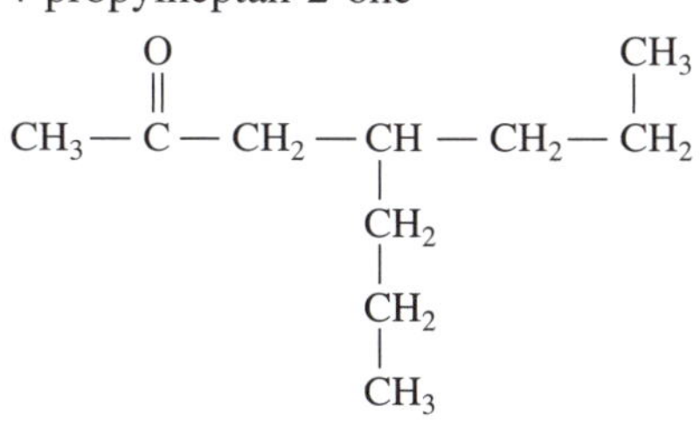

Exercice 4 : conseils à retenir

Pour représenter une molécule, il faut savoir quel est le nombre d'atomes de carbone donné dans le nom. Par exemple, pour la molécule de 3-méthylpentanal, le préfixe est **pent-**, ce qui correspond à **5 atomes de carbone** que l'on dispose en une chaîne.

C — C — C — C — C

Le nom de cette molécule se termine par **-al**, c'est donc un aldéhyde. Il faut donc placer la fonction principale (aldéhyde) en bout de chaîne en choisissant de façon arbitraire l'un des deux côtés.

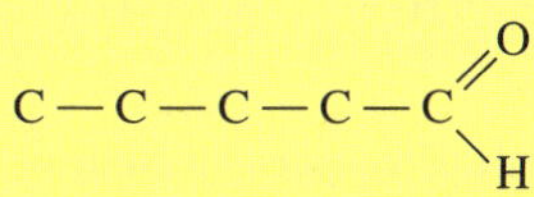

On rajoute ensuite les substituants dont le nombre et la position sont indiqués au début de la formule. Ici, on rajoute un substituant **méthyl** sur le troisième atome de carbone.

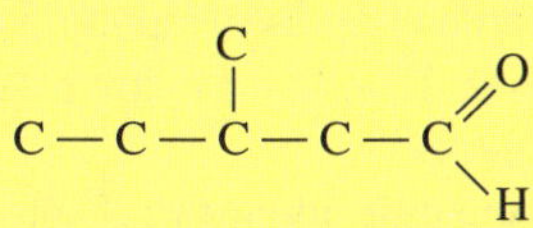

Pour les aldéhydes, la numérotation des atomes de carbone se fait obligatoirement à partir de l'atome de carbone qui porte la fonction carbonyle.

Sachant que les atomes de carbone sont tétravalents, on complète alors en rajoutant des atomes d'hydrogène autour des atomes de carbone afin que chaque atome de carbone forme 4 liaisons.

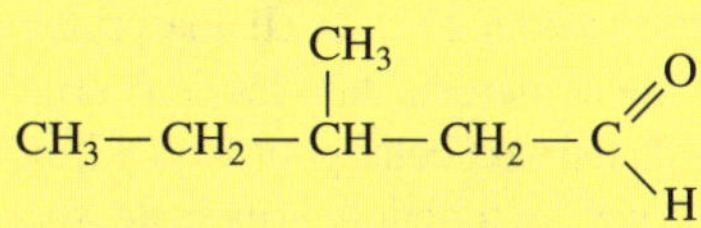

Pour dessiner une molécule comportant une fonction cétone, le même principe est utilisé.

5

(1) 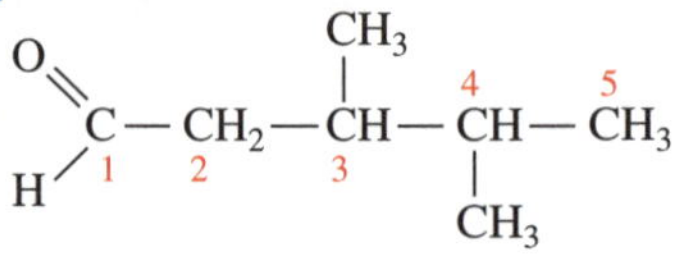

3,4-diméthylpentanal

(2) 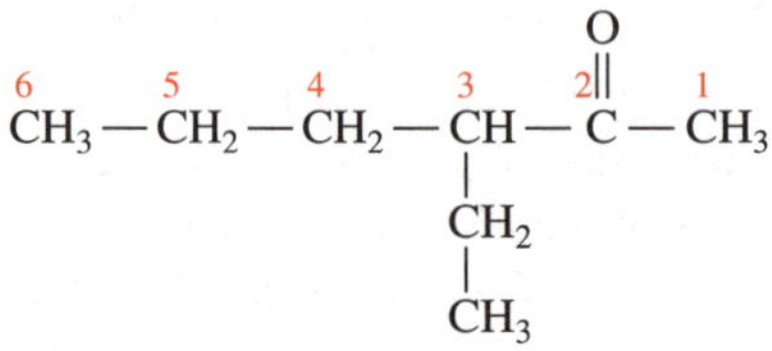

3-éthylhexan-2-one

(3) 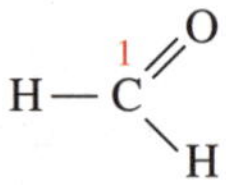

méthanal

(4) 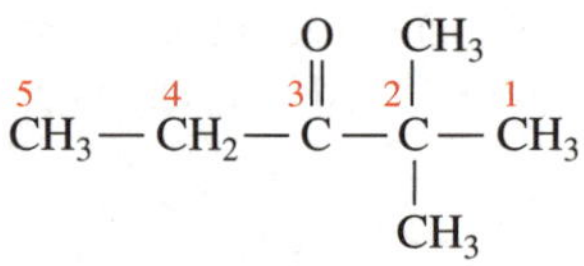

2,2-diméthylpentan-3-one

Exercice 5 : conseils à retenir

Il est indispensable d'identifier la chaîne carbonée la plus longue. On peut l'encadrer pour mieux la visualiser :

La molécule ci-après comporte 5 atomes de carbone donc le nom correspond au préfixe **pent-**

Il faut ensuite identifier la fonction principale : c'est la fonction cétone $R-CO-R'$. La terminaison du nom de la molécule sera en **-one**.

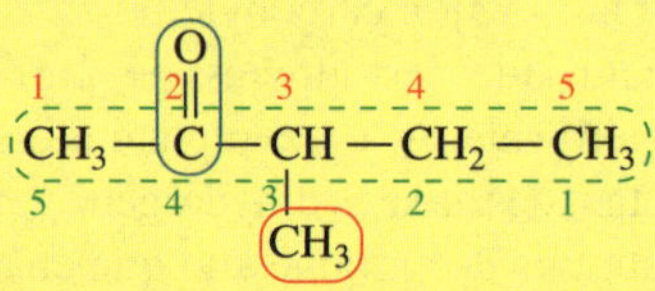

Il faut également indiquer la position de la fonction ; pour cela, la chaîne principale doit être numérotée dans les deux sens. Le sens choisi sera celui pour lequel l'indice porté par la fonction principale sera le plus petit possible. Ici, l'indice le plus petit pour la fonction cétone est le numéro 2 correspondant à la numérotation rouge.

Les substituants doivent ensuite être entourés et nommés en indiquant leur position ainsi que leur nombre.

Le nom retenu est donc :

3-méthylpentan-2-one

6 On considère la molécule de formule brute $C_6H_{12}O$. Deux molécules isomères l'une de l'autre sont :

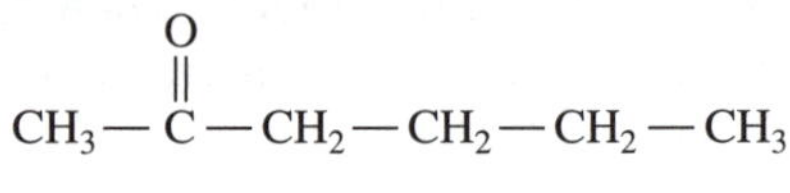

hexan-2-one

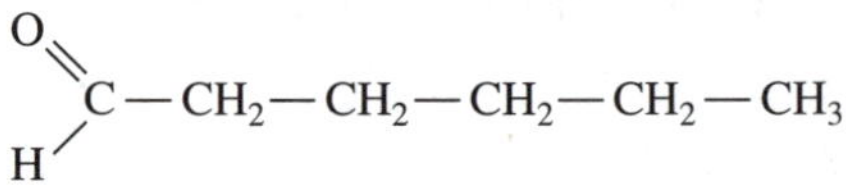

hexanal

Ces deux molécules sont des **isomères de fonction** : elles ont la même formule brute, mais une formule semi-développée différente et ne possèdent pas la même fonction principale.

Exercice 6 : conseil à retenir

Pour représenter et nommer une molécule se reporter aux conseils des *exercices* 4 et 5.

Il existe de multiples possibilités si l'on travaille avec des chaînes ramifiées.

Une fois la structure de la molécule formée, il faut la vérifier en dénombrant chaque type d'atome.

7

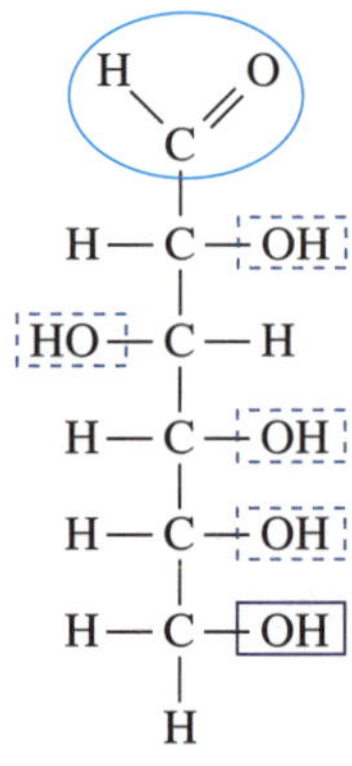

glucose

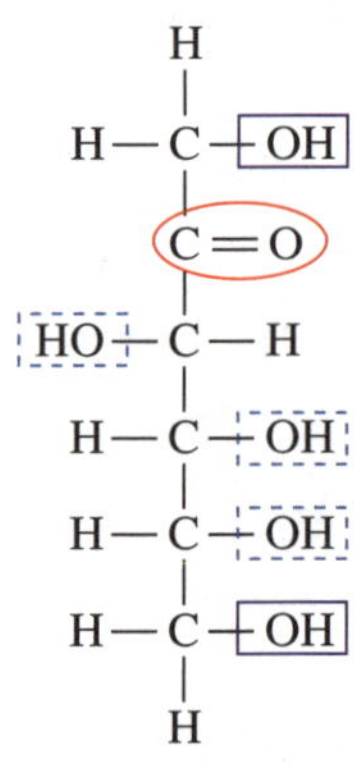

fructose

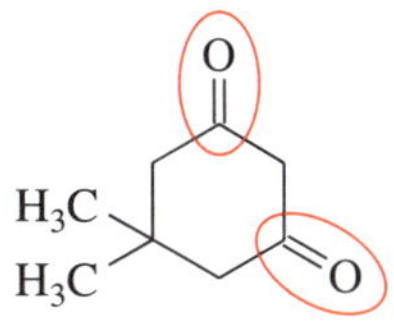

5,5-diméthylhexan-1,3-dione

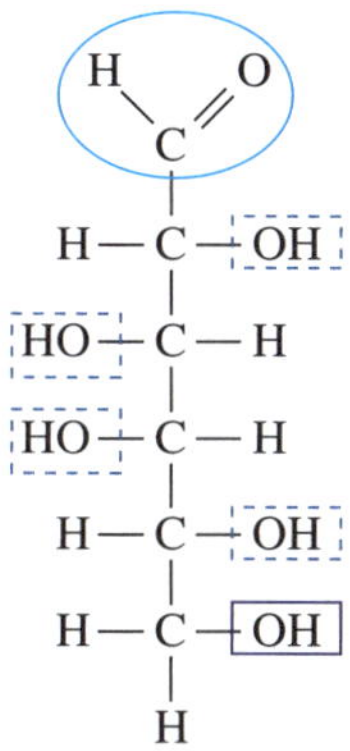

galactose

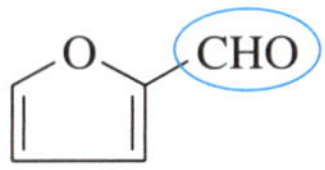

furan-2-carbaldéhyde

Groupement cétone	ellipse rouge
Groupement aldéhyde	ellipse bleue
Groupement alcool primaire	cadre plein
Groupement alcool secondaire	cadre pointillé

Exercice 7 : conseil à retenir
Revoir le cours sur les alcools et, en particulier, les classes des alcools.

8 1° L'éthanal est un aldéhyde ; il est donc issu de l'oxydation ménagée d'un **alcool primaire** et provient de l'éthanol :

$$CH_3-CH_2-OH$$

2° La molécule de butan-2-one est une cétone qui est un produit de l'oxydation ménagée d'un **alcool secondaire**, le butan-2-ol :

$$\begin{array}{c} \quad OH \\ \quad | \\ CH_3-CH-CH_2-CH_3 \end{array}$$

3° L'acide propanoïque est un produit de l'oxydation d'un **alcool primaire** ; ici, du propanol :

$$CH_3-CH_2-CH_2-OH$$

Exercice 8 : conseil à retenir
Revoir la partie sur « Les difficultés du chapitre » qui permet de reconnaître la classe d'un alcool en fonction du produit d'oxydation obtenu.

S'entraîner

9 1° La DNPH met en évidence le **groupement carbonyle** caractéristique C=O, présent dans les aldéhydes et les cétones.

2° Les trois formules semi-développées possibles pour ce composé *A* sont :

$$\begin{array}{ccccccc} CH_3 & - & C & - & CH_2 & - & CH_3 \\ & & \| & & & & \\ & & O & & & & \end{array}$$

(1)

si le composé *A* est une cétone.

$$\begin{array}{ccccccccc} H & - & C & - & CH_2 & - & CH_2 & - & CH_3 \\ & & \| & & & & & & \\ & & O & & & & & & \end{array}$$

(2)

si le composé *A* est un aldéhyde.

$$\begin{array}{ccccccc} H & - & C & - & CH & - & CH_3 \\ & & \| & & | & & \\ & & O & & CH_3 & & \end{array}$$

(3)

s'il y a une chaîne ramifiée.

3° D'après les résultats de l'expérience 2, le composé *A* doit comporter une fonction aldéhyde ; on peut donc **éliminer la première proposition** (car la molécule (1) contient une fonction cétone).

4° Le composé *A* possède une chaîne carbonée ramifiée : il s'agit de la **formule (3)**.

10 1° a) La (2,4-DNPH) met en évidence la **présence d'un groupement carbonyle** (aldéhyde ou cétone).

b) Le test 3 met en évidence la **présence d'une fonction aldéhyde**.

c) Formule semi-développée de *A* (présence d'un cycle benzénique et d'une fonction aldéhyde) : **R— CHO**

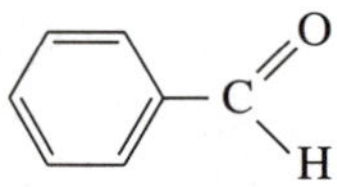

d) Le composé obtenu par oxydation du composé *A* serait donc un **acide carboxylique** de formule semi-développée :

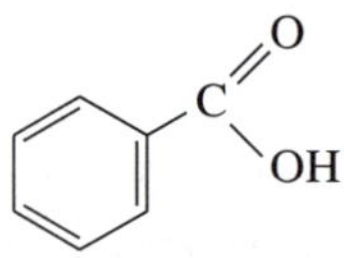

Cet acide est l'**acide benzoïque**.

2° a) Les demi-équations électroniques sont :

• $Cr_2O_7^{2-}/Cr^{3+}$:

$$Cr_2O_7^{2-} + 14\ H^+ + 6\ e^- = 2\ Cr^{3+} + 7\ H_2O$$

• $C_6H_5CO_2H/C_6H_5CHO$:

$$(C_6H_5CHO + H_2O = C_6H_5CO_2H + 2\ H^+ + 2e^-) \times 3$$

b) L'équation bilan de cette réaction est :

$$3\ C_6H_5CHO + 14\ H^+ + Cr_2O_7^{2-} + 3\ H_2O \rightarrow 2\ Cr^{3+} + 3\ C_6H_5CO_2H + 6\ H^+ + 7\ H_2O$$

En faisant le bilan des molécules d'eau et des ions H^+, l'équation devient :

$$\mathbf{3\ C_6H_5CHO + Cr_2O_7^{2-} + 8\ H^+ \rightarrow 2\ Cr^{3+} + 3\ C_6H_5CO_2H + 4\ H_2O}$$

11 1° Calcul de la masse molaire moléculaire de ce composé :

$$M(C_nH_{2n+2}O) = n \times M_C + (2n+2) \times M_H + M_O$$

$$M(C_nH_{2n+2}O) = n \times 12{,}0 + (2n+2) \times 1{,}0 + 16{,}0 = 14{,}0\ n + 18{,}0$$

Il faut résoudre l'équation :

$14{,}0 \times n + 18{,}0 = 74{,}0$ d'où $n = \dfrac{56}{14} = 4$;

et la formule brute s'écrit : $\mathbf{C_4H_{10}O}$.

2° Les noms et les formules semi-développées des alcools possibles sont :

Butanol (alcool primaire)

$$CH_3-CH_2-CH_2-CH_2-OH$$

Butan-2-ol (alcool secondaire)

$$\begin{array}{ccccccc} & & OH & & & & \\ & & | & & & & \\ CH_3 & - & CH & - & CH_2 & - & CH_3 \end{array}$$

2-méthylpropan-1-ol (alcool primaire)

$$\begin{array}{ccccccc} CH_3 & - & CH & - & CH_2 & - & OH \\ & & | & & & & \\ & & CH_3 & & & & \end{array}$$

2-méthylpropan-2-ol (alcool tertiaire)

$$\begin{array}{ccccc} & & OH & & \\ & & | & & \\ CH_3 & - & C & - & CH_3 \\ & & | & & \\ & & CH_3 & & \end{array}$$

3° Le test avec la 2,4-DNPH est positif, **un précipité jaune-orangé s'est** donc **formé. Ce test met uniquement en évidence le groupe carbonyle, mais il ne permet pas de différencier un aldéhyde d'une cétone**.

4° **Ce test n'est pas positif** car on n'observe pas de précipité rouge brique. Il permet néanmoins de savoir que le composé est une **cétone** et non un aldéhyde.

5° L'alcool, qui, par oxydation ménagée, a permis d'obtenir une cétone, est un **alcool secondaire, le butan-2-ol**.

12 1° Le composé *C* réagit avec la liqueur de Fehling en donnant un précipité rouge, ce composé est donc un **aldéhyde**.

2° Sachant que son squelette est ramifié, on peut retenir pour le composé *C* :

$$\begin{array}{cccccl} & & & & & \,O \\ CH_3 & - & CH & - & C & \!\!\swarrow\!\!\!\!/\!\!/ \\ & & | & & & \diagdown H \\ & & CH_3 & & & \end{array}$$

***C* : 2-méthylpropanal**

3° La formule semi-développée du composé *A* qui est un alcool primaire est donc :

$$\begin{array}{ccccccc} CH_3 & - & CH & - & CH_2 & - & OH \\ & & | & & & & \\ & & CH_3 & & & & \end{array}$$

***A* : 2-méthylpropanol**

Le composé *D* est le produit d'oxydation du composé *C* :

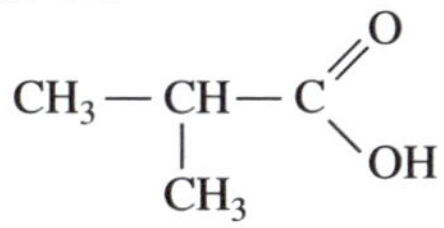

D : acide 2-méthylpropanoïque

L'alcool primaire *A* subit une oxydation douce pour donner l'aldéhyde *C*. Une partie de l'aldéhyde ainsi produit subit à son tour une oxydation pour donner l'acide carboxylique *D*.

4° *E* réagit avec la 2,4-dinitrophényhydrazine (2,4-DNPH) pour former un précipité jaune, mais il ne réagit pas avec la liqueur de Fehling. Le composé *E* est donc une cétone. Sa formule est :

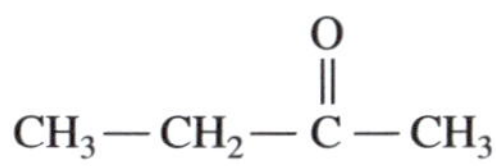

E : butan-2-one

Le composé *B* dont est issu le composé *E* est donc un alcool secondaire de formule :

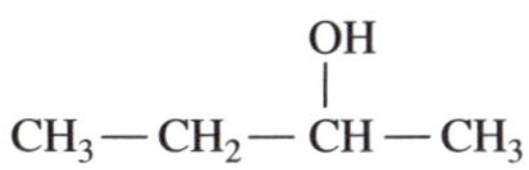

B : butan-2-ol

5° Équation de la réaction d'oxydation de *B* par l'ion permanganate en milieu acide.
On donne la demi-équation électronique du couple MnO_4^-/Mn^{2+} :

$$MnO_4^- + 8\,H^+ + 5\,e^- = Mn^{2+} + 4\,H_2O$$

Les alcools sont oxydés en aldéhydes, donc l'alcool $C_4H_{10}O$ est le réducteur du couple oxydant-réducteur et l'aldéhyde C_4H_8O est l'oxydant,
d'où le couple : $C_4H_8O/C_4H_{10}O$.
La demi-équation électronique s'écrit :

$$C_4H_8O + 2H^+ + 2\,e^- = C_4H_{10}O$$

L'équation de la réaction d'oxydation entre les ions permanganate et l'alcool est :

$$(MnO_4^- + 8H^+ + 5e^+ = Mn^{2+} + 4H_2O) \times 2$$

$$(C_4H_{10}O = C_4H_8O + 2H^+ + 2e^-) \times 5$$

$$\mathbf{2\,MnO_4^- + 6H^+ + 5\,C_4H_{10}O \rightarrow 2\,Mn^{2+} + 8\,H_2O + 5\,C_4H_8O}$$

Pour aller plus loin

13 1° L'équation de la réaction de combustion est :

$$C_xH_yO_z + \left(x + \frac{y}{4} - \frac{z}{2}\right)O_2 \rightarrow x\,CO_2 + \frac{y}{2}H_2O$$

2° Calcul des quantités de matière du composé *A* ainsi que des quantités de matière des produits formés.

Rappel : la densité d'un gaz par rapport à l'air est égale au rapport de la masse d'un volume de ce gaz au même volume d'air pris dans les mêmes conditions de température et de pression. En raisonnant sur le volume molaire, on peut aussi écrire que la densité d'un gaz est égale au rapport de la masse molaire de ce gaz à la masse molaire de l'air.

• Calculons la masse molaire de $M(A)$ du composé *A*.

$$d(\mathrm{A}) = \frac{\text{masse molaire de } (A)}{\text{masse molaire de l'air}} = \frac{M(A)}{M(\text{air})},$$

d'où $M(A) = d(A) \cdot M(\text{air})$

$M(A) = 2{,}966 \times 29 = 86{,}0 \text{ g} \cdot \text{mol}^{-1}$.

Lors de cette combustion, la quantité de composé *A* qui a réagi est :

$$n(A) = \frac{m(A)}{M(A)} = \frac{2{,}1}{86{,}0} = 2{,}4 \times 10^{-2} \text{ mol.}$$

La quantité de matière du composé *A* est **$n(A) = 2{,}4 \times 10^{-2}$ mol**.

• $n(CO_2) = \dfrac{m(CO_2)}{M(CO_2)} = \dfrac{5{,}37}{44}$,

$n(CO_2) = 0{,}12$ mol.

• $n(H_2O) = \dfrac{m(H_2O)}{M(H_2O)} = \dfrac{2{,}20}{18}$,

$n(H_2O) = 0{,}12$ mol.

Les quantités de matière de dioxyde de carbone et d'eau sont chacune de 0,12 mol.

3° Établissons le tableau d'avancement de la réaction :
Au cours de la combustion complète de *A*, *A* disparaît, d'où :
$0{,}024 - a_m = 0$; ainsi $a_m = 2{,}4 \times 10^{-2}$ mol.

cours
exercices
interro
corrigés

Équation de réaction		$C_xH_yO_z$	$+\left(x+\frac{y}{4}-\frac{z}{2}\right)O_2 \rightarrow$	$x\,CO_2$	$+\quad \frac{y}{2}H_2O$
État du système	Avancement	$n(A)$	n_{O_2}		n_{H_2O}
État initial (mol)	0			0	0
État en cours de transformation (mol)	a	$0{,}024 - a$		ax	$\frac{ay}{2}$
État final (mol)	a_m	$0{,}024 - a_m$		$a_m x$	$\frac{a_m y}{2}$

On en déduit, d'après le tableau d'avancement : $n_{CO_2} = 0{,}12 = a_m \cdot x = 0{,}024x$;

d'où $x = \frac{0{,}12}{0{,}024} = 5$, et $\boldsymbol{x = 5}$.

De même,

$$n_{H_2O} = 0{,}12 = \frac{a_m \cdot y}{2} = \frac{0{,}024}{2}y\,;$$

d'où $y = \frac{0{,}12 \times 2}{0{,}024} = 10$, donc $\boldsymbol{y = 10}$.

À partir de la masse molaire du composé A :

$M(A) = 86 = x \times M_C + y \times M_H + z \times M_O$

on a :

$z \times M_O = M(A) - (x \times M_C + y \times M_y)$

et : $z = \frac{M(A) - (x \times M_C + y \times M_H)}{M_O}$

Application numérique :

$$z = \frac{86 - (5 \times 12 + 10 \times 1)}{16} = 1,$$

donc $\boldsymbol{z = 1}$.

La formule brute de ce composé est donc :

$$\mathbf{C_5H_{10}O}.$$

4° Les formules semi-développées possibles sont :

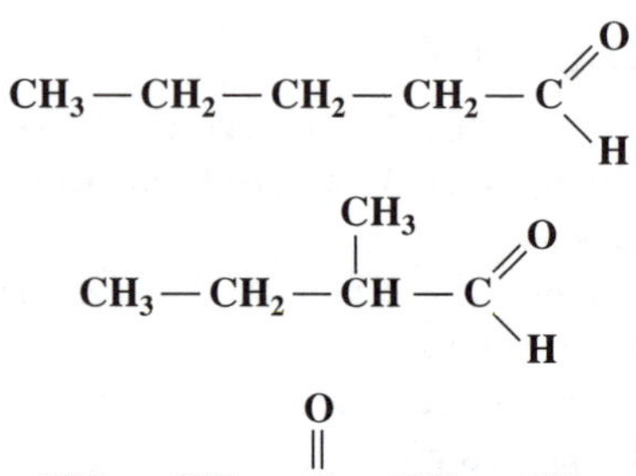

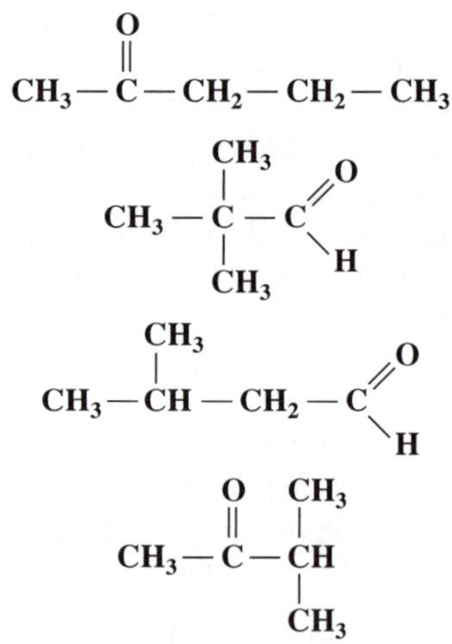

5° Le test avec la liqueur de Fehling étant négatif, et celui avec la 2,4-DNPH étant positif, on peut en déduire que ce composé est une cétone. De plus, la molécule étant symétrique, le composé est donc la **pentan-3-one** de formule semi-développée :

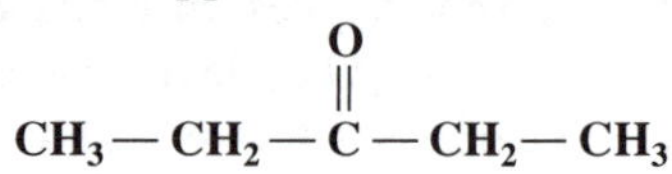

14 **1°** Le propanal a pour formule brute C_3H_6O.

Les demi-équations électroniques mises en jeu sont :

$$Ag(NH_3)_2^+ + e^- = Ag + 2\,NH_3 \quad (\times 2)$$

$$C_3H_6O + 3\,HO^- = C_3H_5O_2^- + 2\,e^- + 2\,H_2O$$

L'équation de cette réaction chimique est :

$$\mathbf{C_3H_6O + 2\ Ag(NH_3)_2^+ + 3\ HO^- \rightarrow C_3H_5O_2^- + 2\ Ag(s) + 4\ NH_3 + 2\ H_2O}$$

2° Quantité de matière n(propanal) qui a réagi :

$n_i(\text{propanal}) = C_i(\text{propanal}) \cdot V$;

$n_i(\text{propanal}) = 0,5 \times 0,04 = 0,020$ mol.

Établissons le tableau d'avancement :

Équation de réaction		C_3H_6O	+ $2\,Ag(NH_3)_2^+$	+ $3\,HO^-$ →	$C_3H_5O_2^-$ +	$2\,Ag$	+ $4\,NH_3$	+ $2\,H_2O$
État du système	Avancement (mol)		Réactif de Tollens en excès			n_{Ag}		
État initial (mol)	0	0,020	$n(Ag(NH_3)_2^+)_i$		0	0		
État en cours de transformation (mol)	x	$0,020 - x$	$n(Ag(NH_3)_2^+)_i - 2x$		x	$2x$		
État final (mol)	x_m	$0,020 - x_m$	$n(Ag(NH_3)_2^+)_i - 2x_m$		x_m	$2x_m$		

Tout le propanal a réagi, d'où :

$n(\text{propanal})_f = 0,020 - x_m = 0$,

on en déduit $x_m = 0,020$ mol.

La quantité de matière d'argent produite

$n(Ag)_f = 2x_m = 0,020 \times 2 = 0,040$ mol,

donc $n(Ag)_f = 0,040$ mol.

Ainsi, on peut déduire la masse d'argent obtenue de la relation :

$m(Ag) = n(Ag)_f \cdot M(Ag)$

$m(Ag) = 0,040 \times 107,9 = 4,32$ g,

donc $\mathbf{m(Ag) = 4,32\ g}$.

3° Le volume d'argent déposé est :

$$V_{Ag} = S_{Ag} \cdot e,$$

avec S_{Ag} la surface d'argent déposé et e l'épaisseur de la couche d'argent déposé.

D'où $e = \dfrac{V_{Ag}}{S_{Ag}}$.

Or, le volume d'argent est lié à la masse volumique par la relation : $V_{Ag} = \dfrac{m_{Ag}}{\rho_{Ag}}$.

Ainsi $e = \dfrac{m_{Ag}}{\rho_{Ag} \cdot S_{Ag}} = \dfrac{4,32}{10,50 \times 120}$;

$e = 0,00343$ cm, soit $e = 34,3 \times 10^{-6}$ m.

Si le miroir d'argent recouvre 120 cm² de la surface du ballon, alors **l'épaisseur du dépôt sera de 34,3 µm**.

15 **1°** Le nom en nomenclature officielle de l'acétone est la **propanone**.

Sa formule est :

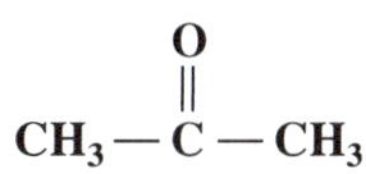

2° La formule d'un isomère de l'acétone possédant le groupe carbonyle est :

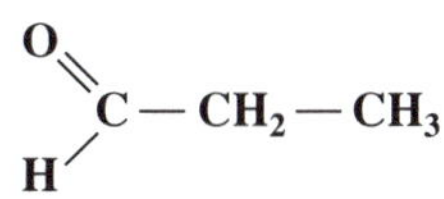

Son nom est le **propanal**.

3° La formule brute de l'acétone est C_3H_6O, celle du propan-2-ol est C_3H_8O.

– Couple C_3H_6O/C_3H_8O.

La demi-équation électronique correspondante est :

$\mathbf{3 \times (C_3H_8O = C_3H_6O + 2\,e^- + 2\,H^+)}$

– Couple $Cr_2O_7^{2-}/Cr^{3+}$:

$\mathbf{Cr_2O_7^{2-} + 14\,H^+ + 6\,e^- = 2\,Cr^{3+} + 7\,H_2O}$

4° L'équation bilan de cette réaction est :

$3\,C_3H_8O + Cr_2O_7^{2-} + 14\,H^+ = 3\,C_3H_6O + 2\,Cr^{3+} + 6\,H^+ + 7\,H_2O$

D'où :

$\mathbf{3\,C_3H_8O + Cr_2O_7^{2-} + 8\,H^+ = 3\,C_3H_6O + 2\,Cr^{3+} + 7\,H_2O}$

5° On calcule la masse molaire de l'alcool C_3H_8O :

$$M(C_3H_8O) = 3 \times M(C) + 8 \times M(H) + M(O)$$
$$= 3 \times 12 + 8 \times 1 + 16$$
$$= 60\ g \cdot mol^{-1}.$$

On en déduit la quantité de matière de cet alcool :

$$n_A = \frac{m_A}{M_A} = \frac{\rho_A \cdot V_A}{M_A} = \frac{0{,}785 \times 2}{60},$$

d'où : $n_A = 2{,}62 \times 10^{-2}$ mol.

Établissons le tableau d'avancement :

Équation de réaction		$3\ C_3H_8O$ +	$Cr_2O_7^{2-}$	+ $8\ H^+$ →	$3\ C_3H_6O$ +	$2\ Cr^{3+}$ +	$7\ H_2O$
État du système	Avancement (mol)	$n(A)$	$n(Cr_2O_7^{2-})$		$n(C_3H_6O)$	$n(Cr^{3+})$	
État initial (mol)	0	$2{,}62 \times 10^{-2}$	$n_0(Cr_2O_7^{2-})$		0	0	
État en cours de transformation (mol)	x	$2{,}62 \times 10^{-2} - 3x$	$n_0(Cr_2O_7^{2-}) - x$		$3x$	$2x$	
État final (mol)	x_m	$2{,}62 \times 10^{-2} - 3x_m$	$n_0(Cr_2O_7^{2-}) - x_m$		$3x_m$	$2x_m$	

Tout l'alcool ayant réagi, on a :
$2{,}62 \times 10^{-2} - 3x_m = 0$, on en déduit :

$$x_m = \frac{2{,}62 \times 10^{-2}}{3} = 8{,}73 \times 10^{-3}\ mol.$$

Tous les ions dichromate ont réagi, d'où
$n_0(Cr_2O_7^{2-}) - x_m = 0$;
$n_0(Cr_2O_7^{2-}) = x_m = 8{,}73 \times 10^{-3}$ mol.

La quantité de matière de dichromate qui réagit est donc $8{,}73 \times 10^{-3}$ mol.

De plus, $n_{(Cr_2O_7^{2-})} = [Cr_2O_7^{2-}] \cdot V$,
d'où :

$$V = \frac{n_{(Cr_2O_7^{2-})}}{[Cr_2O_7^{2-}]} = \frac{8{,}73 \times 10^{-3}}{1{,}00 \times 10^{-1}} = 87{,}3\ mL.$$

Il faudra **87,3 mL de solution de dichromate de potassium** pour oxyder les 2 mL d'alcool.

16 On considère l'oxydation de l'éthanol en éthanal.

1° En solution aqueuse, le dichromate de potassium se dissocie en ces deux ions constitutifs K^+ et $Cr_2O_7^{2-}$.

La connaissance des couples oxydant/réducteur permet d'écrire les demi équations électroniques :

$$\mathbf{Cr_2O_7^{2-} + 14\ H^+ + 6\ e^- = 2\ Cr^{3+} + 7\ H_2O}$$
$$\mathbf{CH_3CH_2OH = CH_3CHO + 2\ H^+ + 2\ e^-}$$

L'équation de réaction globale d'oxydation de l'éthanol en éthanal s'écrit donc :

$$\mathbf{3\ CH_3CH_2OH + Cr_2O_7^{2-} + 8\ H^+ \rightarrow 3\ CH_3CHO + 2\ Cr^{3+} + 7\ H_2O}$$

2° Établissons le tableau d'avancement :

Équation de réaction		$3\ CH_3CH_2OH$ +	$Cr_2O_7^{2-}$	+ $8\ H^+$ →	$3\ CH_3CHO$ +	$2\ Cr^{3+}$ +	$7\ H_2O$
État du système	Avancement (mol)	$n(CH_3CH_2OH)$	$n(Cr_2O_7^{2-})$			$n(Cr^{3+})$	
État initial (mol)	0	$n_0(CH_3CH_2OH)$	$n_0(Cr_2O_7^{2-})$		0	0	
État en cours de transformation (mol)	x	$n_0(CH_3CH_2OH) - 3x$	$n_0(Cr_2O_7^{2-}) - x$		$3x$	$2x$	
État final (mol)	x_m	$n_0(CH_3CH_2OH) - 3x_m$	$n_0(Cr_2O_7^{2-}) - x_m$		$3x_m$	$2x_m$	

Tout l'alcool ayant réagi, on a :
$n(CH_3CH_2OH) - 3x_m = 0$,

d'où $x_m = \frac{n(CH_3CH_2OH)}{3}$.

Tous les ions dichromate ont réagi,

$n_0(Cr_2O_7^{2-}) - x_m = 0$,

donc $n_0(Cr_2O_7^{2-}) = x_m$.

D'où $n(Cr_2O_7^{2-}) = \frac{n(CH_3CH_2OH)}{3}$,

ainsi :

$$n(Cr_2O_7^{2-}) = \frac{m(CH_3CH_2OH)}{3 \times M(CH_3CH_2OH)}$$

Pour calculer la masse d'éthanol, on utilise le volume et la masse volumique $\rho = 0{,}8\ g \cdot cm^{-3}$.

La masse volumique d'un liquide s'exprime en $g \cdot cm^{-3}$ avec le même nombre que la densité.

Calculons la masse d'éthanol :

$$m(CH_3CH_2OH) = 0{,}8 \times 10 = 8\ g.$$

Masse molaire de l'éthanol :

$$M(CH_3CH_2OH) = 46\ g \cdot mol^{-1}.$$

Calculons la quantité de matière de dichromate :

$$n(Cr_2O_7^{2-}) = \frac{8}{3 \times 46} = 5{,}8 \times 10^{-2}\ mol.$$

La concentration de la solution de dichromate est connue :

$$[Cr_2O_7^{2-}] = 0{,}25\ mol \cdot L^{-1}$$

On peut en déduire le volume $V(Cr_2O_7^{2-})$ de solution de dichromate nécessaire pour réaliser l'oxydation de l'alcool :

$$n(Cr_2O_7^{2-}) = V(Cr_2O_7^{2-}) \cdot [Cr_2O_7^{2-}]$$

d'où $V(Cr_2O_7^{2-}) = \frac{n(Cr_2O_7^{2-})}{[Cr_2O_7^{2-}]}$,

$$\mathbf{V(Cr_2O_7^{2-})} = \frac{5{,}8 \times 10^{-2}}{0{,}25} = \mathbf{0{,}23\ L}.$$

3° En présence d'un excès de mélange oxydant, l'éthanal formé serait oxydé en **acide éthanoïque**.

L'interrogation écrite

17 1° Les équations d'oxydoréduction de cette expérience sont :

$(MnO_4^- + 8\ H^+ + 5\ e^- = Mn^{2+} + 4\ H_2O) \quad \times 4$

$(C_nH_{2n+1}OH + H_2O = C_nH_{2n}O_2 + 4\ H^+ + 4\ e^-) \times 5$

En additionnant les équations membre à membre :

$5\ C_nH_{2n+1}OH + 4\ MnO_4^- + 32\ H^+ + 5\ H_2O$
$\rightarrow 5\ C_nH_{2n}O_2 + 4\ Mn^{2+} + 16\ H_2O + 20\ H^+$

Puis en simplifiant les H^+ et H_2O :

$$\mathbf{5\ C_nH_{2n+1}OH + 4\ MnO_4^- + 12\ H^+ \rightarrow 5\ C_nH_{2n}O_2 + 4\ Mn^{2+} + 11\ H_2O}$$

2° Établissons le tableau d'avancement :

Équation de réaction		$5\ C_nH_{2n+1}OH$ +	$4\ MnO_4^-$	$+ 12\ H^+ \rightarrow$	$5\ C_nH_{2n}O_2$ +	$4Mn^{2+}$ +	$11\ H_2O$
État du système	Avancement (mol)	$n(C_nH_{2n+1}OH)$	$n(MnO_4^-)$		$n(C_nH_{2n}O_2)$	$n(Mn^{2+})$	
État initial (mol)	0	$n_0(C_nH_{2n+1}OH)$	$n_0(MnO_4^-)$		0	0	
État en cours de transformation (mol)	x	$n_0(C_nH_{2n+1}OH) - 5x$	$n_0(MnO_4^-) - 4x$		$5x$	$4x$	
État final (mol)	x_m	$n_0(C_nH_{2n+1}OH) - 5x_m$	$n_0(MnO_4^-) - 4x_m$		$5x_m$	$4x_m$	

Les réactifs introduits ont totalement réagi. Tout l'alcool ayant réagi, on a

$n(C_nH_{2n+1}OH) - 5x_m = 0$,

d'où $x_m = \dfrac{n(C_nH_{2n+1}OH)}{5}$.

Tous les ions permanganate ont réagi,

$n(MnO_4^-) - 4x_m = 0$,

donc $\dfrac{n(MnO_4^-)}{4} = x_m$,

d'où la relation entre les quantités de matière qui ont réagi :

$$\frac{n(C_nH_{2n+1}OH)}{5} = \frac{n(MnO_4^-)}{4},$$

ainsi $n(C_nH_{2n+1}OH) = \dfrac{n(MnO_4^-) \times 5}{4}$.

Pour calculer la quantité de matière en permanganate, on utilise la concentration $[MnO_4^-] = 0{,}80 \text{ mol} \cdot L^{-1}$ et le volume versé $V(MnO_4^-) = 15{,}5$ mL.

$$n(MnO_4^-) = 0{,}80 \times 15{,}5 \times 10^{-3} = 12{,}4 \times 10^{-3} \text{ mol}.$$

D'ou :

$$\boldsymbol{n(C_nH_{2n+1}OH)} = \frac{12{,}4 \times 10^{-3} \times 5}{4} = \mathbf{15{,}5 \times 10^{-3} \ mol.}$$

3° La masse molaire de l'alcool est :

$$M(C_nH_{2n+1}OH) = \frac{m(C_nH_{2n+1}OH)}{n(C_nH_{2n+1}OH)}$$

$$\boldsymbol{M(C_nH_{2n+1}OH)} = \frac{1{,}365}{15{,}5 \times 10^{-3}} = \mathbf{88 \ g \cdot mol^{-1}}.$$

4° En écrivant la formule de l'alcool $C_xH_yO_z$, le pourcentage de carbone dans cette molécule est :

$$P(C) = \frac{12x}{M(A)} \times 100 = 68{,}2$$

avec $M(A) = 88 \text{ g . mol}^{-1}$;

ainsi $x = \dfrac{68{,}2 \times 88}{12 \times 100} = 5$.

De la même façon, en considérant le pourcentage d'hydrogène on a :

$$y = \frac{13{,}6 \times 88}{1 \times 100} = 12.$$

Et pour l'oxygène :

$$z = \frac{18{,}2 \times 88}{16 \times 100} = 1.$$

La formule brute de ce composé est donc : $\mathbf{C_5H_{12}O}$.

5° Les formules possibles de cet alcool primaire ramifié sont :

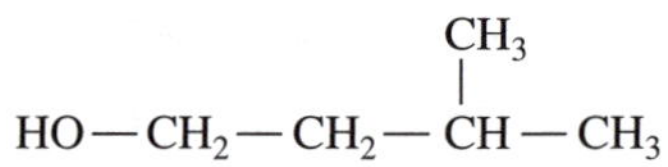

3-méthylbutanol

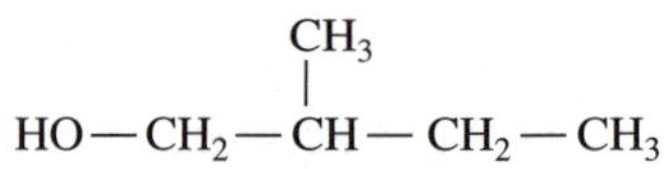

2-méthylbutanol

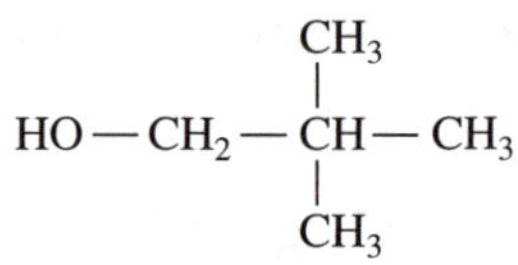

2,2-diméthylpropanol

CHAPITRE 7

Acides carboxyliques

Agir

LE COURS

Nomenclature

▶ EXERCICES D'APPLICATION 4 ET 5, p. 112

Les **acides carboxyliques** forment une classe de composés caractérisés par la présence du **groupe fonctionnel carboxyle $-CO_2H$**. Le nom de ce groupe caractéristique rappelle qu'il est constitué formellement d'un groupe carbonyle $-CO-$ et d'un groupe hydroxyle $-OH$.

La formule générale d'un acide carboxylique est : $R-\underset{\underset{O}{\|}}{C}-OH$

R est un groupement alkyle.

Le nom d'un acide carboxylique s'obtient en remplaçant la terminaison –e du nom de l'alcane correspondant par la terminaison –oïque. On fait précéder le nom par le mot *acide*.

On repère et on nomme la chaîne carbonée la plus longue comportant la fonction carboxyle en utilisant le préfixe adéquat. *n* : nombre d'atomes de carbone de la chaîne principale.	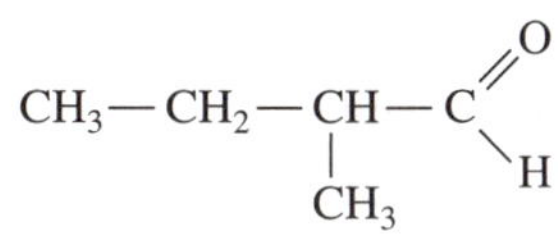 *n* = 4, le préfixe est butan-.
On numérote les atomes de carbone de **la chaîne carbonée la plus longue comportant le groupement fonctionnel en débutant par ce dernier.**	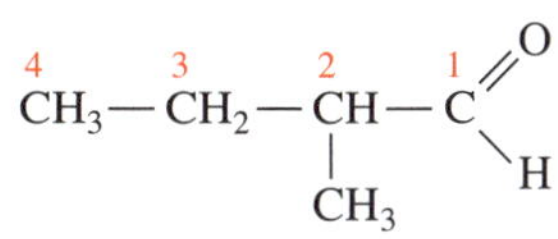
On nomme le substituant alkyle : méthyle : $-CH_3$ éthyle : $-CH_2-CH_3$ propyle : $-CH_2-CH_2-CH_3$	Le substituant est $-CH_3$: c'est un groupement méthyle.
On nomme l'acide carboxylique en précisant la position de la ramification. On met des tirets entre les numéros et les noms des substituants. On rajoute le mot acide devant le nom et la terminaison -oïque à la fin du nom.	L'acide carboxylique est l'acide **2**-méthylbutanoïque.

Remarque :
Dans le cas de diacides, la terminaison -dioïque est utilisée directement après le nom de l'alcane correspondant.

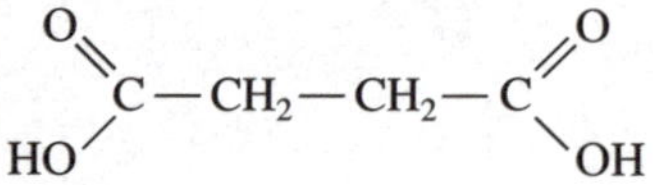

acide butanedioïque

Solubilité

► EXERCICE D'APPLICATION 10, p. 114

Les acides carboxyliques peuvent établir des liaisons hydrogène avec les molécules de solvants polaires, comme l'eau, l'alcool, et d'autres acides carboxyliques. Les acides carboxyliques sont à la fois donneur et accepteur de liaisons hydrogène.
De par cette propriété,

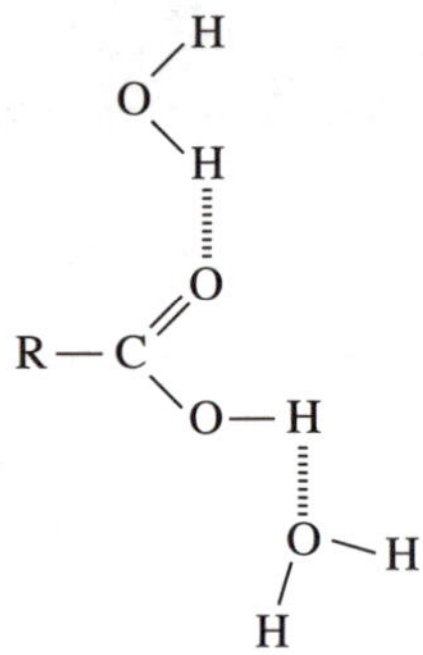

les acides carboxyliques de petite taille (jusqu'à l'acide butanoïque) sont complètement solubles dans l'eau.

Quand la chaîne carbonée s'allonge, le caractère hydrophobe prédomine et l'acide devient moins soluble dans l'eau.
Les molécules d'acides sont aussi capables de former des dimères stables par liaison hydrogène.

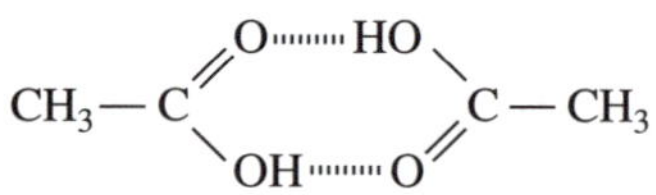

Caractère acide

► EXERCICE D'APPLICATION 13, p. 116

En solution aqueuse, les acides carboxyliques réagissent partiellement avec l'eau pour donner des ions carboxylate et des ions oxonium (ions hydrogène solvatés) selon la réaction :

$$R-COOH + H_2O \rightarrow R-COO^- + H_3O^+$$

La solution obtenue a un pH < 7 ; elle est acide.
Si l'on verse un acide carboxylique dans une solution aqueuse d'hydroxyde de sodium, l'acide réagit totalement :

$$R-COOH + OH^- \rightarrow R-COO^- + H_2O$$

L'existence de cette transformation chimique explique que la solubilité des acides carboxyliques croît avec le pH.

Réaction d'oxydation

► EXERCICES D'APPLICATION 7, 8 ET 9, pp. 112 et 113

Les ~~acides~~ carboxyliques constituent le stade ultime de l'oxydation des alcools primaires.

Les alcools primaires s'oxydent d'abord en aldéhyde, puis en acide carboxylique. Cette oxydation s'effectue en présence d'oxydants tels que le dioxygène, le permanganate de potassium ou le dichromate de potassium en solution acide.

Exemple : oxydation d'un aldéhyde en acide carboxylique

$Cr_2O_7^{2-}$ /Cr^{3+} : $Cr_2O_7^{2-}(aq) + 14\ H^+(aq) + 6e^- = 2\ Cr^{3+}(aq) + 7\ H_2O$

$R—CO_2H$ / $R—CHO$: $(R—CHO + H_2O = R—CO_2H + 2\ H^+(aq) + 2\ e^-) \times 3$

L'équation de cette réaction est :

$$3\,R—CHO + Cr_2O_7^{2-}(aq) + 8\ H^+(aq) \rightarrow 2\ Cr^{3+}(aq) + 3\,R—CO_2H + 4\ H_2O$$

LES DIFFICULTÉS DU CHAPITRE

Écrire les réactions d'oxydation

Les acides carboxyliques peuvent être obtenus en deux étapes :

- d'abord par oxydation de l'alcool primaire correspondant en aldéhyde,
- puis par oxydation de l'aldéhyde en acide carboxylique.

Dans l'exemple ci-dessous, l'oxydant est l'ion permanganate, de formule MnO_4^-, qui appartient au couple MnO_4^- / Mn^{2+}.

La demi-équation d'oxydoréduction associée à ce couple est :

$$MnO_4^-(aq) + 8\ H^+(aq) + 5e^- = Mn^{2+}(aq) + 4\ H_2O \qquad (1)$$

▶ Première étape (oxydation de l'alcool primaire en aldéhyde)

On considère l'alcool de formule générale $R—CH_2—OH$ appartenant au couple $R—CHO$ / $R—CH_2—OH$, avec $R—CHO$, formule de l'aldéhyde.

La demi-équation d'oxydation associée à ce couple est :

$$R—CH_2—OH = R—CHO + 2\ H^+(aq) + 2\ e^- \qquad (2)$$

On combine les équations (1) et (2) de façon à faire réagir l'alcool sur l'ion permanganate, de manière à éliminer les électrons, soit $2 \times (1) + 5 \times (2)$:

$$2\ MnO_4^-(aq) + 6\ H^+(aq) + 5\,R—CH_2—OH \rightarrow 2\ Mn^{2+}(aq) + 8\ H_2O + 5\,R—CHO$$

▶ Seconde étape (oxydation de l'aldéhyde en acide carboxylique)

On considère l'aldéhyde de formule générale $R—CHO$ appartenant au couple $R—COOH$ / $R—CHO$, avec $R—COOH$, formule de l'acide carboxylique.

La demi-équation d'oxydation associée à ce couple est :

$$R—CHO + H_2O = R—COOH + 2\ H^+(aq) + 2\ e^- \qquad (3)$$

cours exercices interro corrigés

On combine les équations (1) et (3) de façon à faire réagir l'aldéhyde avec l'ion permanganate, de manière à éliminer les électrons, soit 2 × (1) + 5 × (3) :

$$2\,MnO_4^-(aq) + 6\,H^+(aq) + 5\,R{-}CHO \rightarrow 2\,Mn^{2+}(aq) + 3\,H_2O + 5\,R{-}COOH$$

Remarque :

En combinant directement les équations (2) et (3), on obtient la demi-équation électronique correspondant au couple $R{-}COOH / R{-}CH_2\text{-}OH$:

$$R{-}CH_2{-}OH + H_2O = R{-}COOH + 4\,H^+(aq) + 4\,e^- \quad (4)$$

Par réaction entre l'ion permanganate et l'alcool, en combinant les équations (1) et (4) de manière à éliminer les électrons, soit 4 × (1) + 5 × (4), on obtient :

$$4\,MnO_4^-(aq) + 12\,H^+(aq) + 5\,R{-}CH_2{-}OH \rightarrow 4\,Mn^{2+}(aq) + 11\,H_2O + 5\,R{-}COOH$$

EXERCICES

Tester ses connaissances

1 QCM 1 (corrigés p. 120)

Corriger les affirmations suivantes.

1° Le groupement caractéristique des acides carboxyliques est le groupe carbonyle.

2° La fonction acide carboxylique est toujours au milieu d'une chaîne carbonée.

3° Pour nommer un acide carboxylique, on cite toujours la fonction principale en premier, comme pour un substituant.

4° La terminaison du nom d'un acide carboxylique est –one.

5° Pour les composés présentant deux fonctions acides carboxyliques, le nom utilisé est –bioïque.

2 QCM 2 (corrigés p. 120)

Parmi les affirmations suivantes, lesquelles sont vraies ? Corriger les affirmations fausses.

1° Pour les acides carboxyliques, plus la longueur de la chaîne principale augmente, plus la solubilité diminue.

2° La solubilité des acides carboxyliques dans l'eau s'explique par la présence de liaisons hydrogène.

3° Les acides carboxyliques réagissent avec l'eau pour former des aldéhydes.

4° La solubilité des acides carboxyliques augmente avec le pH.

3 QCM 3 (corrigés p. 120)

Parmi les affirmations suivantes, lesquelles sont vraies ? Corriger les affirmations fausses.

1° On peut oxyder un acide carboxylique en aldéhyde.

2° On peut oxyder un aldéhyde en acide carboxylique.

3° Le pH d'une solution acide est supérieur à 7.

4° Une solution acide peut être caractérisée par un indicateur coloré, comme le bleu de bromothymol.

Maîtriser les méthodes

Les exercices de cette rubrique font appel aux méthodes de base, qu'il faut maîtriser. Ils font l'objet d'une correction guidée pas à pas, qui récapitule ces méthodes, pour mieux les mémoriser.

4 REPRÉSENTER DES FORMULES SEMI-DÉVELOPPÉES *(corrigés p. 120)*

- Acide propanoïque ;
- acide 2,3-diméthylpentanoïque ;
- acide 2- éthyl-2,4-diméthylheptanedioïque ;
- acide 3-propylhexanoïque.

5 NOMMER DES MOLÉCULES *(corrigés p. 121)*

1°

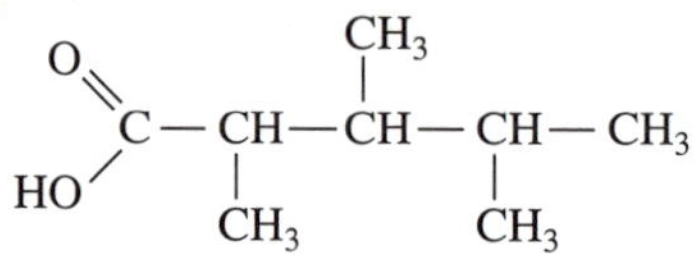

2°

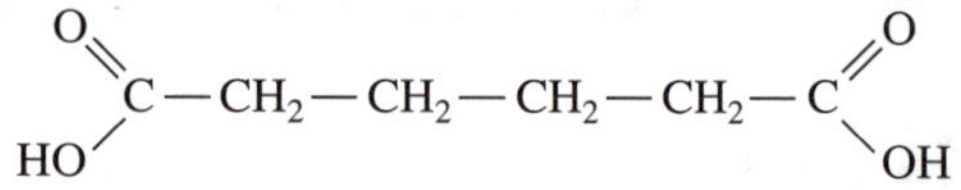

3°

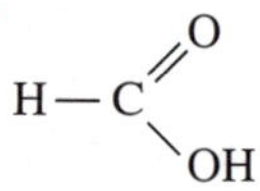

4°

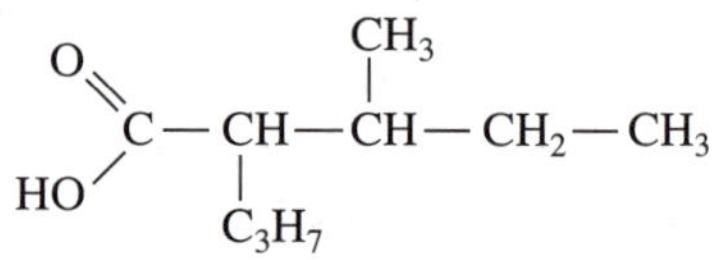

6 CALCULER UNE PROPORTION *(corrigés p. 121)*

On considère l'acide carboxylique de formule semi-développée suivante :

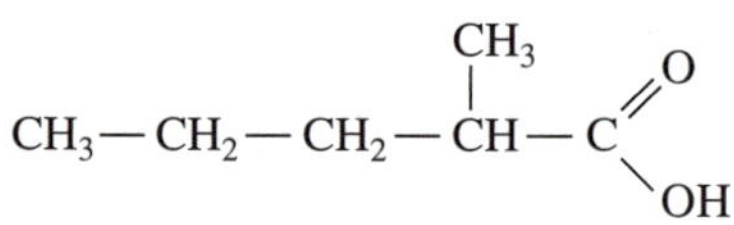

1° Donner le nom de cet acide.

2° Déterminer sa formule brute.

3° Calculer sa masse molaire.

4° Déterminer le pourcentage de chacun des éléments carbone, hydrogène et oxygène.

Données : $M(\text{C}) = 12{,}0 \text{ g} \cdot \text{mol}^{-1}$; $M(\text{O}) = 16{,}0 \text{ g} \cdot \text{mol}^{-1}$; $M(\text{H}) = 1{,}0 \text{ g} \cdot \text{mol}^{-1}$.

S'entraîner

7 OXYDATION D'UN ALDÉHYDE ★★ 20 min *(corrigés p. 121)*

On souhaite préparer 1,0 g d'acide butanoïque par oxydation ménagée de l'alcool correspondant. Pour cela, on utilise une solution oxydante acide, de permanganate de potassium ($K^+ + MnO_4^-$).

1° Écrire les demi-équations électroniques des couples MnO_4^-/Mn^{2+} et $C_4H_8O_2/C_4H_{10}O$.

2° En déduire l'équation de réaction de cette transformation chimique.

3° Quelle est la classe de l'alcool ainsi oxydé ? Écrire sa formule semi-développée.

4° Déterminer :

a) la masse minimale d'alcool à oxyder, les réactifs étant introduits en proportions stœchiométriques.

b) le volume de la solution de permanganate de potassium de concentration $C = 0{,}5\ \text{mol} \cdot \text{L}^{-1}$ nécessaire pour cette oxydation.

Données : $M(\text{C}) = 12{,}0\ \text{g} \cdot \text{mol}^{-1}$; $M(\text{O}) = 16{,}0\ \text{g} \cdot \text{mol}^{-1}$; $M(\text{H}) = 1{,}0\ \text{g} \cdot \text{mol}^{-1}$.

8 COMBUSTION D'UN ACIDE CARBOXYLIQUE ★★★ 20 min (corrigés p. 122)

L'acide malonique a été découvert et identifié en 1858 à partir de produits d'oxydation du jus de pommes. Sa masse molaire est de $104\ \text{g} \cdot \text{mol}^{-1}$. Il se présente sous forme de poudre cristalline blanche, sans odeur. Cet acide carboxylique n'est constitué que d'atomes de carbone, d'hydrogène et d'oxygène. La combustion complète d'un échantillon de masse $m_1 = 2{,}70$ g d'acide malonique produit une masse d'eau $m_2 = 0{,}94$ g et une masse de dioxyde de carbone de 3,43 g.

1° Écrire l'équation de combustion complète de cet acide carboxylique si on considère la formule brute $C_xH_yO_z$ comme étant celle de l'acide.

2° Calculer les quantités de matière d'eau et de dioxyde de carbone obtenues.

3° En déduire la valeur de x et de y.

4° Donner la formule brute de cet acide carboxylique.

5° Sachant que cet acide possède une chaîne linéaire et que la molécule est symétrique, nommer ce composé et écrire sa formule semi-développée.

Données : $M(\text{C}) = 12{,}0\ \text{g} \cdot \text{mol}^{-1}$; $M(\text{O}) = 16{,}0\ \text{g} \cdot \text{mol}^{-1}$; $M(\text{H}) = 1{,}0\ \text{g} \cdot \text{mol}^{-1}$.

9 TRANSFORMATION DU VIN EN VINAIGRE ★★★ 30 min (corrigés p. 123)

Le vinaigre de table est une solution d'acide éthanoïque $CH_3—COOH$. Le vin contient de l'éthanol. Un litre de vin à 12° est transformé en vinaigre par oxydation à l'air. Le « degré d'alcool » correspond au volume d'alcool exprimé en mL contenu dans 100 mL de vin.

On désire connaître la quantité d'acide éthanoïque contenu dans un volume de 10 mL de ce vinaigre afin de déterminer le rendement de cette oxydation.

Un volume de 10 mL de ce vinaigre réagit totalement avec 12 mL d'une solution d'hydroxyde de sodium de concentration $C(\text{B}) = 0{,}5\ \text{mol} \cdot \text{L}^{-1}$.

1° Écrire l'équation de la réaction entre l'acide éthanoïque et l'hydroxyde de sodium.

2° Calculer la quantité de matière d'acide éthanoïque formé.

3° L'équation d'oxydation de l'éthanol ($CH_3—CH_2—OH$) en acide éthanoïque est :

$$CH_3—CH_2—OH + O_2 \rightarrow CH_3—COOH + H_2O$$

En déduire la masse d'éthanol oxydé.

4° En déduire le rendement de cette oxydation.

5° Sachant que le degré d'acidité d'un vinaigre correspond à la masse exprimée en gramme d'acide éthanoïque contenue dans 100 g de vinaigre, calculer le degré d'acidité de la solution de vinaigre ainsi formée.

Données : $M(\text{C}) = 12{,}0\ \text{g} \cdot \text{mol}^{-1}$; $M(\text{O}) = 16{,}0\ \text{g} \cdot \text{mol}^{-1}$; $M(\text{H}) = 1{,}0\ \text{g} \cdot \text{mol}^{-1}$; densité de l'éthanol par rapport à l'eau est $d = 0{,}8$; $\rho_{\text{eau}} = \rho_{\text{vinaigre}} = 1\,000\ \text{kg} \cdot \text{m}^{-3}$.

cours
exercices
interro
corrigés

10 EXTRACTION DE L'ACIDE BENZOÏQUE ★★★ 30 min (corrigés p. 124)

L'acide benzoïque est un solide blanc utilisé comme additif alimentaire en tant que conservateur.

On désire extraire l'acide benzoïque présent dans une boisson à l'aide d'un solvant.

On dispose, pour cela, de trois solvants : l'éthanol, le dichlorométhane et l'éther éthylique.

Solvant	**Eau**	**Éthanol**	**Dichlorométhane**	**Éther éthylique**
Solubilité de l'acide benzoïque	faible	bonne	bonne	bonne
Densité	1	0,8	1,3	0,6
Miscibilité dans l'eau	/	miscible	non miscible	non miscible
Danger	/	inflammable	irritant	inflammable

1° Rappeler les propriétés que doit avoir un solvant pour être choisi comme solvant pour l'extraction.

2° Quel solvant faut-il donc choisir dans ce cas ?

Dans une ampoule à décanter, on introduit un volume $V_0 = 30$ mL d'une boisson S_0 contenant de l'acide benzoïque de concentration en soluté apporté $C_0 = 2{,}4 \times 10^{-2}$ mol · L^{-1}.

3° Calculer la quantité de matière d'acide benzoïque introduit dans l'ampoule à décanter.

On ajoute un volume $V = 15{,}0$ mL d'éther éthylique. On bouche l'ampoule, on l'agite et on la retourne tout en ouvrant le robinet. On repose l'ampoule sur son support ; on retire le bouchon.

4° Pourquoi faut-il ouvrir le robinet ?

5° Représenter l'ampoule à décanter en justifiant la position des différentes phases. Dans quelle phase se trouve la majeure partie de l'acide benzoïque ? Comment le récupérer ?

On recueille $V_1 = 30$ mL de la phase aqueuse et on fait réagir l'acide benzoïque qu'elle contient avec une solution d'hydroxyde de sodium.

On détermine ainsi la concentration C_{aq} de l'acide benzoïque dans cette phase aqueuse, égale à $1{,}2 \times 10^{-3}$ mol · L^{-1}.

6° Calculer la quantité de matière d'acide benzoïque resté dans la phase aqueuse.

7° En déduire la quantité de matière d'acide benzoïque passé dans la phase organique, ainsi que sa concentration.

8° Calculer le rendement de cette extraction.

11 DISTILLATION D'UN MÉLANGE D'ACIDES ★★ 30 min (corrigés p. 125)

On désire séparer un mélange d'acides comprenant de l'acide éthanoïque, de l'acide méthanoïque et de l'acide propanoïque.
Dans le ballon, on a introduit 20 mL d'acide éthanoïque, 30 mL d'acide méthanoïque, 20 mL d'acide propanoïque et quelques billes de verre.
Pour cela, on veut procéder à la distillation du mélange.

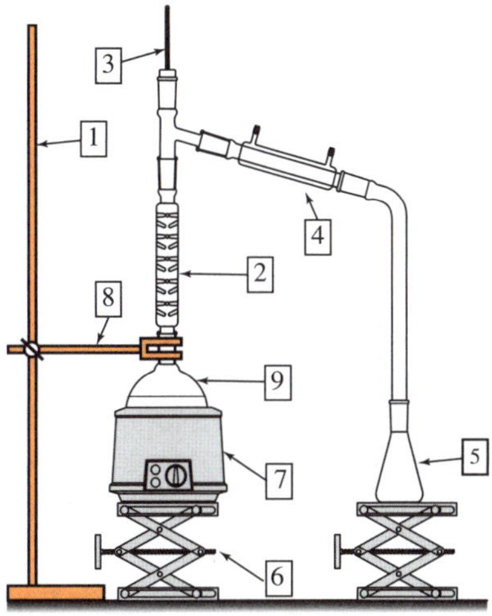

1° Rappeler le principe de la distillation.

2° Légender le schéma du montage de distillation simple ci-contre.

3° Quel est le rôle des billes de verre ?

4° Justifier les positions d'entrée et de sortie d'eau dans le réfrigérant.

5° On recueille un premier liquide au bout d'un certain temps.
Le volume de distillat obtenu est $V = 19{,}5$ mL.
Quelle température devrait indiquer le thermomètre ? En déduire la nature du produit obtenu.
Puis la température augmente de nouveau, et on recueille un liquide dans un autre récipient.

6° Quelle est la nature de ce second liquide ?

Ensuite, lorsque la température augmente, on arrête le chauffage.

On récupère le produit restant dans le ballon.

7° Comment peut-on éliminer les billes de verre (indiquer le montage et la méthode) ?

Données :

Acide	**méthanoïque**	**éthanoïque**	**propanoïque**
Température de fusion (°C)	8,3	17	–21
Température d'ébullition (°C)	101	118	141
Masse molaire ($g \cdot mol^{-1}$)	46	60	74

Pour aller plus loin

12 SYNTHÈSE DE L'ACIDE SORBIQUE ★★★ 30 min (corrigés p. 125)

L'acide sorbique $CH_3-CH=CH-CH=CH-CO_2H$ est un conservateur qui peut être extrait des baies du sorbier ; il est utilisé pour bloquer le développement de levures et de moisissures.

Il peut être synthétisé à partir de la réaction entre la crotonaldéhyde $CH_3-CH=CH-CHO$ et l'acide malonique $HOOC-CH_2-COOH$ en présence de pyridine C_5H_5N.

Une synthèse est réalisée sous la hotte, par chauffage à reflux pendant une heure, de 4,00 g de crotonaldéhyde, de 6,00 g d'acide malonique et de 6,0 g de pyridine. Après refroidissement et addition de 10 mL d'acide sulfurique à 8 mol · L^{-1}, on filtre le mélange obtenu et on rince à l'eau froide l'acide sorbique formé.

Après purification, essorage et séchage à l'étuve, on pèse une masse m = 1,96 g d'acide sorbique fondant à 134 °C.

1° Écrire l'équation de la réaction de synthèse de l'acide sorbique sachant qu'il se forme également du dioxyde de carbone et de l'eau.

2° Déterminer les quantités de matière initiales des réactifs.

3° En déduire le rendement de la synthèse.

Données : M(C) = 12,0 g · mol^{-1} ; M(C) = 16,0 g · mol^{-1} ; M(H) = 1,0 g · mol^{-1}.

13 L'ACIDE VALÉRIQUE ★★★★ 45 min (corrigés p. 126)

L'acide valérique est le nom courant d'un acide carboxylique présent en grande quantité dans les racines d'une plante, la valériane.

Dans l'industrie, on synthétise l'acide valérique, noté *A*, par oxydation ménagée d'un alcool qu'on notera *B*. Le nom courant de *B* est « alcool amylique », sa formule est $C_5H_{12}O$ et sa chaîne carbonée est linéaire.

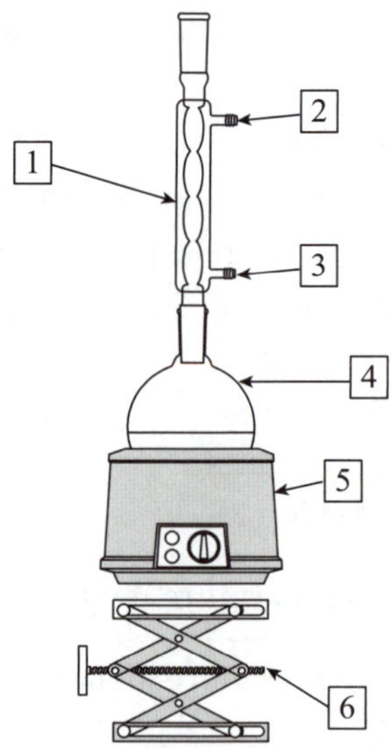

1° Donner le nom et la formule d'un réactif qui pourrait permettre l'oxydation ménagée de *B* en *A*.

Expliquer pourquoi *B* ne peut être que le pentan-1-ol.

2° En déduire le nom et la formule semi-développée de l'acide valérique.

3° Donner le nom et la formule semi-développée de tous les acides carboxyliques isomères de *A*.

Pour extraire l'acide valérique de la racine de valériane, on propose le protocole suivant :

Étape 1 : introduire dans un ballon la racine de valériane hachée menu, ajouter 100 mL d'eau et des grains de pierre ponce. Placer le ballon dans un chauffe-ballon et surmonter le ballon d'un réfrigérant à eau.

Étape 2 : porter le mélange à ébullition et maintenir l'ébullition durant 30 min.

Étape 3 : refroidir à 20 °C, puis filtrer le contenu du ballon.

4° Légender le schéma du montage de l'étape 2 en indiquant le sens de circulation de l'eau dans le réfrigérant. Comment s'appelle ce montage ?

5° Quel est le rôle de la pierre ponce ?

Afin de vérifier la quantité d'acide valérique extraite de la valériane, on le fait réagir avec une solution d'hydroxyde de sodium de concentration $C' = 5{,}00 \times 10^{-2}$ mol · L^{-1}. Pour cela, on prélève du milieu de réaction 10 mL qui réagissent avec un volume d'hydroxyde de sodium $V' = 18$ mL.

6° Écrire l'équation de la réaction entre l'acide valérique et l'hydroxyde de sodium.

7° Calculer la concentration molaire en acide valérique.

8° En déduire la concentration massique dans le milieu réactionnel.

9° D'après le résultat précédent et grâce aux données, peut-on qualifier le filtrat « d'homogène » ? Justifier la réponse.

10° Calculer le rendement d'extraction sachant 20 g de racine de valériane ont été introduits.

Données : M(acide valérique) = 102 g · mol^{-1} ; température de fusion : –35 °C ; température d'ébullition : 186 °C ; solubilité dans l'eau à 20 °C : $s = 33$ g · L^{-1} ; densité à 20 °C : $d = 0{,}94$.

14 PRÉPARATION D'UN COMPOSÉ ORGANIQUE ★★★★ 45 min (corrigés p. 128)

Dans un ballon bicol de 250 mL, on introduit environ 15 mL de soude à 1 mol · L^{-1}, puis $V = 2{,}0$ mL de benzaldéhyde(C_6H_5CHO) et, enfin, quelques grains de pierre ponce. On adapte un réfrigérant à reflux et une ampoule de coulée, dans laquelle on verse $V_1 = 40$ mL de solution de permanganate de potassium à $C_1 = 0{,}35$ mol · L^{-1}.

À l'aide d'un chauffe-ballon placé sur un plateau à crémaillère, on porte le mélange réactionnel à ébullition douce, puis on ajoute goutte à goutte la solution oxydante. Un précipité marron de dioxyde de manganèse MnO_2 se forme. En fin d'addition, on laisse bouillir pendant environ 5 minutes. Pour réduire le permanganate de potassium introduit en excès, on ajoute quelques gouttes d'éthanol jusqu'à disparition de la teinte violacée de la phase liquide. On retire le ballon du chauffe-ballon tout en maintenant le reflux. Après refroidissement, on filtre le mélange sur un filtre Buchner : le filtrat est limpide. On le verse alors dans un erlenmeyer contenant 10 mL d'acide chlorhydrique à 5 mol · L^{-1}.

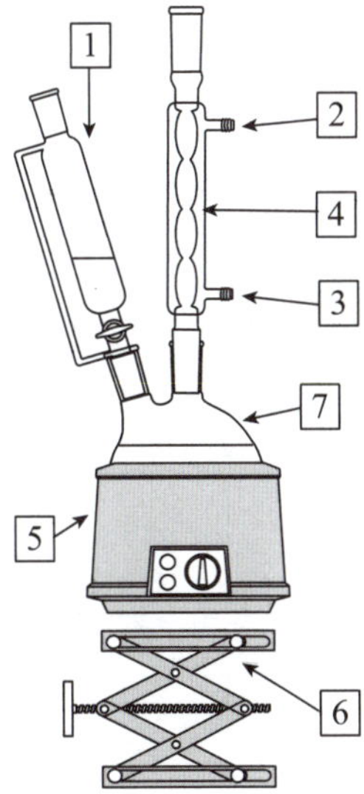

L'acide benzoïque (C_6H_5COOH) précipite ; on place l'erlenmeyer dans un bain eau-glace pour favoriser la précipitation. On filtre alors le mélange sur Buchner ; le solide obtenu est rincé, puis séché à l'étuve. Une fois sec, il est pesé ; on trouve $m = 1{,}85$ g.

1° Identifier les différents éléments du montage.

Les demi-équations électroniques des couples mis en jeu sont :

(MnO_4^-/MnO_2) : $MnO_4^- + 3\,e^- + 2\,H_2O = MnO_2 + 4\,HO^-$

$C_6H_5COO^-/C_6H_5CHO$: $C_6H_5CHO + 3\,HO^- = C_6H_5COO^- + 2\,H_2O + 2\,e^-$

2° En déduire l'équation de réaction de la transformation chimique qui se déroule dans le ballon.

3° Montrer que l'ion permanganate a été introduit en excès.

4° Lors de la première filtration, quel solide élimine-t-on ?

5° Expliquer la précipitation de l'acide benzoïque lors de l'acidification de la solution.

Pourquoi cette précipitation est-elle favorisée à basse température ?

6° Déterminer le rendement de la synthèse.

Afin de vérifier que le produit obtenu est bien de l'acide benzoïque, on réalise une chromatographie sur couche mince. On prépare une solution d'acide benzoïque pur *A*, de benzaldéhyde pur *B* et du produit de la synthèse *C*. L'éluant utilisé est un mélange de cyclohexane et d'acétone dans les proportions (65/35).
Dans ces conditions $R_{\text{f(benzaldéhyde)}} = 0{,}75$ et $R_{\text{f(acide benzoïque)}} = 0{,}25$.

7° a) Dessiner le chromatogramme obtenu dans l'hypothèse où l'acide benzoïque obtenu est pur.

b) Dessiner le chromatogramme obtenu dans l'hypothèse où l'acide benzoïque obtenu contient encore des traces de benzaldéhyde.

Données : $M(\text{C}) = 12\ \text{g} \cdot \text{mol}^{-1}$; $M(\text{O}) = 16\ \text{g} \cdot \text{mol}^{-1}$; $M(\text{H}) = 1\ \text{g} \cdot \text{mol}^{-1}$;

masse volumique du benzaldéhyde : $1{,}04\ \text{g} \cdot \text{mL}^{-1}$;

solubilité dans l'eau de l'acide benzoïque :

- $2{,}4\ \text{g} \cdot \text{L}^{-1}$ à 20 °C ;
- $68\ \text{g} \cdot \text{L}^{-1}$ à 95 °C ;

solubilité dans l'eau du benzoate de sodium : $400\ \text{g} \cdot \text{L}^{-1}$ à 20 °C.

L'interrogation écrite

15 SYNTHÈSE DE L'ACIDE BENZYLIQUE 45 min *(corrigés p. 129)*

L'acide benzylique est un insecticide très utilisé dès les années 1950. Sa formule semi-développée est donnée ci-dessous :

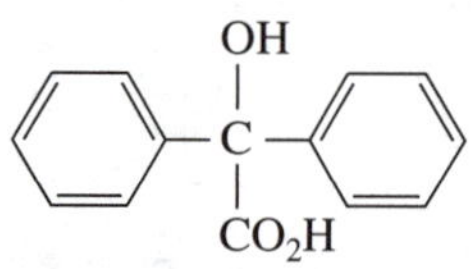

acide benzylique

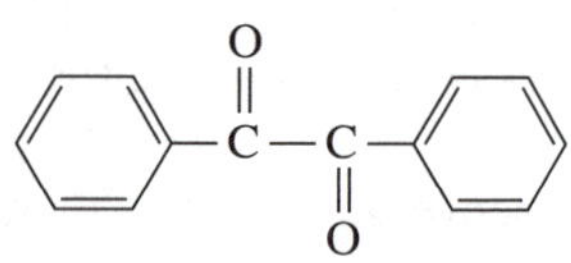

benzyle

Données : masses molaires (en $\text{g} \cdot \text{mol}^{-1}$) : $M(\text{H}) = 1{,}0$; $M(\text{C}) = 12{,}0$; $M(\text{O}) = 16{,}0$; $M(\text{K}) = 39{,}1$;

formule brute du benzyle : $C_{14}H_{10}O_2$;

formule brute de l'acide benzylique : $C_{14}H_{12}O_3$;

température de fusion du benzyle : 94 °C.

Description du protocole :

Dans un ballon monocol, on introduit 2,5 g de benzyle, puis 30 mL d'une solution d'hydroxyde de potassium (ou potasse) qui contient des ions $K^+(aq)$ et $HO^-(aq)$ de concentration $c = 0{,}5\ \text{mol} \cdot \text{L}^{-1}$ et, enfin, quelques grains de pierre ponce. On ajuste un réfrigérant à eau au monocol dont le contenu est chauffé à l'aide d'un chauffe-ballon. Le mélange est alors porté à reflux pendant dix minutes. Après un traitement avec de l'acide chlorhydrique, un solide précipite dans le milieu réactionnel. Ce solide est alors filtré sous pression réduite, puis séché à l'étuve.

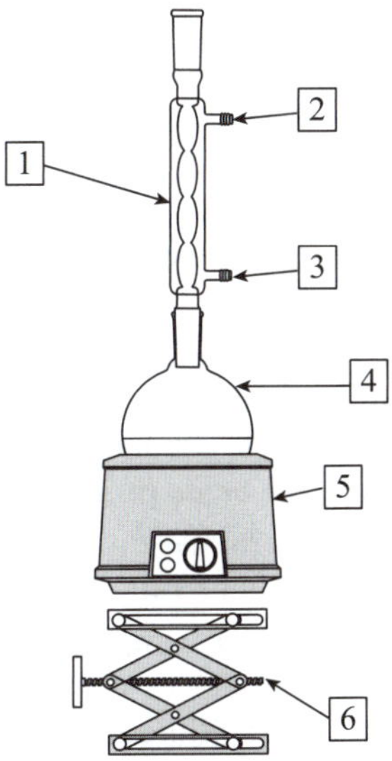

1° Entourer les groupes caractéristiques de l'acide benzylique et les nommer.

2° On prépare la solution d'hydroxyde de potassium par dissolution de pastilles d'hydroxyde de potassium dans l'eau.

a) Quelle masse d'hydroxyde de potassium a-t-il fallu dissoudre pour obtenir une solution de 100 mL de concentration $c = 0{,}5\ \text{mol} \cdot \text{L}^{-1}$?

b) Décrire, en précisant la verrerie utilisée, le protocole pour préparer cette solution.

La synthèse de l'acide benzylique à partir du benzyle se réalise en deux étapes. Lors de la première étape, le benzyle est oxydé à l'état d'ion benzylate $C_{14}H_{11}O_3^-$ selon l'équation :

$$C_{14}H_{10}O_2(s) + HO^-(aq) = C_{14}H_{11}O_3^-(aq)$$

La seconde étape fait intervenir l'ion benzylate $C_{14}H_{11}O_3^-$ tout juste produit qui réagit avec des ions oxonium pour donner, entre autres, de l'acide benzylique solide :

$$C_{14}H_{11}O_3^-(aq) + H_3O^+(aq) = C_{14}H_{12}O_3(s) + H_2O(l)$$

3° Étude de la première étape

a) Calculer les quantités de matière initiales en benzyle et en ion hydroxyde.

b) Construire le tableau d'évolution d'avancement correspondant à la transformation du benzyle en benzylate.

c) Déterminer l'avancement maximal, noté x_{max}, et préciser le réactif limitant.

4° a) Légender le schéma du montage de chauffage à reflux donné ci-avant.

b) Préciser l'avantage de la filtration sous pression réduite par rapport à une filtration simple.

5° a) Le solide obtenu est caractérisé par sa température de fusion qui est égale à 150 °C. L'acide benzylique pur a un point de fusion égal à 150 °C. Qu'en conclure quant à la nature du solide obtenu ?

b) La masse de solide obtenu est de 2,05 g. Calculer l'avancement final, noté x_f, ainsi que le rendement de cette réaction. En déduire le caractère total ou limité de cette réaction.

CORRIGÉS

Tester ses connaissances

1 1° Le groupement caractéristique des acides carboxyliques est le groupe **carboxyle**.

2° La fonction acide carboxylique est toujours **au bout de la chaîne carbonée principale**.

3° Pour nommer un acide carboxylique, **le nom de la fonction principale –oïque est donné comme suffixe avec le terme *acide* précédant le nom**.

4° La terminaison du nom d'un acide carboxylique est **–oïque**.

5° Pour les composés présentant deux fonctions acides carboxyliques, le nom utilisé est **–dioïque**.

2 Affirmations **vraies** : **1° ; 2° et 4°.**

Correction de l'affirmation fausse : 3° Les acides carboxyliques réagissent avec l'eau pour former **des ions carboxylate**.

3 Affirmations **vraies** : **2° et 4°.**

Correction des affirmations fausses :

1° On ne peut pas oxyder un acide carboxylique en aldéhyde (il s'agit d'une **réduction**).

3° Le pH d'une solution acide est **inférieur** à 7.

Maîtriser les méthodes

4 • Acide propanoïque :

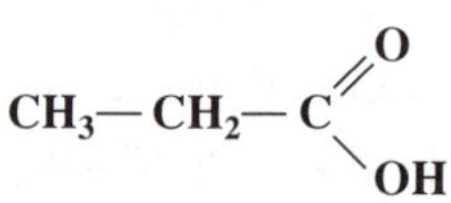

• acide 2,3-diméthylpentanoïque :

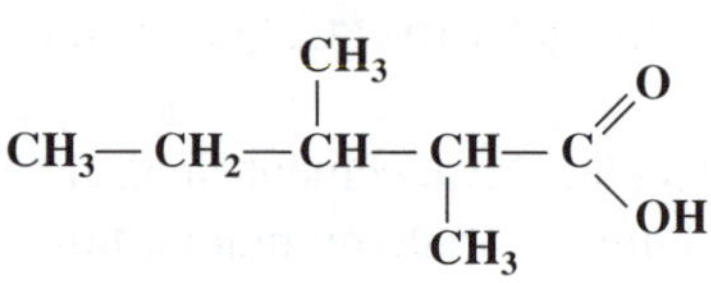

• acide 2-éthyl-2,4-diméthylheptanedioïque :

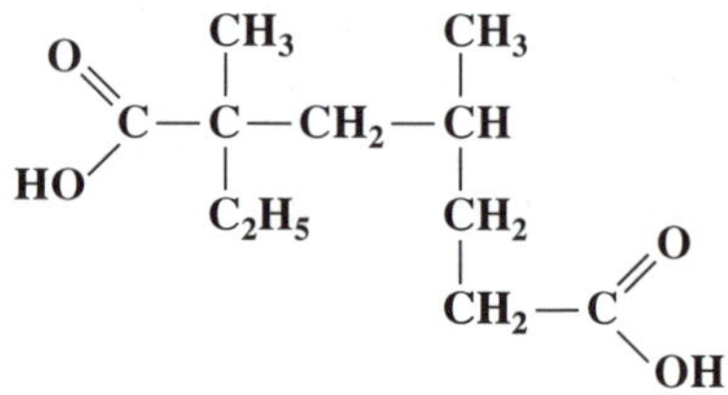

• acide 3-propylhexanoïque :

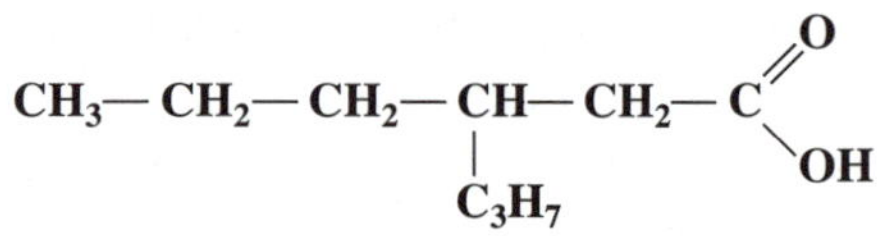

Exercice 4 : conseils à retenir

Pour représenter une molécule, il faut savoir à quel nombre d'atomes de carbone correspond le suffixe.

Par exemple, pour la molécule d'acide propanoïque, le préfixe **prop-** correspond à **3 atomes de carbone** que l'on dispose en ligne.

Le nom de cette molécule se termine par **-oïque**, c'est donc un acide carboxylique.

Il faut donc placer la fonction principale en bout de chaîne en choisissant de façon arbitraire l'un des deux côtés.

On rajoute ensuite les substituants dont le nombre et la position sont indiqués au début de la formule.

Comme pour les aldéhydes, la numérotation des atomes de carbone se fait obligatoirement à partir de l'atome de carbone qui porte la fonction carboxyle.

Sachant que les atomes de carbone sont tétravalents, on complète alors en rajoutant des atomes d'hydrogène autour des atomes de carbone afin que chaque atome de carbone forme 4 liaisons.

5

1°

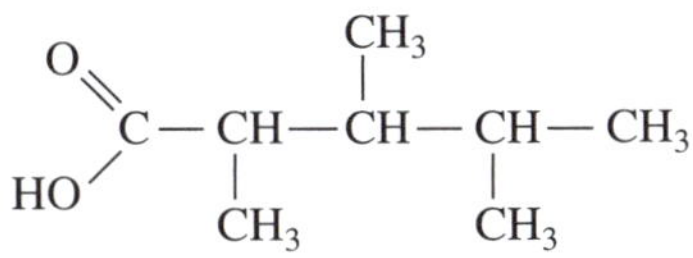

acide 2,3,4-triméthylpentanoïque

2°

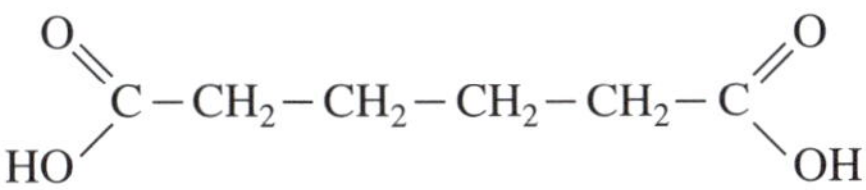

acide hexanedioïque

3°

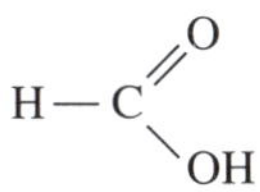

acide méthanoïque

4°

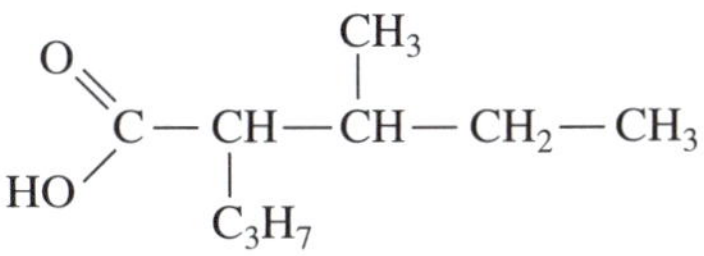

acide 3-méthyl-2-propylpentanoïque

6 1° Cet acide se nomme :

acide 2-méthylpentanoïque.

2° La formule brute de ce composé est :

$$\mathbf{C_6H_{12}O_2}.$$

3° Calcul de la masse molaire de ce composé :

$$M(\mathrm{C_6H_{12}O_2}) = M(\mathrm{C}) \times 6 + M(\mathrm{H}) \times 12 + M(\mathrm{O}) \times 2$$
$$= 12 \times 6 + 1 \times 12 + 16 \times 2$$
$$= \mathbf{116\ g \cdot mol^{-1}}.$$

4° Le pourcentage massique de carbone dans cette molécule est donc de :

$$P(\mathrm{C}) = \frac{12 \times 6}{116} \times 100 = \mathbf{62{,}1\ \%}.$$

On procède de la même façon pour l'hydrogène et l'oxygène :

$$P(\mathrm{H}) = \frac{1 \times 12}{116} \times 100 = \mathbf{10{,}3\ \%}$$

et $$P(\mathrm{O}) = \frac{16 \times 2}{116} \times 100 = \mathbf{27{,}6\ \%}.$$

Exercice 6 : conseils à retenir

- Pour représenter la formule brute, il faut uniquement compter chaque type d'atome.
- Pour calculer le pourcentage, il ne faut pas oublier de multiplier par 100.

S'entraîner

7 1° L'alcool correspondant à l'acide butanoïque est le butanol :

$$\mathrm{CH_3{-}CH_2{-}CH_2{-}CH_2OH}.$$

Formule brute de l'alcool : $C_4H_{10}O$.

Formule semi-développée de l'acide : $\mathrm{CH_3{-}CH_2{-}CH_2{-}COOH}$.

Formule brute de l'acide : $C_4H_8O_2$.

Les demi-équations électroniques sont :

- Couples MnO_4^-/Mn^{2+} :

$$\mathbf{MnO_4^- + 8\ H^+ + 5\ e^- = Mn^{2+} + 4\ H_2O}\ (\times 4)$$

- $C_4H_8O_2/C_4H_{10}O$:

$$\mathbf{C_4H_{10}O + H_2O = C_4H_8O_2 + 4\ H^+ + 4\ e^-}\ (\times 5)$$

2° L'équation de cette réaction est :

$$\mathbf{4\ MnO_4^- + 12\ H^+ + 5\ C_4H_{10}O \rightarrow 4\ Mn^{2+} + 11\ H_2O + 5\ C_4H_8O_2}$$

3° Afin d'obtenir de l'acide butanoïque par oxydation, le réactif de départ doit être un **alcool primaire**. C'est donc du butanol.

$$\mathbf{CH_3{-}CH_2{-}CH_2{-}CH_2{-}OH}$$

4° a) On calcule la quantité d'acide butanoïque que l'on veut obtenir :

$$M(\mathrm{C_4H_8O_2}) = M(\mathrm{C}) \times 4 + M(\mathrm{H}) \times 8 + M(\mathrm{O}) \times 2$$
$$= 12 \times 4 + 1 \times 8 + 16 \times 2$$
$$= 88\ \mathrm{g \cdot mol^{-1}}.$$

$$n(\mathrm{C_4H_8O_2}) = \frac{m(\mathrm{C_4H_8O_2})}{M(\mathrm{C_4H_8O_2})} = \frac{1{,}0}{88}$$
$$= 0{,}0114\ \mathrm{mol} \approx 1{,}1 \times 10^{-2}\ \mathrm{mol}.$$

Équation chimique		$4\ MnO_4^- + 12\ H^+ + 5\ C_4H_{10}O \rightarrow 4\ Mn^{2+} + 5\ C_4H_8O_2 + 11\ H_2O$					
État du système	Avancement	Quantité de matière (mol)					
État initial	0	$n(MnO_4^-)$		$n(C_4H_{10}O)$	$n(Mn^{2+}) = 0$	$n(C_4H_8O_2) = 0$	
En cours	x	$n(MnO_4^-) - 4x$		$n(C_4H_{10}O) - 5x$	$4x$	$5x$	
État final	x_{max}	$n(MnO_4^-) - 4x_{max}$		$n(C_4H_{10}O) - 5x_{max}$	$4x_{max}$	$5x_{max}$	

Tout l'alcool réagit :
$n(C_4H_{10}O) - 5x_{max} = 0$, d'où
$n(C_4H_{10}O) = 5x_{max}$; or, la quantité d'acide obtenue est égale à 0,0114 mol = $5x_{max}$.
On en déduit donc que :

$$n(C_4H_{10}O) = 0{,}0114 \text{ mol.}$$

La masse de butanol nécessaire est égale à :
$m(C_4H_{10}O) = n(C_4H_{10}O) \cdot M(C_4H_{10}O)$.
Masse molaire du butanol :
$M(C_4H_{10}O)$
$= M(C) \times 4 + M(H) \times 10 + M(O)$
$= 74 \text{ g} \cdot \text{mol}^{-1}$.
D'où
$m(C_4H_{10}O) = 0{,}0114 \times 74 = 0{,}84$ g.
Il faudra au minimum 0,84 g de butanol à oxyder pour produire 1,0 g d'acide butanoïque.

b) D'après le tableau précédent :

$$x_{max} = \frac{0{,}0114}{5} = 0{,}00228 \text{ mol.}$$

Tout le permanganate de potassium réagit.
D'où $n(MnO_4^-) - 4x_{max} = 0$
et $n(MnO_4^-) = 4x_{max}$,

$n(MnO_4^-) = 4 \times 0{,}00228 = 0{,}00912$ mol.

Volume de permanganate de potassium :

$n(MnO_4^-) = V(MnO_4^-) \cdot C$, soit :

$$V(MnO_4^-) = \frac{n(MnO_4^-)}{C} = \frac{0{,}00912}{0{,}5}$$
$$= 0{,}018 \text{ L ;}$$

Il faudra introduire 18 mL de permanganate de potassium pour oxyder le butanol.

8 **1°** L'équation de combustion complète de cet acide carboxylique est :

$$\mathbf{C_xH_yO_z + \left(x + \frac{y}{4} - \frac{z}{2}\right) O_2 \rightarrow x\ CO_2 + \left(\frac{y}{2}\right) H_2O}$$

2° Calculons les quantités de matière des produits.

$$n(CO_2) = \frac{m(CO_2)}{M(CO_2)},$$

or $M(CO_2) = M(C) + 2 \times M(O)$
$= 44 \text{ g} \cdot \text{mol}^{-1}$.

d'où $\mathbf{n(CO_2)} = \frac{3{,}43}{44} = \mathbf{0{,}078\ mol}$.

$$n(H_2O) = \frac{m(H_2O)}{M(H_2O)},$$

or $M(H_2O) = M(O) + 2 \times M(H)$
$= 18 \text{ g} \cdot \text{mol}^{-1}$.

d'où $\mathbf{n(H_2O)} = \frac{0{,}94}{18} = \mathbf{0{,}052\ mol}$.

Les quantités de matière d'eau et de dioxyde de carbone respectivement obtenues sont 0,052 mol et 0,078 mol.

3° Lors de cette combustion, la quantité d'acide malonique qui a réagi est :

$$n(C_xH_yO_z) = \frac{m(C_xH_yO_z)}{M(C_xH_yO_z)}.$$

d'où $n(C_xH_yO_z) = \frac{2{,}70}{104} = 0{,}026$ mol.

La quantité d'acide malonique qui a réagi est 0,026 mol.

De plus, d'après l'équation de la réaction, une mole de composé *A* fournit x moles de dioxyde de carbone et $\frac{y}{2}$ moles d'eau, ainsi :

$$n(C_xH_yO_z) = \frac{n(CO_2)}{x},$$

d'où $x = \dfrac{n(CO_2)}{n(C_xH_yO_z)}$.

Par suite : $x = \dfrac{0{,}078}{0{,}026} = 3$.

$$n(C_xH_yO_z) = \frac{n(H_2O)}{\frac{y}{2}},$$

d'où $y = \dfrac{2 \times n(H_2O)}{n(C_xH_yO_z)}$.

Ainsi $y = \dfrac{2 \times 0{,}052}{0{,}026} = 4$.

Les valeurs de x et de y sont donc respectivement 3 et 4.

4° Trouvons la valeur de z grâce à l'expression de la masse molaire du composé $(C_xH_yO_z)$:

$$M(C_xH_yO_z) = x \cdot M(C) + y \cdot M(H) + z \cdot M(O).$$

D'où :

$$z = \frac{M(C_xH_yO_z) - (x \cdot M(C) + y \cdot M(H))}{M(O)}.$$

$$z = \frac{104 - (3 \times 12 + 4 \times 1)}{16} = 4.$$

La formule brute de ce composé est : $\mathbf{C_3H_4O_4}$.

5° Ce composé est l'**acide propanedioïque** dont la formule semi-développée est :

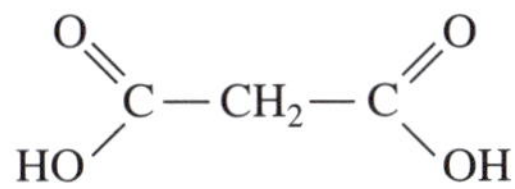

9 **1°** L'équation de la réaction entre l'acide éthanoïque et l'hydroxyde de sodium est :

$$CH_3{-}COOH + (Na^+ + HO^-) \rightarrow CH_3{-}COO^- + H_2O + Na^+$$

que l'on peut écrire :

$$\mathbf{CH_3{-}COOH + HO^- \rightarrow CH_3{-}COO^- + H_2O},$$

car l'ion Na^+ est un ion spectateur.

2°

Équation chimique		$CH_3{-}COOH$	$+ \quad HO^-$	$\rightarrow CH_3{-}COO^-$	$+ \quad H_2O$
État du système	Avancement	Quantité de matière (mol)			
État initial	0	$n(CH_3{-}COOH)$	$n(HO^-)$	0	0
En cours	x	$n(CH_3{-}COOH) - x$	$n(HO^-) - x$	x	x
État final	x_{max}	$n(CH_3{-}COOH) - x_{max}$	$n(HO^-) - x_{max}$	x_{max}	x_{max}

Les quantités de matière sont introduites dans les proportions stœchiométriques :

$n(CH_3{-}COOH) - x_{max} = 0$

et $n(HO^-) - x_{max} = 0$;

on en déduit $n(CH_3{-}COOH) = x_{max}$

et $n(HO^-) = x_{max}$.

Or $n(HO^-) = C_{(NaOH)} \cdot V_{(NaOH)}$,

d'où $\boldsymbol{n(CH_3{-}COOH)} = 0{,}5 \times 0{,}012$ $\mathbf{= 0{,}006\ mol}$

d'acide éthanoïque.

3° L'équation d'oxydation de l'éthanol $(CH_3{-}CH_2{-}OH)$ en acide éthanoïque $(CH_3{-}COOH)$ est :

$$CH_3{-}CH_2{-}OH + O_2 \rightarrow CH_3{-}COOH + H_2O$$

Équation chimique		$CH_3—CH_2—OH$ +	O_2	→ $CH_3—COOH$ +	H_2O
État du système	Avancement	Quantité de matière (mol)			
État initial	0	$n(CH_3—CH_2—OH)$	$n(O_2)$	0	0
En cours	x	$n(CH_3—CH_2—OH) - x$	$n(O_2) - x$	x	x
État final	x_{max}	$n(CH_3—CH_2—OH) - x_{max}$	$n(O_2) - x_{max}$	x_{max}	x_{max}

Tout l'éthanol ayant réagi et le dioxygène étant en excès :
$n(CH_3—CH_2—OH) - x_{max} = 0$;
$x_{max} = n(CH_3—CH_2—OH)$. Or, on a produit 0,006 mol d'acide éthanoïque.
D'où $n(CH_3—CH_2—OH) = x_{max} = 0{,}006$ mol.

0,006 mol d'acide éthanoïque proviennent de l'oxydation de **0,006 mol d'éthanol**.
Soit une **masse de** 46 × 0,006 = **0,28 g**.

4° Calcul du rendement de cette oxydation :
Le vin étant un vin à 12°, dans 10 mL de vin, il y a 1,2 mL d'éthanol, soit une quantité de matière de :

$$n(\text{éthanol}) = \frac{m(\text{éthanol})}{M(\text{éthanol})};$$

$$m(\text{éthanol}) = \rho(\text{éthanol}) \cdot V(\text{éthanol});$$

or $d = \dfrac{\rho(\text{éthanol})}{\rho(\text{eau})}$,

d'où $\rho(\text{éthanol}) = d \cdot \rho(\text{eau})$;

$$n(\text{éthanol}) = \frac{m(\text{éthanol})}{M(\text{éthanol})} = \frac{d \cdot V(\text{éthanol})}{M(\text{éthanol})} \cdot \rho(\text{eau});$$

$$\rho(\text{eau}) = 1\ 000 \text{ kg} \cdot \text{m}^{-3} = 1 \text{ g} \cdot \text{cm}^{-3} = 1 \text{ g} \cdot \text{mL}^{-1}.$$

$$n(\text{éthanol}) = \frac{0{,}8 \times 1{,}2}{46} = 0{,}021 \text{ mol};$$

$n(\text{éthanol}) = 0{,}021$ mol.

Le rendement d'une synthèse est donné par :

$$R = \frac{\text{quantité éthanol oxydée}}{\text{quantité éthanol initiale}} \times 100.$$

$$R = \frac{0{,}006}{0{,}021} \times 100 = 28{,}6\ \%.$$

Pour cette oxydation, le rendement est de 29 %.

5° La masse d'acide éthanoïque est donnée par la relation :
$m(CH_3—COOH) = n(CH_3—COOH) \cdot M(CH_3—COOH)$.
$M(CH_3—COOH) = 60 \text{ g} \cdot \text{mol}^{-1}$.
D'où :
$m(CH_3—COOH) = 0{,}006 \times 60 = 0{,}36$ g pour 10 g de vinaigre,
ainsi, pour 100 g de vinaigre, il y aura 3,6 g d'acide éthanoïque, soit un **degré d'acidité de 3,6°**.

10 1° Pour extraire l'acide benzoïque d'une boisson, il faut que l'acide benzoïque soit soluble dans le solvant d'extraction choisi. **Ce solvant ne doit pas être miscible avec l'eau et avoir une densité différente de celle de l'eau**. Par ailleurs, l'acide benzoïque ne doit pas réagir avec le solvant d'extraction.

2° D'après le tableau, le **dichlorométhane** et l'**éther éthylique peuvent être choisis**.

3° La quantité de matière d'acide benzoïque est $n_0 = V_0 \cdot C_0 = 0{,}03 \times 0{,}024$
$= \mathbf{7{,}2 \times 10^{-4}}$ **mol.**

4° **On ouvre le robinet pour dégazer le mélange**. Il est nécessaire de répéter l'opération.

5° **Le liquide le moins dense (l'éther éthylique) contenant la majorité de l'acide benzoïque occupe la partie supérieure. La partie inférieure est constituée essentiellement par l'eau.**
Pour recueillir la phase organique, on fait d'abord couler la phase aqueuse dans un récipient, puis ensuite la phase

organique dans un autre. Pour séparer l'acide du solvant (éther), on procède à l'évaporation de l'éther très volatil, dans un évaporateur rotatif par exemple.

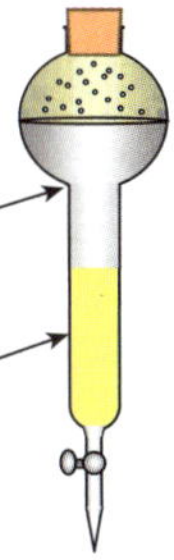

6° **La quantité de matière d'acide benzoïque restant dans la phase aqueuse** vaut :

$$n = V_1 \cdot C_{aq} = 0,03 \times 1,2 \times 10^{-3}$$
$$= \mathbf{3,6 \times 10^{-5}\ mol.}$$

7° **La quantité de matière d'acide benzoïque passé dans la phase organique** vaut :

$$n_{org} = 7,2 \times 10^{-4} - 3,6 \times 10^{-5}$$
$$= \mathbf{6,8 \times 10^{-4}\ mol.}$$

La concentration en acide benzoïque dans cette phase organique est :

$$C_{org} = \frac{n_{org}}{V} = \frac{6,8 \times 10^{-4}}{0,015}\ ;$$

$$\boldsymbol{C_{org} = 4,5 \times 10^{-2}\ mol \cdot L^{-1}.}$$

8° Le rendement de cette extraction est :

$$R = \frac{n_{org} \times 100}{n_0} = \frac{6,8 \times 10^{-4}}{7,2 \times 10^{-4}} \times 100,$$

soit $\boldsymbol{R = 94\ \%}$.

11 1° La **distillation** est un procédé de séparation de deux ou de plusieurs substances liquides. Le procédé de distillation utilise la différence de température d'ébullition entre les liquides à séparer. Pendant qu'un liquide se vaporise, l'autre n'atteint pas sa température d'ébullition et reste liquide. La vapeur ainsi produite peut être condensée pour donner le **distillat**, et la substance restante est appelée le **résidu**.

2° **1. Support 2. Tête de colonne 3. Thermomètre 4. Réfrigérant 5. Erlenmeyer 6. Support élévateur 7. Chauffe-ballon 8. Pince**

3° **Les billes de verre servent à réguler l'ébullition**, comme la pierre ponce.

4° **Dans le condenseur** (le réfrigérant), **l'arrivée d'eau se fait par le bas et la sortie d'eau par le haut. Cette technique permet de remplir complètement le tube réfrigérant et donc d'avoir une meilleure efficacité de réfrigération.**

5° Le thermomètre devrait indiquer une valeur de **101° C** correspondant à la température d'ébullition de l'**acide méthanoïque**.

6° Ce second liquide est de l'**acide éthanoïque**, car sa température d'ébullition est intermédiaire entre celle de l'acide méthanoïque et celle de l'acide propanoïque.

7° **On peut éliminer les billes de verre à l'aide d'un montage de filtration à l'aide de papier plissé en forme de filtre. On dispose le filtre sur un entonnoir, puis on verse le liquide resté dans le ballon. Les billes de verre devraient rester dans le filtre.**

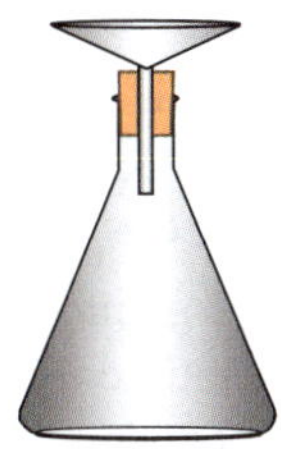

Pour aller plus loin

12 1° L'équation de la réaction de synthèse de l'acide sorbique est :

$$\mathbf{CH_3-CH=CH-CHO}$$
$$\mathbf{+\ HOOC-CH_2-COOH \rightarrow}$$
$$\mathbf{CH_3-CH=CH-CH=CH-CO_2H}$$
$$\mathbf{+\ CO_2 + H_2O}$$

2° Détermination des quantités de matière initiales des réactifs :

Masse molaire du crotonaldéhyde :

$$M_{\text{croto.}} = 12 \times 4 + 1 \times 6 + 16 \times 1$$
$$= 70 \text{ g} \cdot \text{mol}^{-1}.$$

Masse molaire de l'acide malonique :

$$M_{\text{ac. mal}} = 12 \times 3 + 1 \times 4 + 16 \times 4$$
$$= 104 \text{ g} \cdot \text{mol}^{-1}.$$

$$n^i_{\text{croto.}} = \frac{m_{\text{croto.}}}{M_{\text{croto.}}} = \frac{4{,}00}{70{,}0} = \mathbf{0{,}0571\ mol.}$$

$$n^i_{\text{ac. mal.}} = \frac{m_{\text{ac. mal.}}}{M_{\text{ac. mal.}}} = \frac{6{,}00}{104{,}0} = \mathbf{0{,}0577\ mol}.$$

À l'instant initial, les quantités de matière du crotonaldéhyde et de l'acide malonique introduits sont respectivement de 0,0571 mol et 0,0577 mol.

3° On considère la réaction comme totale.

Équation chimique		$CH_3-CH=CH-CHO + HOOC-CH_2-COOH \rightarrow CH_3-CH=CH-CH=CH-CO_2H + CO_2 + H_2O$				
État du système	Avancement	Quantité de matière (mol)				
État initial	0	$5{,}71 \times 10^{-2}$	$5{,}77 \times 10^{-2}$	0	/	/
En cours	x	$5{,}71 \times 10^{-2} - x$	$5{,}77 \times 10^{-2} - x$	x	/	/
État final	x_{max}	$5{,}71 \times 10^{-2} - x_{max}$	$5{,}77 \times 10^{-2} - x_{max}$	x_{max}	/	/

Calcul de l'avancement maximal :

Si le crotonaldéhyde est le réactif limitant :

$5{,}71 \times 10^{-2} - x_{max^1} = 0$,

donc $x_{max^1} = 5{,}71 \times 10^{-2}$ mol.

Si l'acide malonique est le réactif limitant :

$5{,}77 \times 10^{-2} - x_{max^2} = 0$,

donc $x_{max^2} = 5{,}77 \times 10^{-2}$ mol.

$x_{max^1} < x_{max^2}$.

Par conséquent, $x_{max} = 5{,}71 \times 10^{-2}$ mol (le crotonaldéhyde est le réactif limitant).

Donc :

$n(\text{ac. sorb.}) = x_{max} = 5{,}71 \times 10^{-2}$ mol.

Masse molaire de l'acide sorbique :

$$M_{\text{ac. sorb.}} = 12 \times 6 + 1 \times 8 + 16 \times 2$$
$$= 112 \text{ g} \cdot \text{mol}^{-1}.$$

La quantité de matière d'acide sorbique obtenue expérimentalement est :

$$n_{\text{exp}}(\text{ac. sorb.}) = \frac{m_{\text{exp}}(\text{ac. sorb.})}{M(\text{ac. sorb.})}$$
$$= \frac{1{,}96}{112} = 0{,}0175 \text{ mol}.$$

D'où le rendement :

$$R = \frac{n_{\text{exp}}(\text{ac. sorb.})}{n_{\text{max}}(\text{ac. sorb.})} \times 100$$
$$= \frac{1{,}75 \times 10^{-2}}{5{,}71 \times 10^{-2}} \times 100 = 31\ \%.$$

Le rendement de la réaction est de 31 %.

13 1° Le réactif qui pourrait permettre l'oxydation est le **permanganate de potassium en milieu acide ($KMnO_4$)** ou encore le **dichromate de potassium ($K_2Cr_2O_7$) en milieu acide**.

Un acide carboxylique peut être obtenu par oxydation ménagée d'un alcool primaire. De plus, la chaîne carbonée principale est une chaîne linéaire possédant cinq atomes de carbone, donc cet alcool ne peut être que le pentanol (ou pentan-1-ol) dont la formule semi-développée est :

$CH_3-CH_2-CH_2-CH_2-CH_2-OH$

2° La formule semi-développée de l'acide va donc être obtenue à partir de la formule du pentanol :

$$\mathbf{CH_3-CH_2-CH_2-CH_2-COOH}$$

Cet acide carboxylique est l'**acide pentanoïque**.

3° Tous les acides carboxyliques isomères de l'acide valérique ont la même formule brute $C_5H_{10}O_2$, mais des formules semi-développées différentes :

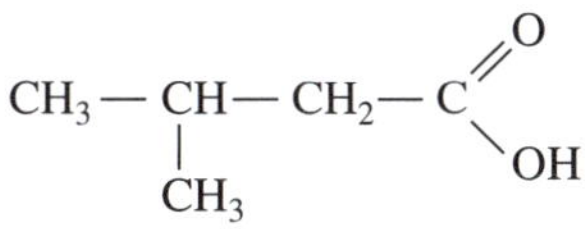

acide 3-méthylbutanoïque

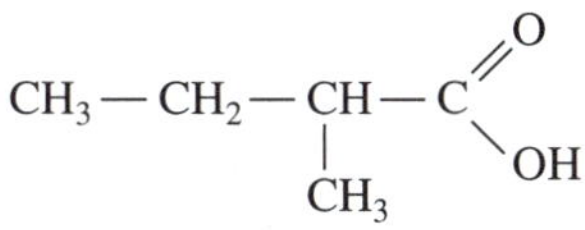

acide 2-méthylbutanoïque

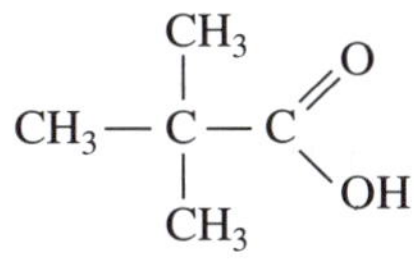

acide 2,2-diméthylpropanoïque

4° Ce montage est le **montage d'un chauffage à reflux**. Les noms des différents constituants sont donnés dans le tableau ci-dessous.

1	2	3	4	5	6
réfrigérant	sortie d'eau	entrée d'eau	ballon	chauffe-ballon	élévateur

5° **La pierre ponce sert à réguler l'ébullition.**

6° L'équation de la réaction entre l'acide valérique et l'hydroxyde de sodium s'écrit :

$$\mathbf{C_4H_9—COOH + HO^- \rightarrow C_4H_9—COO^- + H_2O}$$

7° Quantité de matière d'hydroxyde de sodium initiale lors du dosage de l'acide valérique *A*.

$$n(HO^-) = C' \cdot V' = 5{,}00 \times 10^{-2} \times 18 \times 10^{-3} = 9{,}0 \times 10^{-4} \text{ mol.}$$

Équation chimique		$C_4H_9—COOH$ +	HO^-	$\rightarrow C_4H_9—COO^-$ +	H_2O
État du système	Avancement	Quantité de matière (mol)			
État initial	0	n_A	$9{,}0 \times 10^{-4}$	0	/
En cours	x	$n_A - x$	$9{,}0 \times 10^{-4} - x$	x	/
État final	x_{max}	$n_A - x_{max}$	$9{,}0 \times 10^{-4} - x_{max}$	x_{max}	/

Les réactifs ont été introduits dans les proportions stoechiométriques, d'où :

$n_A - x_{max} = 0$ et $9{,}0 \times 10^{-4} - x_{max} = 0$,

on en déduit $x_{max} = n_A = 9{,}0 \times 10^{-4}$ mol.

$n_A = C_A \cdot V_A = 9{,}0 \times 10^{-4}$;

$$C_A = \frac{n_A}{V_A} = \frac{9{,}0 \times 10^{-4}}{10 \times 10^{-3}} = \mathbf{9{,}0 \times 10^{-2}\ mol \cdot L^{-1}}.$$

La concentration en acide valérique est de $9{,}0 \times 10^{-2}$ mol · L^{-1}.

8° La concentration massique t_A est reliée à la concentration molaire volumique par la relation :

$$t_A = C_A \cdot M_A$$

avec : t_A, la concentration massique en g · L^{-1} ;

C_A, la concentration molaire volumique en mol · L^{-1} ;

M_A, la masse molaire en g · mol^{-1}.

Ici,

$M_A = 102$ g · mol^{-1}, d'où :

$t_A = 9{,}0 \times 10^{-2} \times 102 = \mathbf{9{,}2\ g \cdot L^{-1}}$.

La concentration massique d'acide valérique est de 9,2 g · L^{-1}.

9° La solubilité de cet acide est de 33 g · L^{-1}, donc **le filtrat aura un aspect homogène, car la valeur de la concentration massique est inférieure à la valeur de la solubilité.**

10° Le rendement de cette extraction est calculé à partir de la relation :

masse d'acide valérique obtenu

$= t_A \cdot V_{\text{solution (ballon)}}$

$= 9{,}2 \times 0{,}1$

$= 0{,}92$ g.

$$R = \frac{\text{masse acide valérique obtenue}}{\text{masse de racine de valériane}} \times 100 ;$$

$$R = \frac{0{,}92}{20} \times 100 = 4{,}6\ \%.$$

Le rendement de cette extraction est de 4,6 %.

14 **1°**

1	2	3	4	5	6	7
ampoule de coulée	sortie d'eau	entrée d'eau	réfrigérant à boules	chauffe-ballon	support élévateur	ballon

2° Les demi-équations électroniques étant :

• (MnO_4^-/MnO_2) :

$MnO_4^- + 3e^- + 2\ H_2O$

$= MnO_2 + 4\ HO^-$ (×2)

• $C_6H_5COO^- / C_6H_5CHO$:

$C_6H_5CHO + 3\ HO^-$

$= C_6H_5COO^- + 2\ H_2O + 2\ e^-$ (×3)

l'équation de réaction s'écrit :

$$\mathbf{2\,MnO_4^- + 3\ C_6H_5CHO + HO^- \rightarrow 2\ MnO_2 + 3\ C_6H_5COO^- + 2\ H_2O}$$

3° Calculons les quantités de matière initiales des réactifs :

On calcule la masse molaire du benzaldéhyde C_6H_5CHO :

$M(C_6H_5CHO) = 106\ g \cdot mol^{-1}$.

$m(C_6H_5CHO)$

$= V(C_6H_5CHO) \cdot \rho(C_6H_5CHO)$

$= 2 \times 1{,}04 = 2{,}08$ g,

soit une quantité de matière de

$$n(C_6H_5CHO) = \frac{m(C_6H_5CHO)}{M(C_6H_5CHO)} = \frac{2{,}08}{106}$$

$= 0{,}0196$ mol.

On calcule la quantité des ions permanganate introduite initialement :

$n(MnO_4^-) = C_1 \cdot V_1 = 0{,}35 \times 0{,}04$

$= 0{,}014$ mol.

Équation chimique		$2\ MnO_4^-$	$+3\ C_6H_5CHO$	$+HO^-$	$\rightarrow 2\ MnO_2$	$+3\ C_6H_5COO^-$	$+2\ H_2O$
État du système	Avancement	Quantité de matière (mol)					
État initial	0	$1{,}4 \times 10^{-2}$	$1{,}96 \times 10^{-2}$		0	0	
En cours	x	$1{,}4 \times 10^{-2} - 2x$	$1{,}96 \times 10^{-2} - 3x$		$2x$	$3x$	
État final	x_{max}	$1{,}4 \times 10^{-2} - 2x_{max}$	$1{,}96 \times 10^{-2} - 3x_{max}$		$2x_{max}$	$3x_{max}$	

• Si MnO_4^- est le réactif limitant,

$n(MnO_4^-)_f = 0 = 1{,}4 \times 10^{-2} - 2x_{max}$,

donc $x_{max} = 7{,}0 \times 10^{-3}$ mol.

• Si C_6H_5CHO est le réactif limitant,

$n(C_6H_5CHO)_f = 0 = 1{,}96 \times 10^{-2} - 3x_{max}$,

donc $x_{max} = 6{,}5 \times 10^{-3}$ mol.

L'avancement maximal atteint le premier est $6{,}5 \times 10^{-3}$ mol, C_6H_5CHO **est le réactif limitant**.

Les ions permanganate ont bien été introduits en excès.

4° Lors de la première filtration, on élimine le **dioxyde de manganèse.**

5° Le benzoate de potassium, composé ionique, est soluble dans l'eau. **Lorsque l'on passe en milieu acide, la solubilité de l'acide benzoïque diminue, il précipite.**

En présence d'acide chlorhydrique, l'ion benzoate, soluble dans l'eau, conduit à l'acide benzoïque selon la réaction acide-base suivante :

$C_6H_5COO^- + H_3O^+ \rightarrow C_6H_5COOH + H_2O$

L'acide benzoïque est d'autant moins soluble dans l'eau que la température est plus basse.

6° Le rendement de la synthèse est donné par la relation :

rendement (exprimé en pourcentage)

$$= \frac{\text{masse réelle de produit obtenu}}{\text{masse théorique calculée si la réaction est totale}} \times 100.$$

La masse théorique doit être calculée à partir du réactif limitant, c'est-à-dire le benzaldéhyde. En considérant les équations de réaction établies précédemment (question 3°), on peut dire que la disparition d'une mole de benzaldéhyde conduit à la formation d'une mole d'acide benzoïque. Par conséquent, à partir de $1{,}96 \times 10^{-2}$ mol de benzaldéhyde, on peut théoriquement obtenir $1{,}96 \times 10^{-2}$ mol d'acide benzoïque.

Sachant que la masse molaire moléculaire de l'acide benzoïque est :

$M(C_6H_5COOH) = 122\ g \cdot mol^{-1}$,

la masse théorique d'acide benzoïque obtenue serait donc de :

$$m(C_6H_5COOH) = n(C_6H_5COOH) \cdot M(C_6H_5COOH) = 0{,}0196 \times 122 = 2{,}39\ g.$$

Le rendement de la réaction est donc :

$$\boldsymbol{R} = \frac{1{,}85}{2{,}39} \times 100 = \mathbf{77\ \%}.$$

7°

Rappels : chromatographie sur couche mince

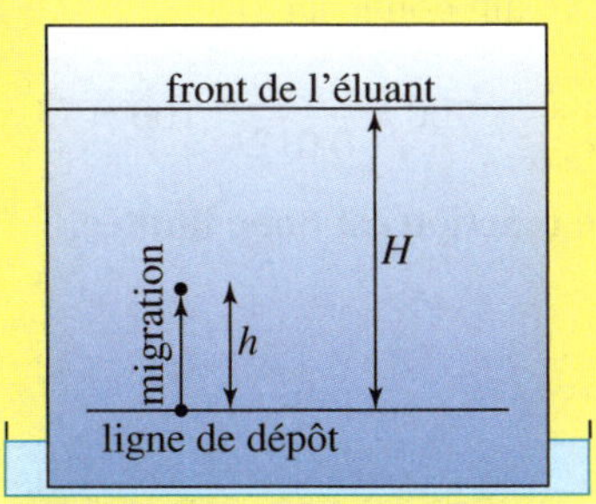

Définition du rapport frontal R_f :

$$R_f = \frac{\text{distance parcourue par l'espèce chimique}}{\text{distance parcourue par le front de l'éluant}} = \frac{h}{H}.$$

a) Le produit C est de l'acide benzoïque pur.

b) Le produit C est un mélange d'acide benzoïque et de benzaldéhyde.

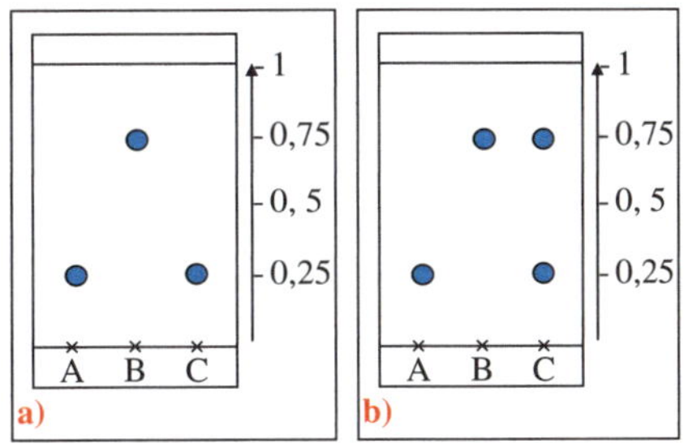

L'interrogation écrite

15 1°

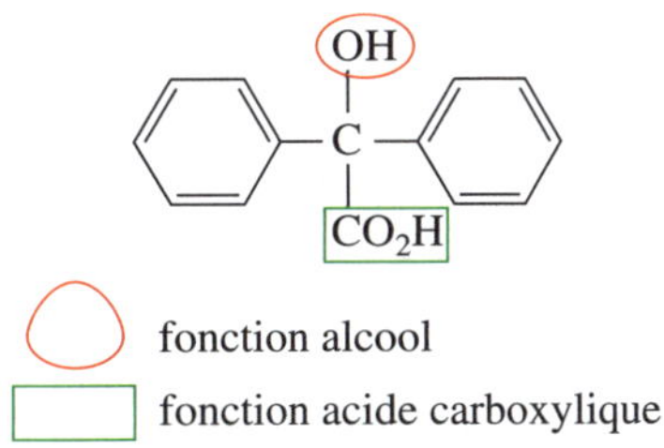

2° a) Pour préparer la solution d'hydroxyde de potassium par dissolution de pastilles d'hydroxyde de potassium dans 100 mL, il est nécessaire de calculer la masse de pastilles de soude à dissoudre :

$$m(KOH) = C \cdot V_{solution} \cdot M(KOH).$$

D'où $m(KOH) = 0{,}5 \times 0{,}1 \times 56{,}1 = 2{,}8$ g.

Il faut dissoudre 2,8 g d' hydroxyde de potassium (ou potasse) **pour préparer la solution.**

b) Pour préparer cette solution, il faut introduire, à l'aide d'un entonnoir, 2,8 g d'hydroxyde de potassium solide dans une fiole jaugée de 100 mL. Ajouter de l'eau distillée aux $\frac{2}{3}$ de la fiole, boucher et agiter jusqu'à dissolution du solide. Ajuster ensuite au trait de jauge avec de l'eau distillée.

3° a) Calcul des quantités de matière initiales en benzyle et en ion hydroxyde :

M(benzyle) = 210 g · mol^{-1}.

• $\boldsymbol{n}$**(benzyle)** $= \frac{m(\text{benzyle})}{M(\text{benzyle})} = \frac{2{,}5}{210}$

$= \mathbf{1{,}2 \times 10^{-2}}$ **mol.**

• $\boldsymbol{n(OH^-)} = C \cdot V_{\text{sol introduite}}$

$= 0{,}5 \times 30 \times 10^{-3} = \mathbf{1{,}5 \times 10^{-2}}$ **mol.**

b) Tableau d'évolution correspondant à cette transformation.

On considère la réaction comme totale.

Équation chimique		$C_{14}H_{10}O_2$ (s) +	HO^- (aq)	→ $C_{14}H_{11}O_3^-$ (aq)
État du système	Avancement	Quantité de matière (mol)		
État initial	0	$1{,}2 \times 10^{-2}$	$1{,}5 \times 10^{-2}$	0
En cours	x	$1{,}2 \times 10^{-2} - x$	$1{,}5 \times 10^{-2} - x$	x
État final	x_{max}	$1{,}2 \times 10^{-2} - x_{max}$	$1{,}5 \times 10^{-2} - x_{max}$	x_{max}

c) Calcul de l'avancement maximal à partir de l'équation de la réaction :

• Si le benzyle est le réactif limitant :

$1{,}2 \times 10^{-2} - x_{max^1} = 0$,

donc $x_{max^1} = 1{,}2 \times 10^{-2}$ mol.

• Si la soude est le réactif limitant :

$1{,}5 \times 10^{-2} - x_{max^2} = 0$,

donc $x_{max^2} = 1{,}5 \times 10^{-2}$ mol.

$x_{max^2} > x_{max^1}$, par conséquent,

$\boldsymbol{x_{max}} = \mathbf{1{,}2 \times 10^{-2}}$ **mol (le benzyle est le réactif limitant).**

Donc :

$n(C_{14}H_{11}O_3^-) = x_{max} = 1{,}2 \times 10^{-2}$ mol.

4° a) Ce montage est le montage d'un chauffage à reflux. Les noms des différents constituants sont donnés dans le tableau ci-dessous.

1	**2**	**3**	**4**	**5**	**6**
réfrigérant	sortie d'eau	entrée d'eau	ballon	chauffe-ballon	élévateur

b) Par rapport à une filtration simple, la filtration sous pression réduite à l'aide d'un filtre Buchner permet une **filtration plus rapide ; le produit obtenu a déjà perdu une grande quantité d'eau. Cela facilite le séchage à l'étuve.**

5° a) L'acide benzylique pur a un point de fusion égal à 150 °C. **Le solide caractérisé est bien de l'acide benzylique pur, car la température de fusion du benzyle est de 94 °C.**

b) La masse d'acide benzylique ($C_{14}H_{12}O_3$) obtenue est de 2,05 g, ce qui correspond à une quantité de matière de :

$$n(C_{14}H_{12}O_3) = \frac{m(C_{14}H_{12}O_3)}{M(C_{14}H_{12}O_3)}\ ;$$

$$\boldsymbol{x_f} = n(C_{14}H_{12}O_3) = \frac{2{,}05}{228} = \mathbf{0{,}009\ mol.}$$

Le taux d'avancement final, noté τ, est égal, par définition, au rapport de x_f sur x_{max}, ce qui donne ici :

$$\boldsymbol{\tau} = \frac{x_f}{x_{max}} \times 100 = \frac{0{,}009}{0{,}012} \times 100 = \mathbf{75\ \%}.$$

Cette réaction est donc limitée.

CHAPITRE 8

Nanochimie et synthèse de molécules biologiques

LE COURS

La nanochimie

▶ EXERCICES D'APPLICATION 4 ET 5, pp. 136

Le **nanomonde** correspond sur l'échelle des longueurs à des distances comprises environ entre 10^{-8} m et 5×10^{-10} m.

▶ Les nanoparticules

Le préfixe « nano » devant un mot (nanotechnologies, nanomatériaux, nanoparticules…) fait référence à la dimension de l'infiniment petit.

Les **nanoparticules** sont des particules ultrafines dont au moins une **dimension** est comprise **entre 1 et 100 nanomètres** (1 nm = 10^{-9} m). Leurs propriétés physiques, chimiques, voire biologiques, découlent spécifiquement de cette taille nanométrique.

Il y a le même rapport de taille entre la Terre et une tomate qu'entre celle-ci et un objet nanométrique. 1 000 objets nanométriques (tel qu'un nanotube de carbone) tiennent dans l'épaisseur d'un cheveu.

▶ L'utilité des nanoparticules

L'intérêt des nanoparticules provient du fait que, plus elles sont petites, plus des propriétés ou des comportements nouveaux apparaissent. Ainsi, des matériaux isolants peuvent devenir conducteurs, des matériaux opaques peuvent devenir transparents ou encore changer de couleur…

▶ La toxicité des nanoparticules

Les médecins connaissent déjà les effets néfastes de certaines nanoparticules (particules émises par les moteurs diesel). Des recherches en cours tentent de préciser la toxicité des nanomatériaux.

▶ Les domaines d'application des nanoparticules

La production de nouveaux nanomatériaux constitue un champ de recherche en pleine expansion. Des matériaux anticorrosion, des vitres autonettoyantes, des peintures anti-graffitis, des médicaments véhiculés directement vers l'organe malade, ne représentent que quelques exemples des applications possibles. Les utilisations potentielles des nanoparticules sont à prévoir dans des domaines aussi divers que le biomédical, l'électronique, la métallurgie, l'agriculture, le textile, les revêtements, les cosmétiques, l'énergie, les catalyseurs, etc.

Les principales nanoparticules à base de carbone

▶ EXERCICE D'APPLICATION 8, p. 137

▶ Les fullerènes

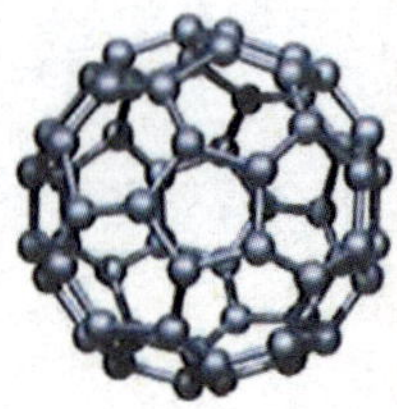

Fullerène

Jusqu'en 1985, les seules formes cristallisées connues de carbone pur étaient le graphite et le diamant. En 1985, une **nouvelle disposition des atomes de carbone** a été découverte. Un **fullerène** est une molécule composée d'atomes de carbone pouvant prendre une **forme géométrique** rappelant celle **d'une sphère**.

Leurs propriétés conductrices et lubrifiantes sont exploitées dans les domaines de la pharmacie, de la cosmétologie, de l'électronique et du photovoltaïque.

Leur cavité aux dimensions comparables à celles de plusieurs molécules biologiques peut être remplie par des médicaments contre le cancer ou le virus du VIH (voir plus loin *encapsulation*).

▶ Les nanotubes de carbone (ou NTC)

Les **nanotubes** (ou **NTC**), découverts comme sous-produits de synthèse des fullerènes, sont des tubes coaxiaux(figure a). Parfois, ils ne comportent qu'un seul tube (figure b).

a)

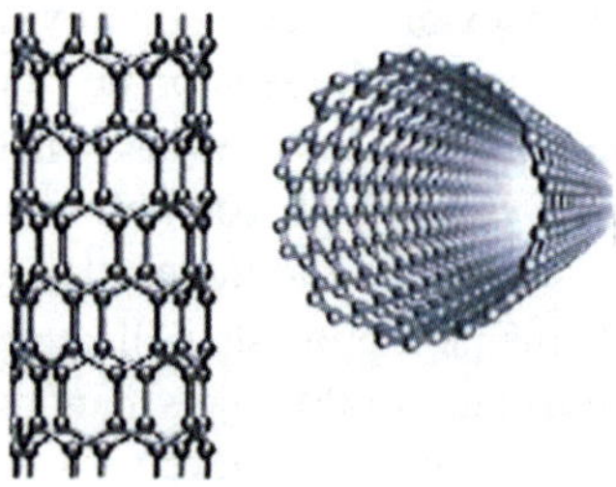

b)

▶ Les propriétés des NTC

Les NTC présentent une **résistance mécanique 100 fois supérieure à celle de l'acier** tout en étant 6 fois plus légers.

Ils sont également souples et conducteurs, possèdent d'extraordinaires propriétés réfractaires. Ils sont utilisés dans les raquettes de tennis, les clubs de golf, les cadres de vélo ou les carrosseries de formule 1…

Les nanoparticules inorganiques

▶ EXERCICE D'APPLICATION 9, p. 137

▶ Les métaux

La majorité des métaux peuvent être produits dans des dimensions nanométriques.

Parmi ceux-ci, les nanoparticules d'or sont employées comme marqueurs pour le diagnostic médical ou comme agents de traitement contre le cancer.

L'argent nanométrique est utilisé pour ses propriétés antimicrobiennes.

Les propriétés électriques des métaux permettent leur utilisation dans le domaine de la nanoélectronique sous la forme de nanofils (or, cuivre).

Les oxydes métalliques

Plusieurs oxydes métalliques de dimensions nanométriques ont été créés. Les plus courants sont la silice (SiO_2), l'oxyde de titane (TiO_2) et l'oxyde de zinc (ZnO). Ces nanoparticules sont employées notamment en cosmétique et en médecine. Elles sont utilisées telles quelles ou enrobées, principalement dans le domaine de la plasturgie (SiO_2), des crèmes solaires (TiO_2, ZnO) et des peintures (pigments TiO_2).

Les nanoparticules organiques

▶ EXERCICES D'APPLICATION 10 ET 15, pp. 138 et 143

Les nanomédicaments (encapsulation)

L'**encapsulation** est une technique qui consiste à **emprisonner des médicaments dans des capsules de tailles nanométriques** qui les isolent du milieu extérieur afin de les protéger et de maîtriser leur libération.

En effet, ces capsules permettent de pénétrer à l'intérieur de cellules cancéreuses ou de cellules infectées par une bactérie ou un virus, et de délivrer, de façon ciblée, leur principe actif. L'encapsulation protège le principe actif de toute dégradation avant son arrivée sur le site cible.

Les nanomédicaments concernent principalement la cancérologie, mais plusieurs autres perspectives existent telles que la régénération de biomatériaux.

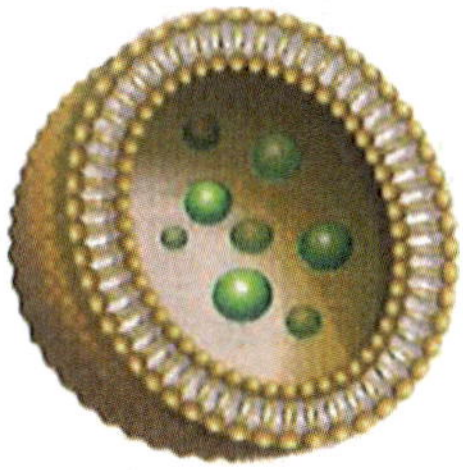

Encapsulation de liposomes

Les polymères organiques

De nombreux polymères organiques courants comme le polystyrène (PS) ou le chlorure de polyvinyle (PVC) peuvent être produits dans des dimensions nanométriques. Ils peuvent ainsi être, sous certaines conditions, solubilisés ou modifiés chimiquement.

Ces polymères sont utilisés dans les dispositiifs d'ultrafiltration.

Nanoparticules de polystyrène

Synthèse et hémisynthèse de molécules biologiquement actives

▶ EXERCICES D'APPLICATION 6, 12 ET 15, pp. 136, 140 et 143

Pour réaliser la synthèse d'une substance, deux possibilités s'offrent aux chimistes : la synthèse ou l'hémisynthèse.

• **La synthèse totale** recrée les corps à partir de composés issus de la pétrochimie (alcool, alcène, acides carboxyliques…). Une synthèse nécessite parfois toute une série de réactions chimiques complexes (estérification, hydrogénation, addition…). Plus il y a d'étapes, plus le produit final coûtera cher. Lorsque la synthèse totale est impossible ou bien s'effectue avec un rendement trop faible, on essaie de mettre en œuvre une voie hémisynthétique.

• **Dans l'hémisynthèse**, on part de molécules de **structures beaucoup plus complexes, d'origine naturelle**. Dans un tel procédé, la nature a en quelque sorte déjà réalisé la « moitié » de la synthèse. L'hémisynthèse permet de réaliser une synthèse à partir d'une molécule naturelle déjà très proche de celle qu'on recherche et qui subira seulement quelques transformations : elle deviendra ainsi totalement identique à celle désirée.

LES DIFFICULTÉS DU CHAPITRE

Savoir utiliser les puissances de 10

Dans le domaine de la nanochimie, la manipulation des puissances de 10 est indispensable, ce qui implique une excellente maîtrise de l'outil mathématique relatif à ces calculs.

▶ Rappel des règles élémentaires de calcul

$$10^a \times 10^b = 10^{a+b} \qquad \frac{10^a}{10^b} = 10^{a-b} \qquad \frac{1}{10^a} = 10^{-a}$$

▶ Tableau des puissances de 10

Puissance de 10	10^{-1}	10^{-2}	10^{-3}	10^{-6}	10^{-9}	10^{-10}	10^{-12}	10^{-15}
Préfixe	déci	centi	milli	micro	nano	angström	pico	femto
Symbole	d	c	m	µ	n	Å	p	f

Remarque : pour pouvoir comparer différentes dimensions, il est indispensable de les exprimer dans la même unité.

Comparons ainsi deux NTC de longueurs $L_1 = 0{,}025$ µm et $L_2 = 54$ nm.

$L_1 = 0{,}025\ \mu\text{m} = 0{,}025 \times 10^{-6}\ \text{m} = 2{,}5 \times 10^{-2} \times 10^{-6}\ \text{m} = 2{,}5 \times 10^{-8}\ \text{m}$;

$L_2 = 54\ \text{nm} = 54 \times 10^{-9}\ \text{m} = 5{,}4 \times 10^{1} \times 10^{-9}\ \text{m} = 5{,}4 \times 10^{-8}\ \text{m}$.

Ainsi, la longueur L_1 est inférieure à la longueur L_2.

▶ Notion d'ordre de grandeur

En physique, pour écrire l'ordre de grandeur d'une dimension, on exprime ce nombre en notation scientifique. Si celui-ci est supérieur ou égal 5×10^n, on donne comme ordre de grandeur la puissance de 10 supérieure, soit 10^{n+1}, sinon on donne la même puissance de 10.

Exemples : $L_1 = 2{,}5 \times 10^{-8}$ m, ordre de grandeur 10^{-8} ;

$L_2 = 5{,}4 \times 10^{-8}$ m, ordre de grandeur 10^{-8+1}, soit 10^{-7}.

Principales fonctions en chimie organique

Fonction organique	R—OH	R—C(=O)—H	R—C(=O)—R′	R—C(=O)—OH
Nom	alcool	aldéhyde	cétone	acide carboxylique

EXERCICES

Tester ses connaissances

1 QCM 1 (corrigés p. 145)

Parmi les affirmations suivantes, lesquelles sont vraies ? Corriger les fausses.

1° Les nanoparticules ont au moins une dimension de 1 nanomètre.

2° Les nanoparticules sont plus petites que les atomes.

3° Les nanoparticules sont assez petites pour rentrer dans une cellule humaine.

4° L'abréviation NTC signifie *nanomolécules de carbone*.

5° Les NTC sont uniquement faits à partir d'atomes de carbone.

6° Les NTC, le diamant et le graphite sont constitués d'atomes différents.

2 QCM 2 (corrigés p. 145)

Parmi les affirmations suivantes, lesquelles sont vraies ? Corriger les fausses.

1° Dans les NTC, les atomes de carbone sont disposés de façon à former un tube dont la longueur est nanométrique.

2° Les NTC sont aussi résistants que l'acier.

3° Les NTC sont six fois moins denses que l'acier.

4° Les NTC ne conduisent ni l'électricité, ni la chaleur.

3 QCM 3 (corrigés p. 145)

Parmi les affirmations suivantes, lesquelles sont vraies ? Corriger les fausses.

1° Les nanomédicaments sont utilisés, car ils pénètrent à l'intérieur des cellules malades.

2° L'hémisynthèse est la synthèse d'une molécule complexe à partir de molécules simples.

3° La nanoencapsulation ne permet pas de cibler la zone à traiter.

4° La nanoencapsulation permet de protéger le principe actif du milieu extérieur.

Maîtriser les méthodes

Les exercices de cette rubrique font appel aux méthodes de base, qu'il faut maîtriser. Ils font l'objet d'une correction guidée pas à pas, qui récapitule ces méthodes, pour mieux les mémoriser.

4 DES IMAGES NANOMÉTRIQUES

(corrigés p. 145)

Voici une image obtenue avec un microscope électronique représentant des particules de carbone.

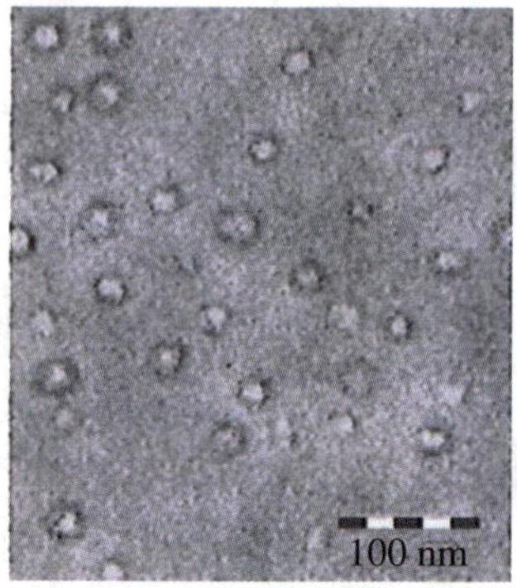

1° Grâce à l'échelle, évaluer le diamètre des particules.

2° Pourquoi peut-on qualifier ces particules de namoparticules ?

5 NANOPARTICULES DE POLYSTYRÈNE

(corrigés p. 145)

Des nanoparticules de polystyrène peuvent être observées à l'aide d'un microscope électronique à balayage. Une photographie est représentée ci-contre.

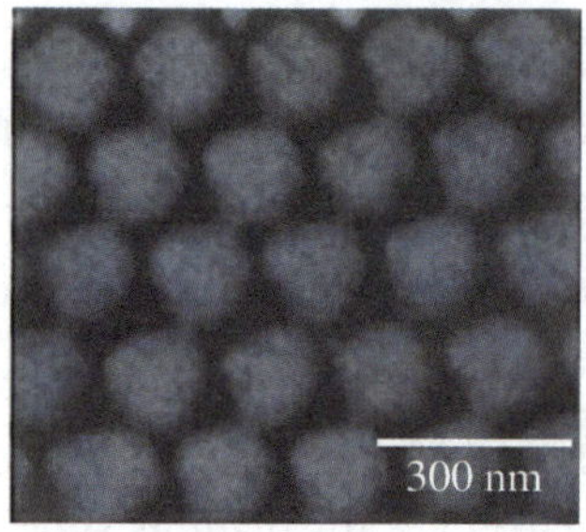

1° En utilisant l'échelle de la photographie, en déduire la taille moyenne de ces particules.

2° En faisant l'approximation que la surface occupée sur la photo par ces particules est celle d'un disque, quelle est la superficie qu'occupe une nanoparticule ?

3° Combien de particules faut-il pour recouvrir un carré de 1 cm de côté ? Donner un ordre de grandeur.

6 L'IBUPROFÈNE

(corrigés p. 146)

Légende :
blanc : atome d'hydrogène
rouge : atome d'oxygène
gris : atome de carbone

1° Écrire la formule semi-développée de l'ibuprofène en faisant apparaître les doublets non liants.

2° Donner la formule brute de l'ibuprofène.

3° En déduire sa masse molaire.

4° Quelle fonction caractéristique est présente dans la structure de l'ibuprofène ?

5° À partir de vos connaissances, quel alcool permettrait d'obtenir l'ibuprofène par oxydation en présence de permanganate de potassium ? Donner sa formule semi-développée.

6° Quelle serait la classe de cet alcool ?

Données : masses molaires en $g \cdot mol^{-1}$: $M(C) = 12$; $M(H) = 1$; $M(O) = 16$.

S'entraîner

7 LES NANOTUBES DE CARBONE ★★★ 15 min (corrigés p. 146)

Le diamètre des NTC est compris entre 0,6 et 1,8 nm et leur longueur peut atteindre plusieurs micromètres.

1° Calculer le rapport des ordres de grandeur entre :

a) le diamètre et la longueur d'un nanotube ;

b) son diamètre et celui d'un cheveu (40 micromètres environ) ;

c) son diamètre et celui de la molécule d'ADN (2 nm) .

2° On modélise un nanotube par un cylindre de 1,0 micromètre de long et de 1,0 nm de diamètre.

a) Calculer le volume, en cm^3, d'un nanotube.

b) Donner l'ordre de grandeur du nombre de nanotubes contenu dans un volume de 1 cm^3.

c) La masse volumique des nanotubes est voisine de 1,38 $g \cdot cm^{-3}$. Donner l'ordre de grandeur de la masse d'un nanotube.

d) La masse d'un atome de carbone est égale à 20×10^{-24} g. Calculer l'ordre de grandeur du nombre d'atomes de carbone dans le nanotube.

8 ESPACE OCCUPÉ PAR LES PARTICULES DE SILICE ★★ 10 min (corrigés p. 147)

On considère l'organisation de particules de silice déposées sur une surface plane.

1° Estimer le diamètre des particules ci-contre.

2° Peut-on considérer ces particules comme étant des nanoparticules ?

3° Déterminer la surface occupée sur le cliché par une particule.

4° Déterminer de façon approximative le pourcentage d'espace occupé par ces particules sur cette photographie.

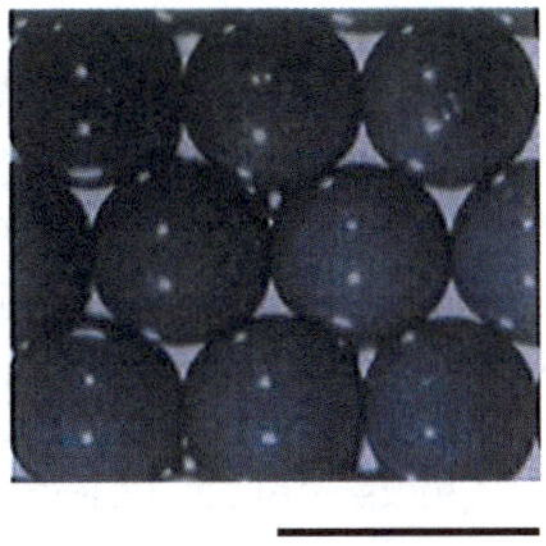

9 LES LIPOSOMES ★★★ 15 min (corrigés p. 147)

De nombreux produits cosmétiques (crèmes hydratantes, antirides, etc.) apparaissant sur le marché contiennent des particules de taille nanométrique appelées liposomes.

Les liposomes : des membranes biologiques artificielles

Découverts au début du siècle, les liposomes (du grec *lipos* : graisse et *soma* : corps) sont de petites sphères creuses, ou vésicules. Leur membrane est constituée d'une double couche (ou bicouche) de molécules phospholipidiques enfermant un petit volume de solvant dans lequel elles ont été préparées. Ce solvant peut contenir un médicament par exemple.

Cette structure bicouche lipidique n'est pas propre aux liposomes, elle se retrouve dans toutes les membranes biologiques.

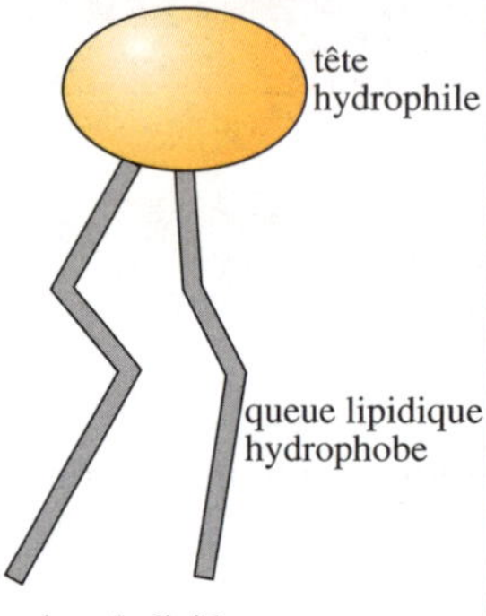

phospholipide

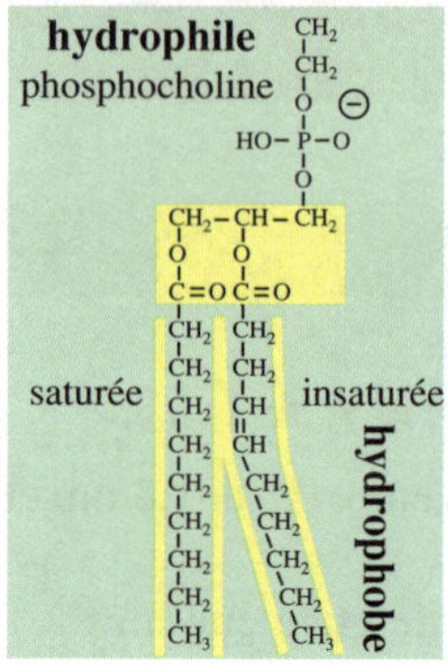

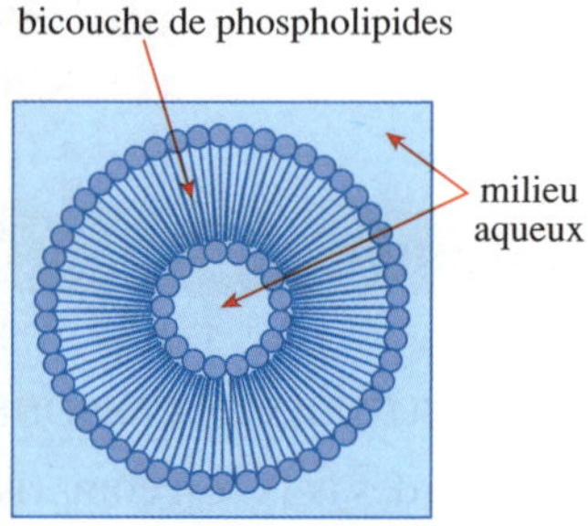

coupe diamétrale
d'un liposome

Les liposomes : des transporteurs efficaces

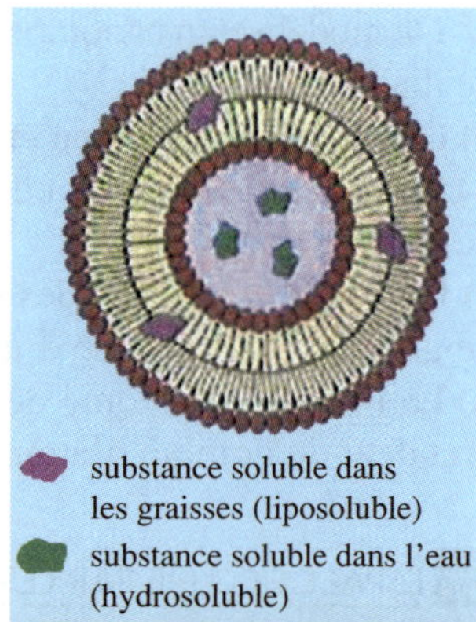

Encapsulage de substances liposolubles ou hydrosolubles

La principale application des liposomes est le transport de substances biologiques ou chimiques préalablement encapsulées dans ceux-ci. Les liposomes permettent de faire passer à travers la membrane cellulaire des substances sans affinité pour celle-ci.

Des médicaments peuvent être ainsi véhiculés jusqu'à leur lieu d'action sans se diluer ou sans être altérés.

Les liposomes sont très utilisés en cosmétologie, où ils transportent des substances régénérantes pour la peau : crèmes hydratantes, complexes antioxydants, collagène. Toutes ces substances encapsulées dans des liposomes sont en suspension dans des solutions aqueuses : ceci évite l'emploi de glycérol, alcool ou huile plus ou moins bien acceptés par la peau.

Outre l'usage des liposomes dans les domaines pharmaceutiques et cosmétologiques, d'autres applications se développent dans les domaines agricole et agroalimentaire.

1° Quelles sont les deux parties d'un phospholipide ?

2° Quels sont les adjectifs attribués à ces parties ? Les définir.

3° Expliquer pourquoi les phospholipides se structurent en double couche dans le liposome.

4° Quel est l'intérêt de l'utilisation des liposomes dans les traitements cosmétologiques ?

5° Rechercher le sens des termes : *antioxydants*, *collagène*.

6° Les liposomes se forment en milieu aqueux. En s'aidant de la structure des phospholipides, quelle serait leur disposition autour d'une goutte d'huile dans de l'eau ?

10 DES TEXTILES INNOVANTS ★★★ 15 min *(corrigés p. 147)*

Corsaire micromassant, jean anticapitons, T-shirt hydratant, chaussettes anti-odeurs, collants antifatigue, bustier rafraîchissant… De nouveaux textiles, les « cosméto-textiles » et les « texticaments » diffusent leurs principes actifs à même la peau et ouvrent la voie aux sous-vêtements amincissants ou hydratants et à des tissus analgésiques, anti-inflammatoires ou anti-infectieux.

Ces cosméto-textiles sont des textiles qui utilisent la micro-encapsulation ; ils contiennent une préparation d'actifs cosmétiques insérée dans des microcapsules (environ 5 µm) généralement attachées sur les fibres textiles par un liant. Par frottement sur la peau, les microcapsules (membrane polymérique) libèrent progressivement cette préparation pour contribuer à l'amincissement, donner une sensation de fraîcheur, lutter contre les odeurs corporelles.

Comment la chimie réalise-t-elle ces microcapsules ?

On enferme la substance cosmétique dans une membrane en matière plastique.

Voici un exemple de fabrication de microcapsules en nylon, contenant de l'huile d'amande douce.

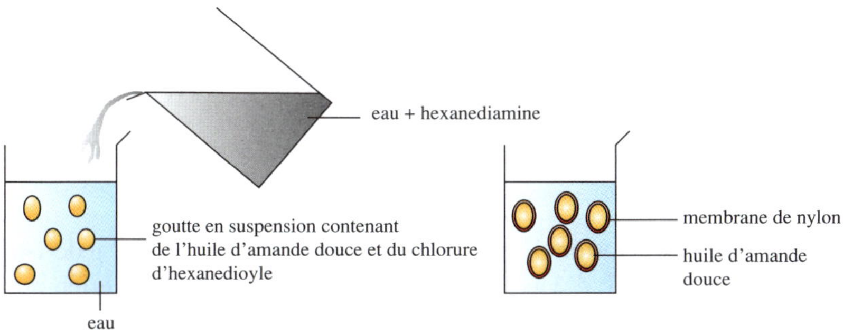

1° Pourquoi qualifie-t-on certains textiles de « cosméto-textiles » ou de « texticaments » ?

2° Comment le principe actif contenu dans la capsule est-il libéré ?

3° Pourquoi parle-t-on de microcapsule ? Convertir 5 µm en nm.

4° Dans l'exemple choisi, quelle est l'espèce chimique qui constitue la paroi de la capsule ?

5° Quels sont les réactifs qui réagissent dans la transformation chimique qui a lieu lors de la fabrication de la microcapsule précédente ?

6° Légender le schéma ci-dessous à l'aide des indications du texte.

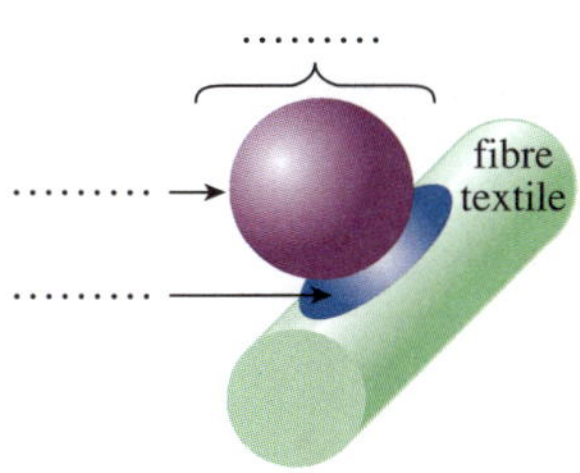

11 LA CORTISONE ★★ 10 min (corrigés p. 148)

La cortisone est une molécule utilisée comme anti-inflammatoire puissant et comme antiallergique.

1° Entourer et nommer les différentes fonctions présentes dans cette molécule.

2° Donner sa formule brute.

3° Donner sa composition massique.

Données : masses molaires en g · mol^{-1} : $M(C) = 12$; $M(H) = 1$; $M(O) = 16$.

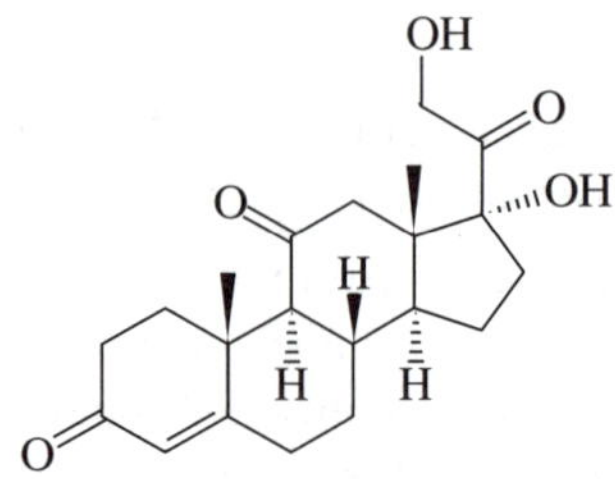

12 PRÉPARATION DU PARACÉTAMOL ★★★ 30 min (corrigés p. 148)

Principe

La préparation est réalisée à partir d'un composé A, l'anhydride éthanoïque, de formule $(CH_3{-}CO)_2O$ et du 1-amino-4-hydroxybenzène selon la réaction d'équation-bilan :

$$(CH_3{-}CO)_2O + NH_2{-}C_6H_4{-}OH \rightarrow CH_3{-}CO{-}NH{-}C_6H_4{-}OH + CH_3{-}CO_2H$$

Cette réaction est exothermique.

Protocole opératoire

Dans un erlenmeyer, on introduit successivement une masse $m = 2{,}8$ g de 1-amino-4-hydroxybenzène, 25 mL d'eau et 2 mL d'acide éthanoïque pur. L'erlenmeyer est placé dans un bain-marie à 80 °C et le mélange réactionnel est agité jusqu'à la dissolution complète. Après avoir refroidi le mélange, on introduit lentement un volume $V = 3{,}5$ mL du composé A mesuré à l'éprouvette, tout en agitant.
En plaçant l'erlenmeyer dans un bain d'eau glacée, le paracétamol formé, ou paracétamol brut (PB), précipite sous forme de cristaux. Après filtration, lavage avec un peu d'eau et séchage, on pèse le paracétamol brut (PB) obtenu. Sa masse m_1 est égale à 3,2 g.
Les cristaux de paracétamol brut sont ensuite purifiés par recristallisation. La masse obtenue après purification m'_1 est égale à 2,01 g.
Données :

	État physique à 25 °C et 1 bar	Densité	Température fusion (°C)	Température ébullition (°C)
1-amino-4-hydroxybenzène	solide	/	186	/
composé A	liquide	1,08	−73	136
acide éthanoïque	liquide	1,03	/	118
paracétamol	solide		171	/

Les masses molaires atomiques exprimées en $g \cdot mol^{-1}$:
H = 1 ; C = 12 ; N = 14 ; O = 16.
Chromatographie :
On réalise une chromatographie du paracétamol recristallisé (1) et de paracétamol pharmaceutique (2) avec pour éluant un mélange (60 % et 40 % en volume respectivement) de dichlorométhane et d'éthanol.

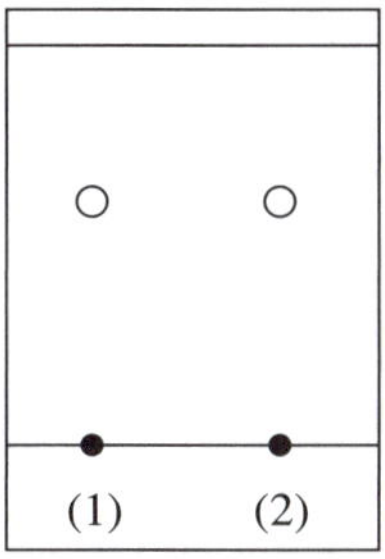

1° Donner la formule semi-développée du composé A.
2° Donner le nom et la formule du produit qui accompagne la formation du paracétamol.
3° Représenter les structures de Lewis des deux réactifs.
4° Interpréter le chromatogramme obtenu.
5° Donner le nom d'un procédé simple, autre que la chromatographie, que l'on peut utiliser pour identifier le paracétamol formé.
6° Calculer les quantités de matière des réactifs introduits. Quel est le réactif en excès ?
7° Pourquoi peut-on utiliser des éprouvettes graduées pour mesurer le volume du composé A ?
8° Calculer la masse de paracétamol que l'on peut théoriquement obtenir. Calculer le rendement de la réaction.

Pour aller plus loin

13 LES NANOMÉDICAMENTS ★★★ 15 min (corrigés p. 150)

« Par nanomédicament, on entend la conception d'un vecteur de taille nanométrique (milliardième de mètre, nm) capable d'amener une molécule active sur une cible thérapeutique donnée : un gène, une protéine, une cellule, un tissu ou un organe. Le défi de la nanomédecine est double : transporter le médicament (vectorisation) à l'endroit précis où il sera utile (ciblage).
Lorsqu'une substance quelconque pénètre notre corps, ses molécules sont dégradées et métabolisées par des enzymes. Les médicaments et leurs principes actifs n'échappent pas à cette règle. On doit donc administrer des doses importantes de médicament pour qu'une petite proportion atteigne finalement sa cible d'action. Il en découle une moindre performance thérapeutique et des effets secondaires,

car les cellules saines subissent parfois autant que les cellules malades les conséquences de l'administration du médicament. C'est particulièrement le cas dans le traitement des cancers, de certaines maladies infectieuses ou de pathologie d'origine génétique entraînant un dysfonctionnement précis dans l'organisme. Les nanomédicaments visent à contourner ces obstacles pour rendre les traitements plus spécifiques, plus efficaces et moins toxiques.
Pour améliorer la vectorisation et le ciblage thérapeutique, les chercheurs développent la mise au point de vecteurs synthétiques comme les liposomes, les nanocapsules et les nanosphères (aussi appelées parfois microbilles). Les nanoparticules ainsi produites doivent encore trouver leur cible, c'est-à-dire le type cellulaire auquel elles sont adressées. Pour cela, elles peuvent être enrichies de molécules capables de se lier à certains récepteurs précis sur la membrane d'une cellule cible, voire à l'intérieur de cette cellule, dans son cytoplasme ou son noyau. »

Article publié sur le site de l'Inserm (http://www.inserm.fr)

1° Qu'est-ce que la « vectorisation » ?
2° Quels sont les avantages de l'utilisation de nanomédicaments ?
3° Quel est l'ordre de grandeur de ces nanomédicaments ?
4° Comment un nanomédicament peut soigner une zone bien déterminée ?
5° Qu'est ce qu'un liposome ?

14 TRAITEMENTS DE LA PEAU ★★★ 10 min *(corrigés p. 150)*

De multiples techniques existent pour améliorer l'aspect de la peau. Ces techniques font appel à de nombreuses molécules qui agissent sur la structure de la peau. Quelques exemples de ces molécules sont l'acide lactique qui est utilisé comme exfoliant doux, l'acide glycolique qui est un puissant acteur du renouvellement cellulaire et, enfin, l'acide pyruvique qui stimule la formation de collagène.

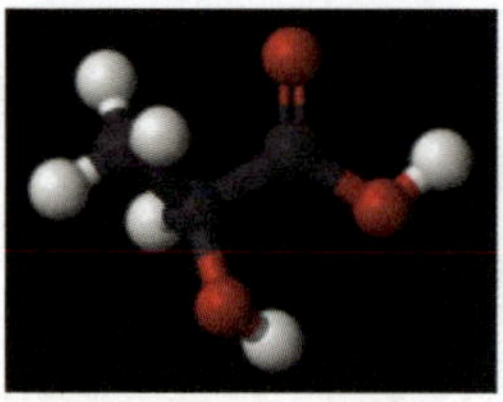

Acide lactique

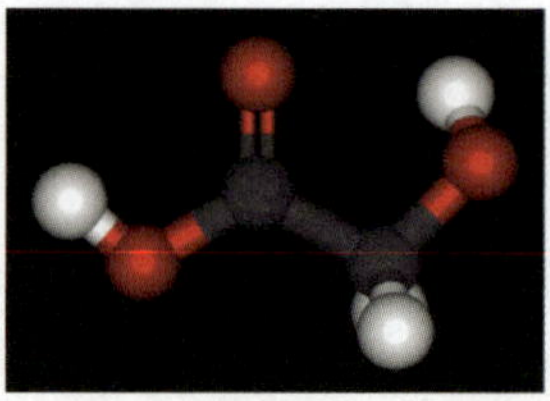

Acide glycolique

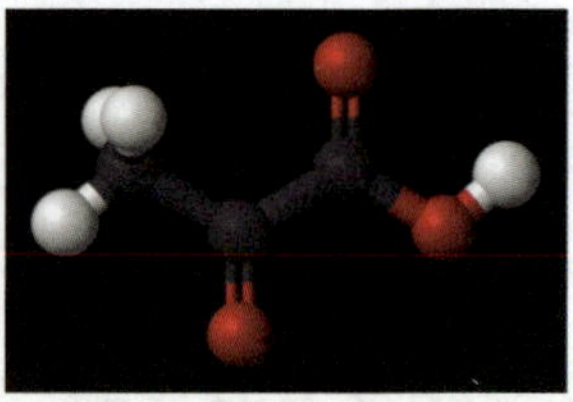

Acide pyruvique

1° Écrire les formules semi-développées de ces trois composés.
2° Donner leur formule brute.
3° Donner les fonctions organiques présentes chez chacune de ces molécules.
4° Quelle fonction organique présente chez les trois composés est responsable de leur caractère acide ?

L'interrogation écrite

15 HÉMISYNTHÈSE DE L'ASPIRINE 30 min (corrigés p. 150)

Données :

	acide salicylique	acide acétylsalicylique (aspirine)	anhydride éthanoïque ou acétique
Formule	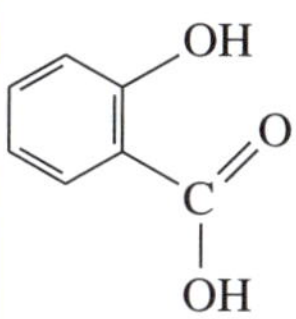	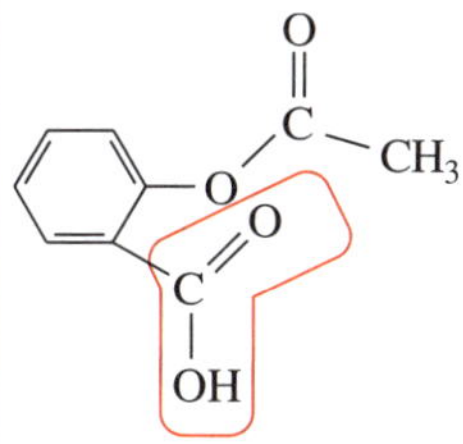	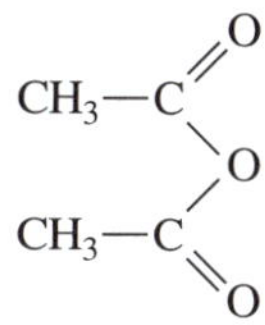
Masse molaire moléculaire (en $g \cdot mol^{-1}$)	138	180	102
Masse volumique (en $g \cdot mL^{-1}$)			1,08
Solubilité dans l'eau	peu soluble	peu soluble	
Solubilité dans l'éthanol	très soluble	soluble	

Réactivité de l'anhydride acétique avec l'eau : l'anhydride acétique réagit totalement et vivement avec l'eau en donnant l'acide acétique.

1° La molécule d'aspirine

Nommer le groupement fonctionnel entouré, présent dans la molécule d'aspirine.

2° Étude de la préparation

On envisage de préparer l'aspirine. Différents réactifs sont disponibles : l'acide acétique (ou éthanoïque), l'anhydride éthanoïque et l'acide salicylique.

a) Recopier la formule semi-développée de l'acide salicylique, puis entourer et nommer les groupements fonctionnels.

b) On envisage de préparer l'aspirine en faisant réagir l'acide acétique avec l'acide salicylique. Écrire l'équation de la réaction modélisant la transformation proposée, en utilisant les formules semi-développées sachant qu'il se forme une petite molécule, en plus de l'aspirine.

c) Une seconde méthode de préparation de l'aspirine consiste à faire réagir l'anhydride acétique avec l'acide salicylique. Écrire l'équation de la réaction modélisant cette transformation, en utilisant les formules semi-développées sachant qu'il se forme de l'acide éthanoïque en plus de l'aspirine.

cours exercices interro corrigés

3° Hémisynthèse de l'aspirine réalisée sous hotte

– Dans un ballon bien sec de 250 mL, introduire 13,8 g d'acide salicylique et 25 mL d'anhydride éthanoïque.

– Ajouter 10 gouttes d'acide sulfurique concentré.

– Adapter au ballon un réfrigérant à boules et chauffer à reflux au bain-marie pendant 15 minutes en agitant par intermittence.

Cristallisation du produit obtenu

– Arrêter le chauffage, sortir le ballon du bain-marie et verser, sans attendre le refroidissement, de façon progressive environ 30 mL d'eau distillée par le haut du réfrigérant. Prendre garde aux vapeurs chaudes et acides.

– Quand l'ébullition est calmée, ôter le réfrigérant après avoir arrêté la circulation d'eau et agiter jusqu'à l'apparition des premiers cristaux.

– Ajouter 50 mL d'eau glacée et placer le ballon dans un bain d'eau glacée pendant 5 minutes.

– Filtrer sur büchner le contenu du ballon en tirant sous vide avec la trompe à eau ; rincer le ballon à l'eau distillée froide, verser dans le filtre.

– Laver les cristaux à l'eau distillée froide, essorer et les récupérer dans un erlenmeyer.

a) Montrer que l'anhydride éthanoïque est en excès.

b) Quel est l'intérêt d'un chauffage à reflux ?

c) Quel est le rôle des 30 mL d'eau distillée, ajoutés par le haut du réfrigérant, après le chauffage ?

d) Faire un schéma annoté de la filtration sous vide.

e) Un élève a pesé 12,0 g de cristaux après séchage. Définir et calculer le rendement de la synthèse effectuée par cet élève.

CORRIGÉS

Tester ses connaissances

1 Affirmations **vraies** : **1° ; 3° ; 5°.**

2° Faux. Les nanoparticules ont des dimensions 10 à 100 fois plus grandes que celles de l'atome.

4° Faux. L'abréviation NTC signifie *nanotubes de carbone*.

6° Faux. Les NTC, le diamant et le graphite sont constitués d'atomes de même nature : le carbone.

2 Affirmation **vraie** : **3°.**

1° Faux. Dans les NTC, la longueur du tube est de l'ordre du micromètre : c'est son diamètre qui est nanométrique.

2° Faux. Les NTC sont 100 fois plus résistants que l'acier.

4° Faux. Les NTC conduisent l'électricité et la chaleur.

3 1° Affirmations **vraies** : **1° ; 4°.**

2° Faux. L'hémisynthèse est la synthèse réalisée à partir de composés naturels possédant déjà une partie de la molécule visée.

3° Faux. La nanoencapsulation permet de cibler la zone à traiter.

Maîtriser les méthodes

4 1° D'après l'échelle, 1,1 cm correspond à 100 nm. En mesurant le diamètre des particules, on trouve entre 2 mm et 3 mm.

Ainsi, D est compris entre :

$$\frac{0{,}2 \times 100}{1{,}1} = 18 \text{ nm et } \frac{0{,}3 \times 100}{1{,}1} = 27 \text{ nm.}$$

Les particules ont un diamètre voisin de 20 nm.

2° Les particules représentées sur la photo ont un diamètre de l'ordre du nanomètre ; ce sont des nanoparticules (nanosphères) de carbone.

Exercice 4 : conseils à retenir

• Pour cet exercice, il faut utiliser l'échelle qui est présente sur l'image. Si rien n'est précisé, cette échelle est valable aussi bien verticalement qu'horizontalement.

• Une particule est qualifiée de nanoparticule si au moins l'une de ses dimensions est de l'ordre du nanomètre.

5 1° L'échelle sur la photographie est telle que 1,4 cm correspondent à 300 nm ; la taille moyenne de ces particules sur la photographie est d'environ 0,7 cm, ce qui correspond à une taille de

$$d = \frac{0{,}7 \times 300}{1{,}4} \text{ ; soit } \boldsymbol{d = 150 \text{ nm}}.$$

2° La surface occupée par une particule est donnée par la relation : $S = \pi \times r^2$.

donc $S = \pi \times (75 \times 10^{-9})^2$;

$\boldsymbol{S = 1{,}8 \times 10^{-14} \text{ m}^2}$.

3° Surface d'un carré de 1 cm de côté : $A = 1 \times 1 = 1 \text{ cm}^2$.

Pour calculer le nombre de particules, il faut tout exprimer dans la même unité (ici les m²), donc $A = 1 \times 10^{-4} \text{ m}^2$.

Le nombre de particules est donc donné par le rapport entre A et S, ainsi $N_p = \frac{A}{S}$;

$N_p = \frac{1 \times 10^{-4}}{1{,}8 \times 10^{-14}}$; $N_p = 5{,}5 \times 10^9$ particules. **L'ordre de grandeur est de 10^{10}.**

Exercice 5 : conseils à retenir

• Il faut connaître les relations donnant les surfaces usuelles (disque, carré, etc.).

• Lors du calcul d'un rapport, il est indispensable d'exprimer toutes les données dans la même unité.

cours exercices interro corrigés

6 **1° La formule semi-développée est :**

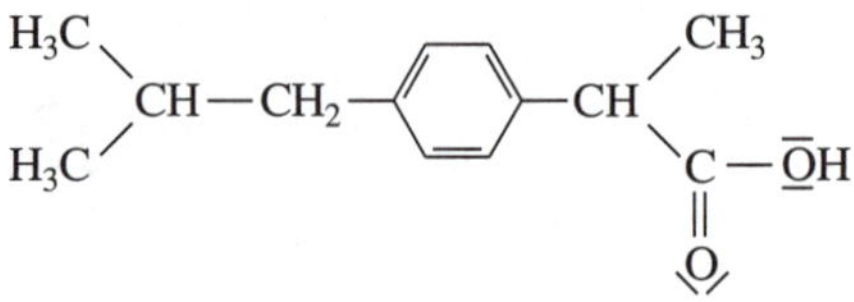

2° La **formule brute de l'ibuprofène** est : $\mathbf{C_{13}H_{18}O_2}$.

3° La masse molaire moléculaire est :

$M(C_{13}H_{18}O_2) = 13 \times M(C) + 18 \times M(H) + 2 \times M(O)$

$= 13 \times 12 + 18 \times 1 + 2 \times 16$

$= \mathbf{206\ g \cdot mol^{-1}}$.

4° La fonction organique est une **fonction acide carboxylique**.

5° La molécule d'ibuprofène comporte une fonction acide carboxylique. Cette molécule peut donc être obtenue à partir d'un alcool de formule semi-développée suivante :

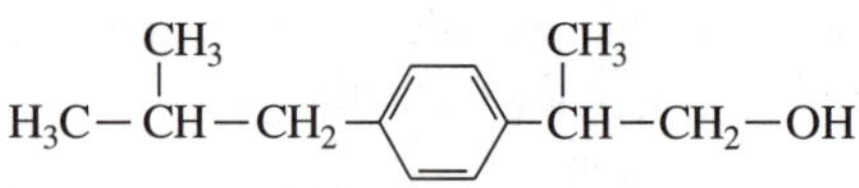

6° L'oxydation d'un alcool en acide carboxylique ne peut se faire qu'avec un alcool primaire.

Exercice 6 : conseils à retenir

- Il est indispensable de connaître les réactions d'oxydation des alcools et des aldéhydes en acide carboxylique.
- La masse molaire moléculaire est égale à la somme des masses molaires atomiques des atomes qui constituent la molécule.

S'entraîner

7 **1° a)** Ordre de grandeur du diamètre : $1\ nm = 10^{-9}\ m$;

ordre de grandeur de la longueur : $1\ \mu m = 10^{-6}\ m$;

rapport entre les ordres de grandeur : $\frac{10^{-6}}{10^{-9}} = 10^3$; **la longueur est 1 000 fois plus grande que le diamètre**.

b) Ordre de grandeur du diamètre : $1\ nm = 10^{-9}\ m$;

ordre de grandeur du diamètre d'un cheveu : $40\ \mu m = 4 \times 10^{-5}\ m$;

rapport entre les ordres de grandeur : $\frac{10^{-5}}{10^{-9}} = 10^4$; **le diamètre du cheveu est 10 000 fois plus grand que le diamètre du nanotube**.

c) Ordre de grandeur du diamètre : $1\ nm = 10^{-9}\ m$;

ordre de grandeur de l'ADN : $2\ nm = 2 \times 10^{-9}\ m$;

le diamètre du NTC et l'ADN sont du même ordre de grandeur.

2° a) Le volume d'un cylindre est : $\pi \times \left(\frac{D}{2}\right)^2 \cdot h$,

où $D = 1{,}0\ nm = 1 \times 10^{-9}\ m = 1 \times 10^{-7}\ cm$,

et $h = 1\ \mu m = 10^{-6}\ m = 10^{-4}\ cm$.

Application numérique :

$$V = \pi \times \left(\frac{10^{-7}}{2}\right)^2 \times 10^{-4}$$

$$= \mathbf{7{,}9 \times 10^{-19}\ cm^3}.$$

b) Dans $1\ cm^3$, on peut mettre :

$$N = \frac{1}{7{,}9 \times 10^{-19}} = 1{,}3 \times 10^{18}\ \text{NTC}.$$

Dans un volume de $1\ cm^3$, on peut disposer environ 10^{18} nanotubes de carbone.

c) $\rho = \frac{m}{V}$, d'où :

$m = \rho \cdot V = 1{,}38 \times 7{,}9 \times 10^{-19}$

$= 1{,}09 \times 10^{-18}\ g$.

La masse d'un nanotube est environ de 10^{-18} g.

d) Nombre d'atomes de carbone

$$= \frac{\text{masse d'un nanotube}}{\text{masse d'un atome de carbone}}$$

$$= \frac{1{,}09 \times 10^{-18}}{20 \times 10^{-24}} = 5{,}5 \times 10^4.$$

Il y a donc environ 10^5 atomes de carbone dans un nanotube.

8 1° L'échelle sur la photographie est telle que 1,7 cm correspondent à 150 nm ; la taille moyenne de ces particules sur la photographie est d'environ 1,2 cm, ce qui correspond à une taille $d = 1{,}2 \times \frac{150}{1{,}7}$; soit $\boldsymbol{d}$ **= 106 nm**.

2° On peut considérer ces particules comme étant des nanoparticules, car une de leur dimension est de l'ordre de 100 nm.

3° La surface occupée par une particule est donnée par la relation $S = \pi \times r^2$, donc $S = \pi \times (53)^2$; $\boldsymbol{S = 8{,}8 \times 10^3}$ **nm²**.

4° La photographie représente un rectangle de longueur 3,5 cm et de hauteur 3,0 cm. Connaissant l'échelle utilisée, en procédant de la même façon qu'à la question 1°, on a :

– une longueur telle que $L = \frac{3{,}5 \times 150}{1{,}7}$; soit $L = 309$ nm,

– et une largeur telle que $l = \frac{3{,}0 \times 150}{1{,}7}$; soit $l = 265$ nm.

Calculons la surface de ce rectangle :

$A = L \times l = 309 \times 265 = 8{,}2 \times 10^4$ nm².

Sur la photographie, nous pouvons observer de façon approximative la présence de 9 particules ; par suite, la surface réellement occupée par les 9 particules est $S = 9 \times 8{,}8 \times 10^3$, soit :

$S_p = 7{,}9 \times 10^4$ nm².

Le pourcentage d'espace occupé par ces particules est : $\boldsymbol{P} = \left(\frac{S_p}{A}\right) \times 100 =$ **96 %**.

9 1° Le **phospholipide** est composé d'une **tête hydrophile** et d'une **queue hydrophobe**.

2° Une molécule **hydrophile** signifie qu'elle **a des affinités avec l'eau** (soluble dans l'eau). Une molécule **hydrophobe** signifie qu'elle est **soluble dans des corps gras mais** qu'elle est **insoluble dans l'eau**.

3° Les liposomes se forment en milieu aqueux : les phospholipides se disposent donc de façon à n'avoir que leur partie hydrophile en contact avec l'eau. La seule disposition possible est donc cette double couche.

4° Comme les **liposomes** ont des structures comparables à celle des membranes cellulaires, leur **utilisation permet de faire passer des molécules** qui ne seraient pas compatibles avec celles-ci, **en évitant toute dégradation** de la molécule active. Le principe actif arrive ainsi directement au cœur de la cellule.

5° • Un **antioxydant** est une molécule qui **diminue ou empêche l'oxydation** d'autres substances chimiques et qui permet ainsi de limiter la production de radicaux libres, ces derniers pouvant dégrader nos cellules, s'ils se trouvent en excès dans notre organisme.

• Les **collagènes** sont un type de **protéines qui ont pour fonction de conférer aux tissus une résistance mécanique à l'étirement.**

6° Les queues hydrophobes du phospholipide se placent dans la goutte d'huile et les têtes hydrophiles sont à l'extérieur de la goutte, en contact avec le milieu aqueux.

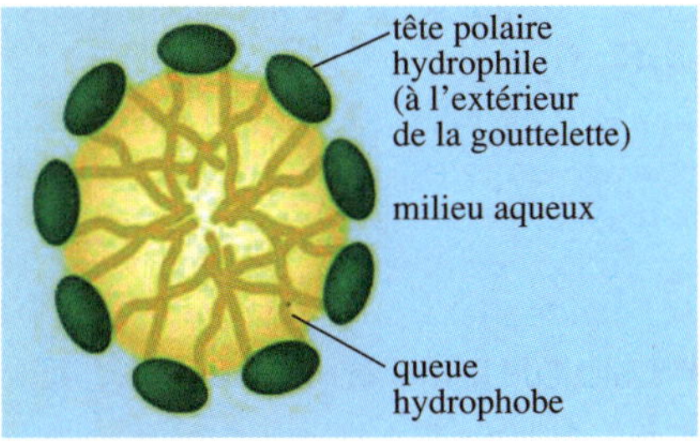

10 1° Certains textiles sont appelés « **cosméto-textiles** » ou « texticaments », car ils ont la **propriété de diffuser des principes actifs dans l'organisme**. Ils ont ainsi un double emploi.

cours exercices interro corrigés

2° Le principe actif contenu dans la capsule est libéré grâce au frottement entre la peau et la fibre textile.

3° Les microcapsules sont des capsules de taille micrométrique.

5 µm = 5 × 10³ nm.

4° La **paroi** de la capsule est formée par un **polymère, le nylon**.

5° Les **réactifs** lors de la fabrication de la microcapsule sont l'**hexanediamine** et le **chlorure d'hexanedioyle**.

6°

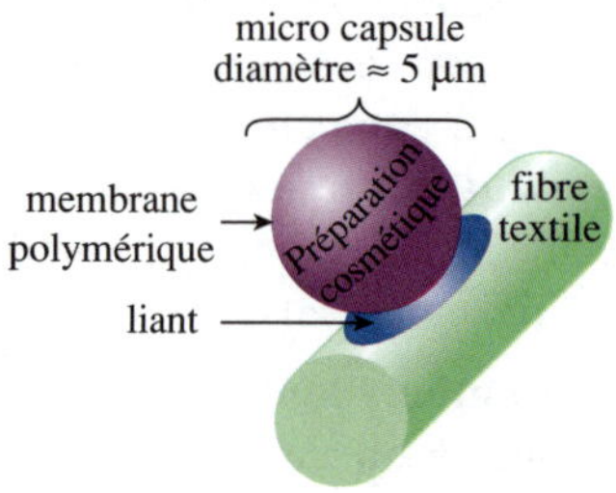

11

1°

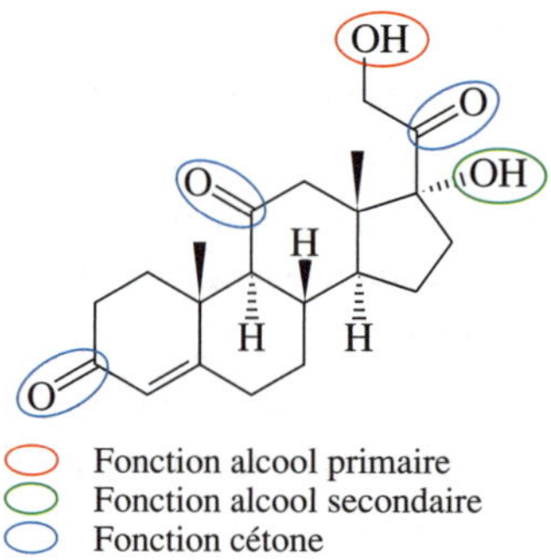

2° La formule brute de la cortisone est : $\mathbf{C_{21}H_{28}O_5}$.

Ne pas oublier que la représentation de la molécule est topologique et de compter les deux groupements CH_3 fixés sur les deux liaisons figurant en gras (liaisons en avant du plan de la feuille).

3° Calcul de la masse molaire moléculaire de la cortisone :

$$M(C_{21}H_{28}O_5) = 21 \times M(C) + 28 \times M(H) + 5 \times M(O)$$

$= 21 \times 12 + 28 \times 1 + 5 \times 16$

$= 360 \text{ g} \cdot \text{mol}^{-1}$.

Déterminons les pourcentages massiques en notant la formule brute $C_xH_yO_z$:

$$\%(\mathbf{C}) = \frac{x \times M(C)}{(C_{21}H_{28}O_5)} \times 100 = \frac{21 \times 12}{360} \times 10 = \mathbf{70\ \%}$$

$$\%(\mathbf{H}) = \frac{y \times M(C)}{(C_{21}H_{28}O_5)} \times 100 = \frac{28 \times 1}{360} \times 100 = \mathbf{7{,}8\ \%}$$

$$\%(\mathbf{O}) = \frac{y \times M(C)}{(C_{21}H_{28}O_5)} \times 10 = \frac{5 \times 16}{360} \times 100 = \mathbf{22{,}2\ \%}.$$

12 1° Le **composé A** est l'**anhydride éthanoïque** de formule :

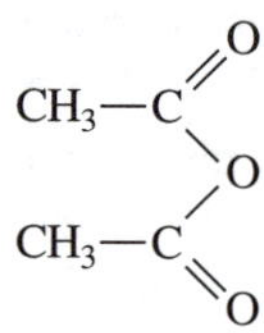

2° Le composé obtenu avec le paracétamol est l'**acide éthanoïque** de formule :

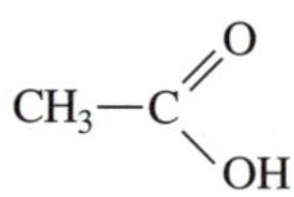

3° **Formule de Lewis du 1-amino-4-hydroxybenzène :**

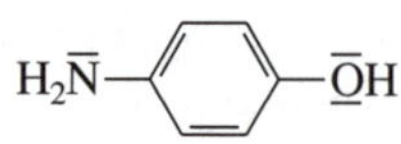

Formule de Lewis de l'anhydride éthanoïque :

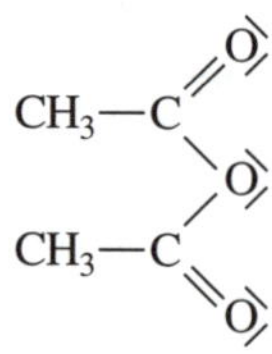

4° Chromatographie : on obtient une seule tache pour le produit de la synthèse ; c'est donc un corps pur. Le rapport frontal est identique pour le témoin et pour le produit de la synthèse : **le produit synthétisé est bien du paracétamol**.

5° La mesure du point de fusion permet d'identifier le produit (solide cristallisé) de la synthèse. Cette caractérisation s'effectue à l'aide d'un **banc Kofler**.

6° Détermination du réactif en excès :

• Calculons la quantité de matière d'anhydride acétique (A) :

$$n(A) = \frac{m(A)}{M(A)} ;$$

– formule brute de A : $C_4H_6O_3$;

– masse molaire de A :

$M(A) = 4 \times 12 + 6 \times 1 + 3 \times 16$
$= 102 \text{ g} \cdot \text{mol}^{-1}$;

– masse de A introduite :

$m(A) = \rho(A) \cdot V(A)$,

avec la masse volumique du liquide A, $\rho(A) = 1{,}08 \text{ g} \cdot \text{cm}^{-3}$.

$m(A) = 1{,}08 \times 3{,}5 = 3{,}78$ g.

finalement : $n(A) = \frac{3{,}78}{102} = 0{,}037$ mol.

• Calculons la quantité de matière du 1-amino-4-hydroxybenzène :

– formule brute : C_6H_7ON ;

– masse molaire

$M(C_6H_7ON) = 6 \times 12 + 7 \times 1 + 1 \times 16 + 1 \times 14$
$= 109 \text{ g} \cdot \text{mol}^{-1}$;

finalement :

$$n(C_6H_7ON) = \frac{m(C_6H_7ON)}{M(C_6H_7ON)} = \frac{2{,}8}{109} = 0{,}026 \text{ mol.}$$

• Établissons le tableau d'avancement :

Équation chimique		$(CH_3-CO)_2O$ + $NH_2-C_6H_4-OH$ → $CH_3-CO-NH-C_6H_4-OH$ + CH_3-CO_2H				
État du système	Avancement	Quantité de matière en mol				
État initial	0	$3{,}7 \times 10^{-2}$	$2{,}6 \times 10^{-2}$	0	/	/
En cours	x	$3{,}7 \times 10^{-2} - x$	$2{,}6 \times 10^{-2} - x$	x	/	/
État final	x_{max}	$3{,}7 \times 10^{-2} - x_{max}$	$2{,}6 \times 10^{-2} - x_{max}$	x_{max}	/	/

Calcul de l'avancement maximal à partir de l'équation de la réaction :

– Si l'anhydride acétique (A) est le réactif limitant : $3{,}7 \times 10^{-2} - x_{max1} = 0$, donc $x_{max1} = 3{,}7 \times 10^{-2}$ mol.

– Si le 1-amino-4-hydroxybenzène est le réactif limitant : $2{,}6 \times 10^{-2} - x_{max2} = 0$, donc $x_{max2} = 2{,}6 \times 10^{-2}$ mol.

On a $x_{max2} < x_{max1}$.

Par conséquent, $x_{max} = 2{,}6 \times 10^{-2}$ mol.

Le 1-amino-4-hydroxybenzène est le réactif limitant, donc l'anhydride acétique est en excès.

7° La mesure du volume de A à l'éprouvette n'est pas très précise. Néanmoins, le composé A est ajouté en excès ; cette imprécision n'est donc pas dérangeante.

8° Calcul du rendement :

d'après l'équation de la réaction, 1 mol de 1-amino-4-hydroxybenzène fournit 1 mol de paracétamol ; par suite, la quantité de matière théorique maximale du paracétamol que l'on peut obtenir est 0,026 mol.

Soit une masse théorique de

$m(\text{paracétamol}) = n(\text{paracétamol}) \times M(\text{paracétamol})$.

– La formule brute du paracétamol est : $C_8H_9NO_2$.

– $M(C_8H_9NO_2) = 8 \times M(C) + 9 \times M(H) + 2 \times M(O) + 1 \times M(N)$
$= 8 \times 12 + 9 \times 1 + 2 \times 16 + 14$;
$M(C_8H_9NO_2) = 151 \text{ g} \cdot \text{mol}^{-1}$.

– $n(\text{paracétamol}) = x_{max}$
$= 2{,}6 \times 10^{-2}$ mol ;

– **m(paracétamol)** = 0,026 × 151
= **3,93 g**.

C'est la **masse théorique que l'on peut obtenir**.

Rendement

$$= \frac{\text{masse expérimentale}}{\text{masse théorique}} \times 100$$

$$= \frac{2,01}{3,93} \times 100 = \mathbf{51\ \%}.$$

Pour aller plus loin

13 **1°** La **vectorisation** correspond au **transport des médicaments vers une cellule cible**.

2° Les avantages de l'utilisation des nanomédicaments sont la possibilité de mieux cibler les zones infectées sans toucher aux zones saines, de pouvoir administrer des doses plus faibles car les médicaments ne sont pas dégradés avant d'arriver sur la zone infectée.

3° **L'ordre de grandeur est de 10^{-9} m.**

4° Le **nanomédicament** est **enrichi de molécules capables de se lier à certains récepteurs spécifiques de la cellule cible.**

5° Les **liposomes** sont un **ensemble de molécules qui forment une cavité constituée d'une double couche de lipides et d'un compartiment aqueux**. Les liposomes sont utilisés en nanomédecine pour enrober un médicament (voir exercice 9).

14 **1°** Les formules semi-développées de ces trois composés sont :

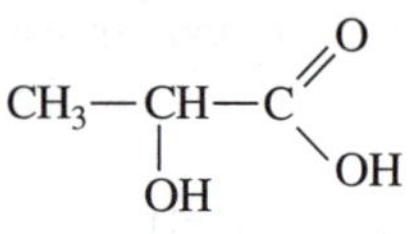

acide lactique

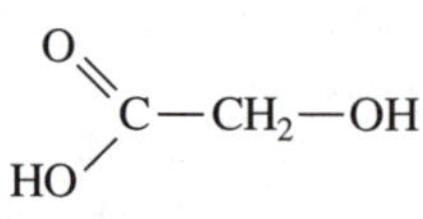

acide glycolique

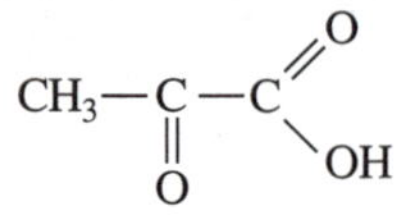

acide pyruvique

2° Leurs formules brutes sont :

acide lactique $C_3H_6O_3$

acide glycolique $C_2H_4O_3$

acide pyruvique $C_3H_4O_3$

3° Les **fonctions organiques** présentes chez chacune de ces molécules sont :

– **acide lactique** : une **fonction alcool secondaire** et une **fonction acide carboxylique** ;

– **acide glycolique** : une **fonction alcool primaire** et une **fonction acide carboxylique** ;

– **acide pyruvique** : une **fonction cétone** et une **fonction acide carboxylique**.

4° La **fonction organique présente chez les trois composés** est la **fonction acide carboxylique**.

L'interrogation écrite

15 **1°** Le groupement entouré est le **groupe carboxyle**.

2° a) Acide salicylique :

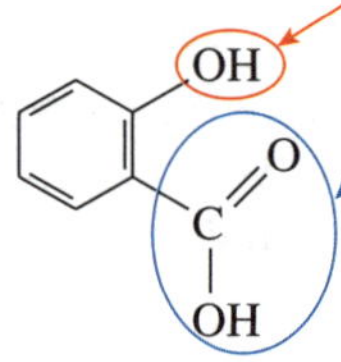

b)

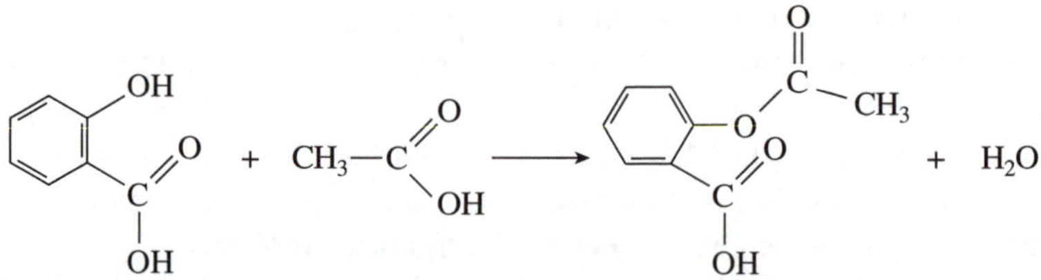

acide salicylique + acide éthanoïque = aspirine + eau

c)

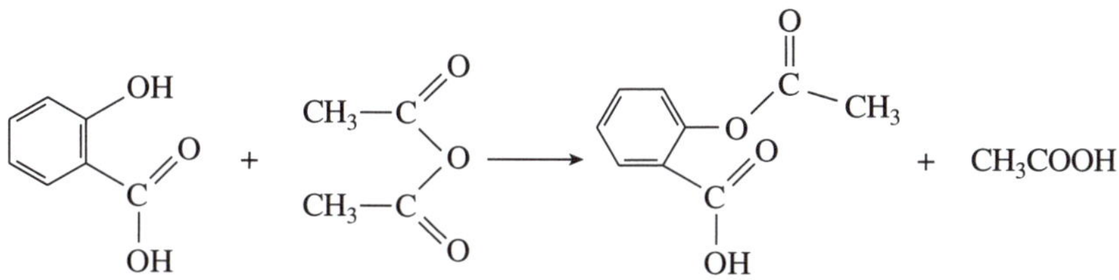

acide salicylique + anhydride éthanoïque = acide acétylsalicylique + acide éthanoïque

3° a) Montrons que l'anhydride éthanoïque est en excès.

Calculons les quantités de matière des réactifs introduits :

• $n(\text{ac. salicylique}) = \dfrac{m(\text{ac. salicylique})}{M(\text{ac. salicylique})}$

$= \dfrac{13{,}8}{138} = 0{,}100$

$= 0{,}100$ mol ;

• $n(\text{anh. éthanoïque})$

$= \dfrac{m(\text{anh. éthanoïque})}{M(\text{anh. éthanoïque})}$

et $m(\text{anh. éthanoïque})$

$= \rho(\text{anh. éthanoïque}) \,.\, V(\text{anh. éthanoïque})$

$= 1{,}08 \times 25 = 27$ g.

soit

$n(\text{anh. éthanoïque}) = \dfrac{27}{102} = 0{,}265$ mol.

On a :

$n(\text{ac. salicylique}) < n(\text{anh. éthanoïque})$.

La réaction s'effectuant mole à mole, on en déduit que l'anhydride éthanoïque est introduit en excès.

b) Le **chauffage à reflux** évite que des réactifs ou des produits, une fois à l'état gazeux, ne se dégagent à l'extérieur. Ils sont condensés, sous l'effet de l'eau froide, passent à l'état liquide et restent ainsi dans le milieu réactionnel. Cette réaction s'effectue sans perte de matière.

c) L'anhydride éthanoïque est en excès ; il en reste donc en fin de réaction. Pour le transformer en acide éthanoïque, moins réactif et plus soluble dans l'eau, on ajoute de l'eau. Cette réaction étant vive, il est préférable de la réaliser sans enlever le réfrigérant.

d)

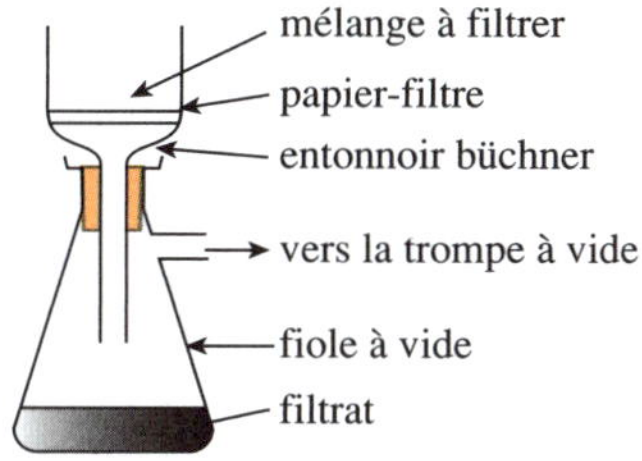

e) Étude quantitative de la réaction.

Le rendement est : $\eta = \dfrac{x_f}{x_{max}}$.

Quantité de matière d'aspirine à l'état final : $x_f = \dfrac{m(\text{aspirine obtenue})}{M(\text{aspirine})} = \dfrac{12{,}0}{180}$;

$x_f = 0{,}067$ mol.

Finalement, $\eta = \dfrac{\mathbf{0{,}067}}{\mathbf{0{,}100}} = \mathbf{67\ \%}$.

CHAPITRE 9

Synthèse de verres, céramiques et matières plastiques

Agir

LE COURS

L'état solide correspond à un empilement d'entités chimiques (atomes, ions ou molécules) qui occupent des positions bien définies dans l'espace.

Il existe trois types d'arrangements :

– **les états désordonnés des *solides amorphes* ou verres**, dans lesquels l'assemblage des entités ne présente pas d'ordre à grande distance ;

– **les états ordonnés des *solides cristallins*** où, au contraire, l'assemblage est très régulier ;

– **les états intermédiaires** entre liquide et solide comme celui des cristaux liquides, des gels ou des colloïdes.

Les solides amorphes

▶ EXERCICES D'APPLICATION 9 ET 11, pp. 162 et 164

▶ Les verres

Les verres sont des matériaux solides amorphes.

La structure d'un matériau amorphe ressemble à celle d'un liquide. Mais, contrairement à un liquide, les particules se déplacent difficilement les unes par rapport aux autres. **Un solide amorphe a une structure désordonnée. Sa structure est celle d'un liquide figé.**

Les verres ne possèdent pas de température de solidification ou de fusion nette contrairement aux solides cristallisés. Le verre fortement chauffé n'est jamais fluide ; il devient visqueux à partir de 1 000 °C (fusion pâteuse).

Le verre est obtenu par fusion d'un mélange de sable constitué de silice (oxyde de silicium SiO_2), de chaux (oxyde de calcium CaO), de potasse (KOH) et de soude ($NaOH$).

Il renferme au moins 60 % de silice.

▶ Propriétés

La transparence du verre, liée à sa structure amorphe, constitue l'une de ses propriétés les plus importantes.

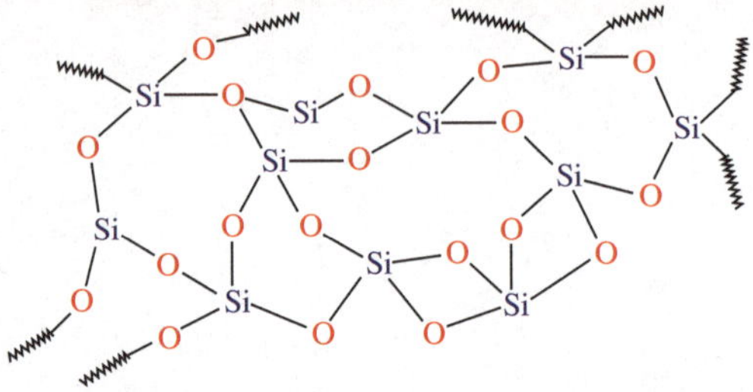

Structure amorphe de la silice, principal constituant du verre

Les verres sont des **matériaux fragiles** ; ils présentent de faibles résistances aux chocs thermiques. Une variation brutale de température de 80 °C provoque la rupture d'un verre ordinaire.

Les solides cristallins et céramiques ▶ EXERCICE D'APPLICATION 7, p. 161

Les solides cristallins

Autour de chaque atome, les proches voisins sont disposés suivant un arrangement bien défini qui se répète indéfiniment dans tout le cristal et dans toutes les directions : **cet ordre à grande distance caractérise l'état cristallin** (voir *chapitre* 2). Ainsi la silice, dans le quartz, a une structure cristalline.

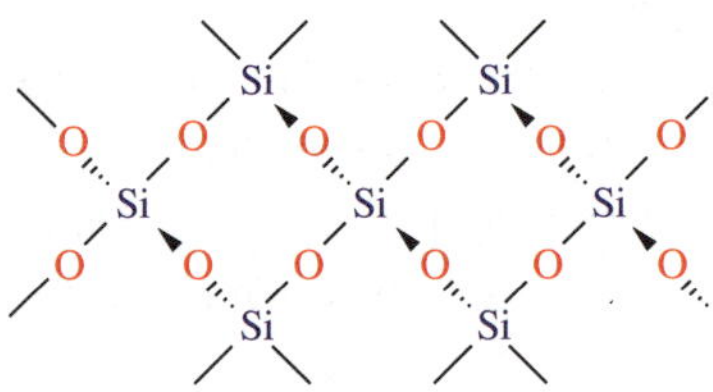

Forme cristallisée de la silice

Les solides cristallins ont de températures de fusion bien déterminées, ce qui les distingue des matériaux amorphes.

Les céramiques

On distingue les céramiques traditionnelles des céramiques techniques.

- **Les céramiques traditionnelles**

À l'origine, les céramiques étaient obtenues par traitement thermique d'un mélange d'argile (substance minérale naturelle) et d'eau pour la fabrication des poteries. Il existe différents types d'argiles, mais elles sont toutes constituées de silicates hydratés d'aluminium et, parfois, de fer ou de magnésium ; les silicates contiennent les ions SiO_4^{4-}.

- **Les céramiques techniques** (encore appelées céramiques industrielles ou néo-céramiques)

Ces céramiques n'utilisent que très peu de substances minérales naturelles ; les matières premières élaborées par la chimie sont :

– des oxydes d'aluminium, de silicium, de baryum, de magnésium, de titane, de zirconium :

– des non-oxydes comme les carbures, les nitrures, les borures…

La préparation par voie sèche consiste à chauffer des mélanges de poudres au-dessous de la température de fusion, ce qui a pour effet de souder les grains entre eux et d'assurer ainsi la cohésion (phénomène de frittage).

Les céramiques techniques présentent un grand intérêt industriel, car leurs propriétés, associées à une grande inertie thermique, sont multiples :

– propriétés mécaniques : grande dureté, résistance à l'usure ;

– propriétés thermiques : matériaux réfractaires, isolants thermiques, car faible conductivité thermique, faible dilatation thermique ;

– propriétés électriques : isolants électriques, car forte résistivité électrique ;

– propriétés magnétiques : fabrication d'aimants ; de bandes magnétiques et de disques durs d'ordinateurs.

Les solides intermédiaires : les matières plastiques

► EXERCICES D'APPLICATION 4 ET 6, pp. 159 et 160

Les matières plastiques sont dans un état intermédiaire entre l'ordre parfait d'un cristal et le désordre d'un liquide.

► Les polymères

L'élément de base de ces matériaux est une macromolécule (polymère) qui est formée par la répétition d'un groupe d'atomes (monomère), les monomères étant liés entre eux par des liaisons covalentes :

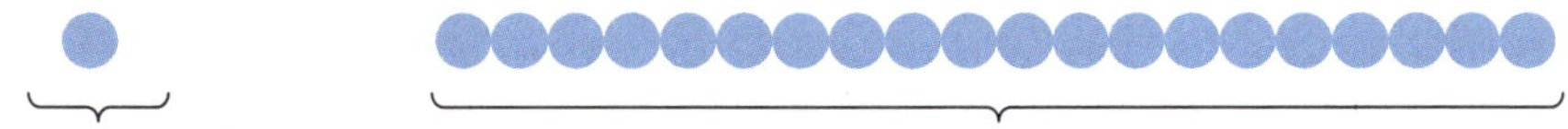

Les polymères sont des matériaux composés de molécules formant en général de longues chaînes d'atomes de carbone sur lesquels sont fixés des atomes, ou des groupements d'atomes comme le groupement méthyle ($-CH_3$).

Les polymères les plus connus sont le polychlorure de vinyle (PVC), le polyéthylène (PE) et le polystyrène (PS).

Les polymères étant formés de longues chaînes relativement flexibles, elles peuvent s'assembler entre elles et on distingue ainsi deux grands types d'organisation :

- **Les polymères cristallins**

Entre les domaines ordonnés (parties cristallines), il existe des zones désordonnées (parties amorphes) dans des proportions importantes (environ 30 %).

Exemples : polyéthylène, polypropylène…

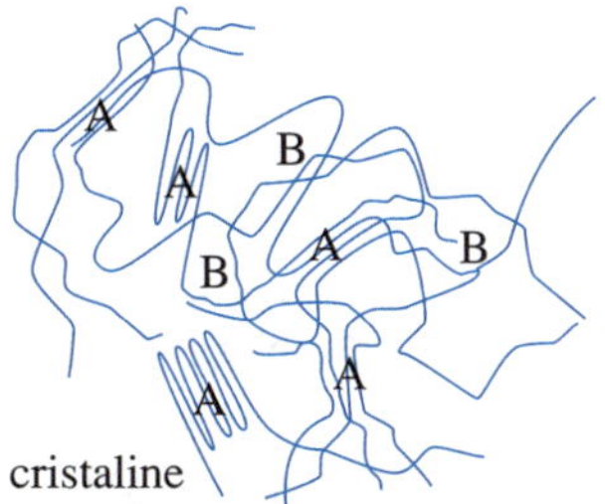

A : zone cristaline
B : zone amorphe

• **Les polymères amorphes**

Dans ces matériaux, le désordre peut avoir plusieurs origines : soit les chaînes ont perdu leur régularité, soit les chaînes restent emmêlées les unes aux autres.

Exemple : polyméthacrylate de méthyle (plexiglas).

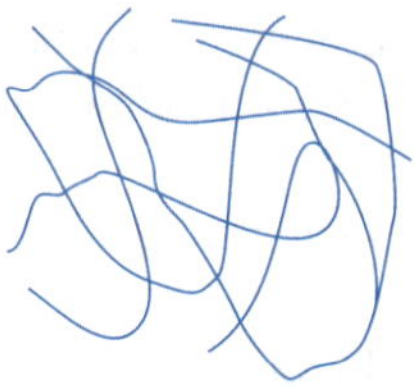

Polymère ayant une structure amorphe

► Les deux méthodes de polymérisation : l'addition et la condensation

• **La polymérisation par addition**

Les monomères présentent une double liaison carbone-carbone (C═C), celle-ci peut s'ouvrir pour devenir (—C—C—), et « accrocher » d'autres monomères. On obtient ainsi, par ce procédé, une macromolécule linéaire qui croît par addition des monomères.

Il est possible d'ajouter :

– des molécules de même nature ; dans ce cas on obtient un *homopolymère*, par exemple, le polypropylène :

$$n\ CH_2{=}\underset{\displaystyle CH_3}{\underset{|}{CH}} \longrightarrow \underbrace{\underbrace{-CH_2-\underset{\displaystyle CH_3}{\underset{|}{CH}}}_{1\ \text{motif}}-CH_2-\underset{\displaystyle CH_3}{\underset{|}{CH}}-CH_2-\underset{\displaystyle CH_3}{\underset{|}{CH}}}_{n\ \text{motifs}}-\ \ldots$$

ou noté $\left[CH_2-\underset{\displaystyle CH_3}{\underset{|}{CH}} \right]_n$

– des molécules de natures différentes pour donner un *copolymère* ; le polystyrène-acrylonitrile (SAN), par exemple.

• **La polymérisation par condensation**

Alors que dans la polymérisation par addition, tous les atomes des monomères se retrouvent dans le polymère, la polymérisation par condensation s'accompagne de la formation de sous-produits.

Exemple : synthèse d'un polyamide, le nylon 4,6

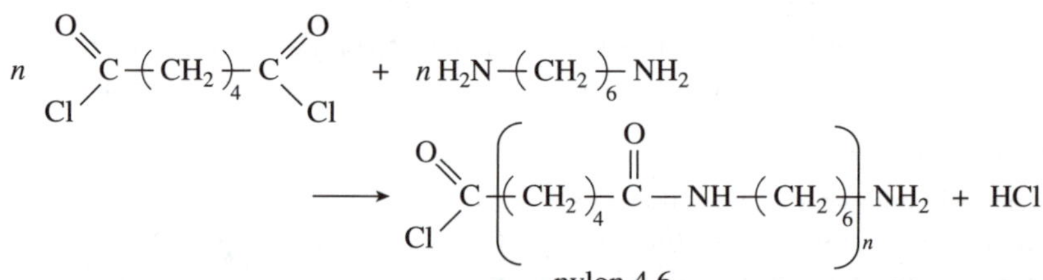

nylon 4,6

• Les polymères se classent selon de grandes familles : les **thermoplastiques**, les **thermodurcissables** et les **élastomères**.

Les matières thermoplastiques se ramollissent lorsqu'on les chauffe au-dessus d'une certaine température et redeviennent dures lorsqu'on les refroidit. De ce fait, elles sont facilement recyclables après broyage et moulage.

Les matières thermoplastiques comportent des chaînes de polymères linéaires, ou ramifiées. Ces chaînes ne sont liées entre elles que par des liaisons de faible intensité. L'élévation de température facilite le déplacement des chaînes les unes par rapport aux autres, ce qui permet la mise en forme de ces matières à l'état fondu.

Les matières thermodurcissables durcissent lorsqu'on les chauffe. Ce phénomène est irréversible : elles restent dures lorsqu'on les refroidit.

Les matières thermodurcissables sont constituées d'un réseau tridimensionnel de macromolécules sans possibilité de déplacement des chaînes les unes par rapport aux autres.

Les élastomères sont des matières plastiques présentant une très grande élasticité.

Ils possèdent de grandes chaînes linéaires faiblement reliées entre elles. Pour améliorer leur cohésion, on crée des ponts entre les chaînes avec des atomes de soufre (vulcanisation). En l'absence de contrainte, les chaînes sont repliées sur elles-mêmes et, lorsqu'on exerce des forces d'étirement, les chaînes se déplient pour donner un allongement important. Lorsque ces forces cessent, les chaînes soumises uniquement à l'agitation thermique se replient sur elles-mêmes et l'élastomère reprend sa longueur initiale : la déformation est réversible.

LES DIFFICULTÉS DU CHAPITRE

Déterminer la formule d'un polymère à partir de celle du monomère lors d'une polyaddition

Lors d'une polyaddition, la réaction d'un monomère comportant une double liaison C=C sur sa chaîne principale consiste en l'**ouverture de cette double liaison** et en la formation de liaison simple C—C sur la chaîne principale du polymère :

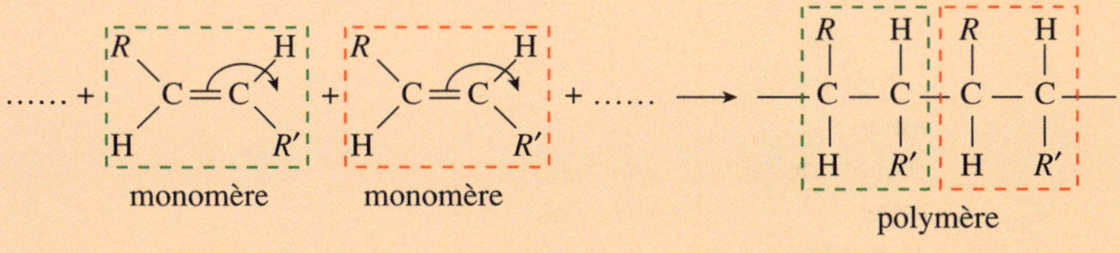

Dans la structure du polymère, on retrouve des blocs correspondant à chacune des unités monomères.

Exemple : formation du polyacrylonitrile

Le monomère utilisé ici est l'acrylonitrile.

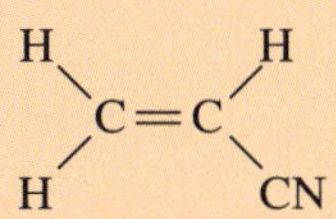

La réaction permettant de former le polyacrylonitrile est :

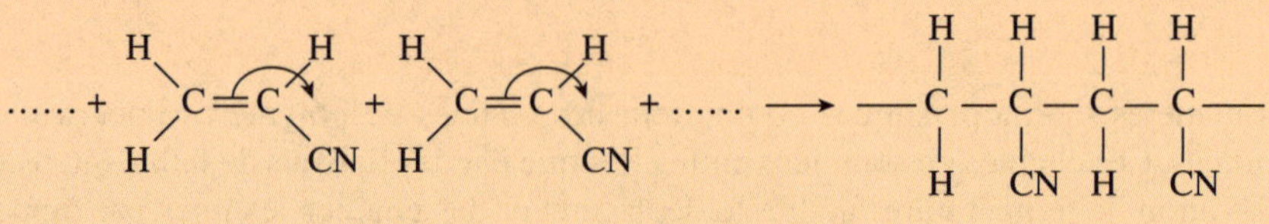

Le polyacrylonitrile est donc le polymère de formule générale :

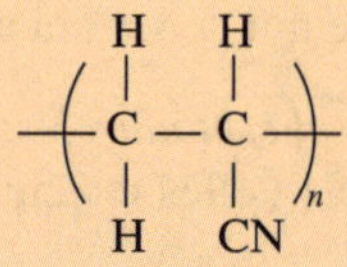

Connaître les abréviations des noms des polymères

Nom du polymère	Polyéthylène téréphtalate	Polyéthylène haute densité	Polychlorure de vinyle	Polyéthylène basse densité
Abréviation	PET	PE-HD	PVC	PE-BD
Code de recyclage	01	02	03	04
Utilisations	production de bouteilles de boissons gazeuses, moquettes et tapis de sols, brosses et pinceaux, etc.	production de bouteilles, sacs de caisses, poubelles, tuyauteries, équipements d'aires de jeu	production de tuyaux, pull-overs, grillages, bouteilles non alimentaires	production de sacs et de films plastiques

Nom du polymère	Polypropylène	Polystyrène	Autres polymères
Abréviation	PP	PS	O
Code de recyclage	05	06	07
Utilisations	production de pièces automobiles, moquettes et tapis de sols, fibres géotextiles et industrielles	production de nombreux jouets, boîtiers et panneaux d'isolation	

EXERCICES

Tester ses connaissances

1 QCM 1 (corrigés p. 167)

Parmi les affirmations suivantes, lesquelles sont vraies ?

1° L'état solide peut être amorphe, cristallin ou intermédiaire.

2° À l'état liquide, les molécules sont ordonnées.

3° À l'état gazeux, les molécules sont désordonnées.

4° La structure d'un matériau amorphe est identique à celle d'un liquide figé.

5° Les verres sont des matériaux cristallins.

6° Les verres sont des matériaux transparents.

2 QCM 2 (corrigés p. 167)

Parmi les affirmations suivantes, lesquelles sont vraies ?

1° Dans les solides moléculaires, cristallins, les molécules sont désordonnées.

2° Les céramiques ont une faible résistance à la corrosion.

3° Les céramiques sont des composés très mous.

4° Les céramiques ont des températures de fusion élevées.

5° Les poteries constituent les céramiques traditionnelles.

3 QCM 3 (corrigés p. 167)

Parmi les affirmations suivantes, lesquelles sont vraies ?

1° Un polymère est une micromolécule.

2° Le caoutchouc est un élastomère.

3° La production de polymères ne se fait que par polyaddition.

4° Les polymères sont formés à partir des monomères.

5° Il est possible de recycler les polymères thermoplastiques.

6° Les élastomères sont des polymères qui présentent des propriétés élastiques.

Maîtriser les méthodes

Les exercices de cette rubrique font appel aux méthodes de base, qu'il faut maîtriser. Ils font l'objet d'une correction guidée pas à pas, qui récapitule ces méthodes, pour mieux les mémoriser.

4 FORMATION DU POLYSTYRÈNE (corrigés p. 167)

Le polystyrène peut être obtenu par polymérisation par addition du styrène de formule :

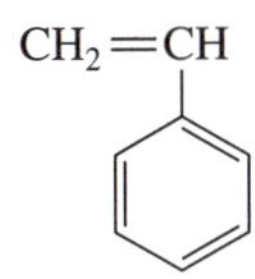

1° Écrire l'équation de la réaction de polymérisation.

2° Quelle est la formule brute du styrène ? En déduire sa masse molaire.

3° Sachant que la masse molaire du polystyrène est de 18 kg · mol^{-1}, en déduire le nombre d'unités monomères utilisées.
4° Donner la composition massique du polystyrène.
5° Donner quelques utilisations connues du polystyrène.
On donne les masses molaires : $M(C) = 12$ g · mol^{-1} et $M(H) = 1$ g · mol^{-1}.

5 TROUVER LES FORMULES DES POLYMÈRES *(corrigés p. 167)*

Les polymères cités dans le tableau ci-dessous sont obtenus par polyaddition. Recopier et compléter le tableau.

Nom monomère	Formule monomère	Formule polymère
Éthylène	$CH_2=CH_2$	
Styrène	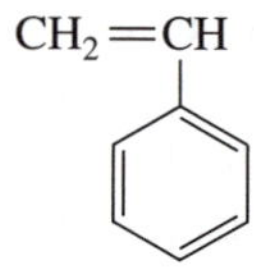	
Méthacrylate de méthyle		$-\!\!\left(CH_2-\underset{COOCH_3}{\overset{CH_3}{C}}\right)_{\!n}\!\!-$
Chlorure de vinyle	$CH_2=\underset{Cl}{CH}$	

6 TYPES DE POLYMÉRISATION *(corrigés p. 168)*

Indiquer, pour chaque équation ci-dessous, si elle correspond à une polyaddition ou à une polycondensation.

1° Synthèse d'un nylon

$$n(COOCl-R_1-COOCl) + n(H_2N-R_2-NH_2)$$
$$\rightarrow -\!\!\left(CO-R_1-CO-NH-R_2-NH\right)_{\!n}\!\!- + 2n(HCl)$$

R_1 : $(CH_2)_4$ $\qquad$ R_2 : $(CH_2)_6$

2° Synthèse du polychlorure de vinyle

$$n\left(CH_2=\underset{Cl}{\overset{H}{C}}\right) \longrightarrow -\!\!\left(CH_2-\underset{Cl}{\overset{H}{C}}\right)_{\!n}\!\!-$$

3° Synthèse d'un polyester, le tergal®

$$\underset{\text{acide téréphtalique}}{n\,HO-\overset{O}{\overset{\|}{C}}-C_6H_4-\overset{O}{\overset{\|}{C}}-OH} + \underset{\text{éthylène glycol}}{n\,HO-(CH_2)_2-OH}$$

$$\longrightarrow \underset{\text{polyester : tergal } R}{-\!\!\left(\overset{O}{\overset{\|}{C}}-C_6H_4-\overset{O}{\overset{\|}{C}}-O-(CH_2)_2-O\right)_{\!n}\!\!-} + 2n\,H_2O$$

S'entraîner

7 CÉRAMIQUES : RELATION ENTRE STRUCTURE ET PROPRIÉTÉS ★★ 15 min

(corrigés p. 168)

La plupart des céramiques sont formées à partir des premiers éléments de la classification périodique (Li, C, N, O, Mg, Al, Si) et sont donc des matériaux relativement légers. Ainsi, certaines céramiques sont constituées d'alumine, de carbure de silicium ou de nitrure de silicium. Leur masse volumique, de l'ordre de 2 à 4×10^3 kg · m^{-3}, similaire à celle de l'aluminium, est beaucoup moins élevée que celle des autres métaux usuels. Cependant, les céramiques à base d'oxyde de zirconium ZrO_2 ou de carbure de tungstène WC sont plus denses.
Contrairement aux verres qui sont transparents, les céramiques sont généralement opaques car leur nature polycristalline provoque la diffusion de la lumière par les joints de grains et les porosités. Certaines céramiques denses à grains ultra-fins peuvent néanmoins être translucides et même transparentes.
Les liaisons chimiques de type iono-covalent sont des liaisons fortes qui confèrent une grande énergie de cohésion. Les céramiques ont de ce fait un point de fusion élevé, une grande inertie chimique, et résistent bien à la corrosion. Ces propriétés leur assurent une durée de vie pratiquement infinie et permettent aussi l'usage de certaines céramiques dans des milieux agressifs, même à des températures élevées. En raison de la robustesse des liaisons chimiques, les céramiques possèdent une grande rigidité et dureté. En contrepartie, les céramiques sont des matériaux fragiles, car il est difficile de déformer la structure d'un composé dont les liaisons chimiques sont fortes et dirigées. En conséquence, les céramiques ne possèdent pratiquement aucune plasticité et cassent avant de pouvoir se déformer.

D'après Daniel MICHEL,
Bulletin de l'Union des physiciens (BUP),
n° 790-791, janvier-février 1997

1° En utilisant le tableau périodique, répondre aux questions suivantes :

a) Pourquoi la plupart des céramiques ont-elles une faible masse volumique ?

b) Pourquoi les céramiques à base d'oxyde de zirconium ZrO_2 ou de carbure de tungstène WC sont-elles plus denses ?

c) Indiquer la structure électronique de l'aluminium, de l'oxygène, du silicium, de l'azote et du carbone. En déduire la valence de chacun de ces éléments. En déduire la formule de l'alumine, du carbure de silicium et du nitrure de silicium

2° D'après le texte, qu'appelle-t-on liaison iono-covalente ?

3° Pourquoi les céramiques sont fragiles et peu déformables ?

4° Pourquoi les céramiques ne sont-elles pas transparentes comme les verres ?

8 LE POLYSTYRÈNE CHOC ★★★ 15 min

(corrigés p. 169)

Le polystyrène choc est doté d'une grande résistance mécanique, associée à une flexibilité remarquable. Il résiste à l'abrasion et aux produits chimiques. Ce mélange de plusieurs propriétés est dû à la présence de deux types de polymères apportant chacun leurs propriétés spécifiques.

1° **Le polystyrène** est une matière plastique dure, bon marché et très commune.

Son monomère est le styrène de formule :

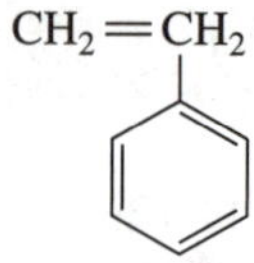

a) Écrire la réaction de polymérisation du polystyrène et donner son motif. Indiquer le type de polymérisation mis en jeu.

b) Calculer la masse molaire du styrène et la masse molaire moyenne du polystyrène, son indice de polymérisation étant de 1 400.

2° **Le polybutadiène** est un élastomère utilisé pour les pneus, les durites et joints de l'automobile, car il résiste bien aux hautes températures. Son motif est :

$$\left(H_2C-CH=CH-CH_2 \right).$$

Indiquer la formule chimique de son monomère, le butadiène. Pourquoi le nomme-t-on ainsi ?

3° **Le polystyrène choc** est un copolymère (la molécule est une association de deux polymères) plus résistant, moins fragile et supportant mieux les impacts importants que le polystyrène.

On le produit en faisant polymériser du styrène avec un peu de butadiène.

Il est représenté par le modèle ci-contre.

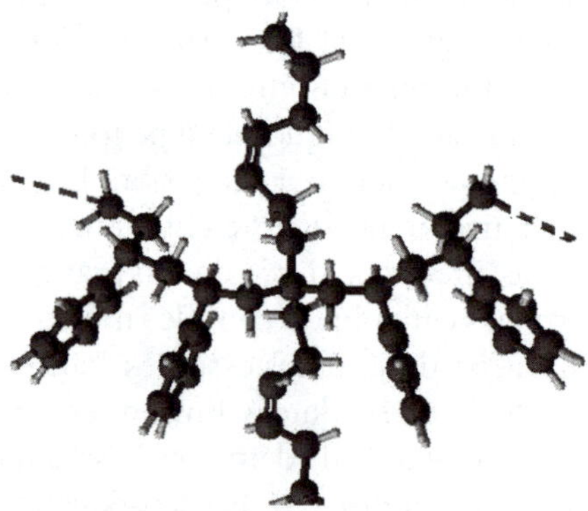

a) Encadrer la chaîne principale provenant du styrène. Encadrer la chaîne provenant du butadiène.

b) Comment expliquer que les qualités mécaniques du polystyrène choc sont supérieures à celles du polystyrène ?

Pour aller plus loin

9 FABRICATION DU VERRE ★★★★ 20 min

(corrigés p. 169)

Le verre courant silico-sodo-calcique utilisé dans le bâtiment est un complexe de silicate de sodium de formule :

$$SiO_2(Na_2O)_m(CaO)_n$$

L'oxyde de sodium Na_2O est un fondant qui a pour but d'abaisser le point de fusion de la silice (vers 1 000 °C).

L'oxyde de sodium réagit sur la silice suivant l'équation de réaction suivante :

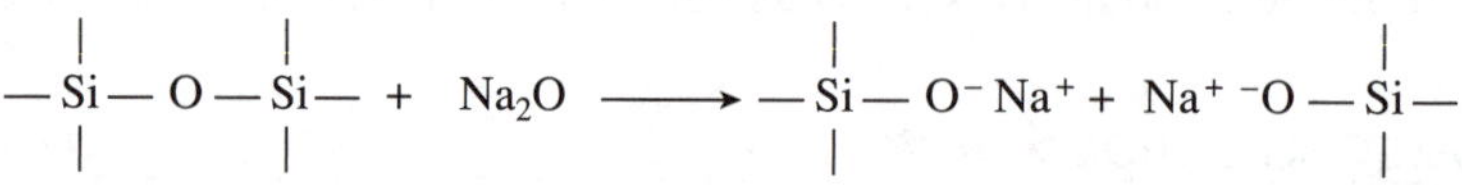

1° Quelle est la nature de la liaison entre le silicium et l'oxygène ? entre l'oxygène et le sodium ?

Pourquoi l'adjonction de Na_2O permet-elle d'abaisser le point de fusion du verre sachant que la liaison entre le silicium et l'oxygène est six fois plus forte que la liaison entre l'oxygène et le sodium ?

Quel est l'intérêt de cet abaissement de température ?

2° L'inconvénient de l'ajout d'oxyde de sodium est l'augmentation de la solubilité dans l'eau.

On y remédie en créant de nouvelles liaisons ioniques, comme dans SiO^-Na^+, mais en utilisant des ions divalents. Cette opération est réalisée par ajout de carbonate de calcium et de magnésium.

a) Quelles sont les formules du carbonate de calcium et du carbonate de magnésium ?

b) Quelles sont les formules des cations divalents de calcium et de magnésium ?

c) Écrire la réaction du même type que la réaction précédente montrant l'effet de l'ajout de carbonate de calcium. Quel est le gaz qui se dégage au cours de cette réaction ?

d) La liaison ionique entre le calcium et l'oxygène est 1,6 fois plus forte que la liaison entre le sodium et l'oxygène. Pourquoi ces verres-là sont-ils moins solubles ? Sont-ils rendus plus fusibles ou moins fusibles ?

3° Déterminer les valeurs (non entières) prises par les indices m et n dans un verre fabriqué à partir des pourcentages massiques ci-dessous :

– 58 % de silice (de masse molaire 60 g · mol^{-1}),

– 23 % de carbonate de calcium (de masse molaire 100 g · mol^{-1}),

– 19 % de sulfate de sodium (de formule Na_2SO_4, de masse molaire 142 g · mol^{-1}).

10 LE CAOUTCHOUC NATUREL ★★★ 15 min

(corrigés p. 170)

Le polyisoprène, issu de la sève de l'hévéa, est un polymère naturel : le caoutchouc. On peut le synthétiser en industrie à partir d'un monomère : l'isoprène de formule :

$$CH_2{=}\underset{\displaystyle CH_3}{\underset{|}{C}}{-}CH{=}CH_2$$

1° Combien de doubles liaisons la molécule d'isoprène contient-elle ?

2° Quel est le nom officiel de ce monomère : 2-méthylbuta-1,3-diène ? 3-méthylbuta-1,3-diène ? 2-méthylbuta-2-ène ?

3° Écrire le motif du polymère appelé « polyisoprène ». De combien d'atomes de carbone et d'hydrogène est-il composé ?

4° De quel type de polymérisation s'agit-il ?

Afin d'augmenter l'élasticité du caoutchouc, on incorpore du soufre. Cette opération, effectuée à chaud, est appelée vulcanisation : elle établit des ponts entre les chaînes du polymère.

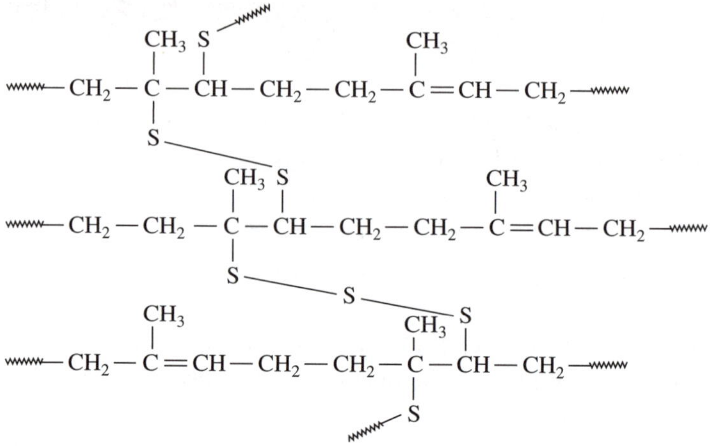

5° À quels niveaux des chaînes, ces ponts soufrés s'installent-ils ? Quelle modification de la chaîne entraîne la vulcanisation ? Pourquoi ce procédé améliore-t-il l'élasticité du caoutchouc ?

6° Que pourrait-il se passer si le taux de soufre était trop important ?

11 PRÉPARATION D'UN VERRE À BASE DE BORE ★★★★ 30 min *(corrigés p. 170)*

On peut obtenir un matériau ressemblant à du verre, dans des conditions de température facilement réalisables au laboratoire.

On mélange dans un mortier 16,8 g d'acide borique $B(OH)_3$ ($M = 61{,}8\ g \cdot mol^{-1}$) et 3,6 g de borate de sodium $Na_2B_4O_7$ ($M = 201{,}3\ g \cdot mol^{-1}$) encore appelé borax que l'on peut noter aussi : $Na_2O{,}2\,B_2O_3$.

On remplit un creuset de ce mélange et on chauffe à 800 °C /900 °C à l'aide d'un bec Meker. La poudre fond rapidement et de l'eau se forme et s'évapore. Il se forme une mousse blanchâtre visqueuse ; le mélange finit par retomber en se vitrifiant.

1° Calculer les quantités de matière totales de bore, de sodium et d'oxygène introduites dans le mélange.

2° L'acide borique chauffé se déshydrate ; il se forme de l'oxyde de bore B_2O_3 et de l'eau. Écrire l'équation de réaction de cette transformation chimique.

3° Quelle quantité de matière d'élément oxygène reste-t-il dans le verre, après évaporation de l'eau ?

4° Calculer la masse de verre synthétisé.

Données : $M(B_2O_3) = 69{,}6\ g \cdot mol^{-1}$; $M(Na_2O) = 62{,}0\ g \cdot mol^{-1}$.

12 FIBRES SYNTHÉTIQUES ★★★ 15 min *(corrigés p. 171)*

1° La fibre aramide est une fibre synthétique utilisée pour les textiles ; elle se caractérise par son excellente résistance à la chaleur en raison de son comportement face aux flammes (elle ne s'enflamme pas). Elle est largement utilisée dans la production de vêtements de protection, de filtration de l'air et pour l'isolation électrique.

Le motif de la fibre aramide est donné ci-après :

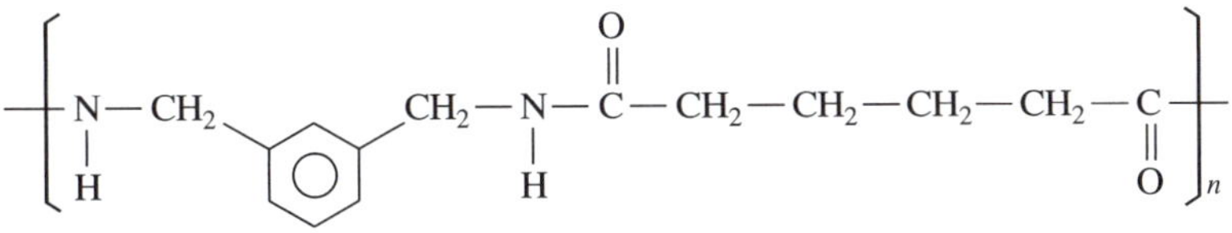

a) Après avoir recherché la structure de la fonction amide, justifier le fait que cette macromolécule appartient à la famille des polyamides.

b) Donner les formules semi-développées des molécules qui sont à l'origine du monomère.

Aide : une de ces molécules est un diacide carboxylique.

2° La préparation des fibres de la marque Rilsan®, propriété de la firme Rhône-Poulenc, nécessite l'utilisation de l'acide 11-amino undécanoïque de formule $NH_2-(CH_2)_{10}-CO_2H$.

a) Donner la formule semi-développée de l'acide 11-amino undécanoïque.

b) Encadrer, puis nommer les groupes fonctionnels présents dans cette molécule.

c) Écrire l'équation de la réaction de préparation du polymère Rilsan®.

d) Préciser le type de polymérisation mis en jeu.

e) Calculer la valeur du degré de polymérisation dans le cas d'un polymère de masse molaire 73 200 g . mol^{-1}.

Données : $M(\text{C}) = 12\ \text{g} \cdot \text{mol}^{-1}$; $M(\text{H}) = 1\ \text{g} \cdot \text{mol}^{-1}$; $M(\text{O}) = 16\ \text{g} \cdot \text{mol}^{-1}$; $M(\text{N}) = 14\ \text{g} \cdot \text{mol}^{-1}$.

L'interrogation écrite

13 SYNTHÈSE DU POLYSTYRÈNE 30 min

(corrigés p. 172)

Le polystyrène est un polymère bon marché ; c'est une matière dure, cassante et très transparente ; il sert, par exemple, à fabriquer les plaques d'isolation pour les maisons. Nous allons étudier le protocole de la synthèse du polystyrène à parti du styrène et du peroxyde de benzoyle.

L'équation de la réaction est la suivante :

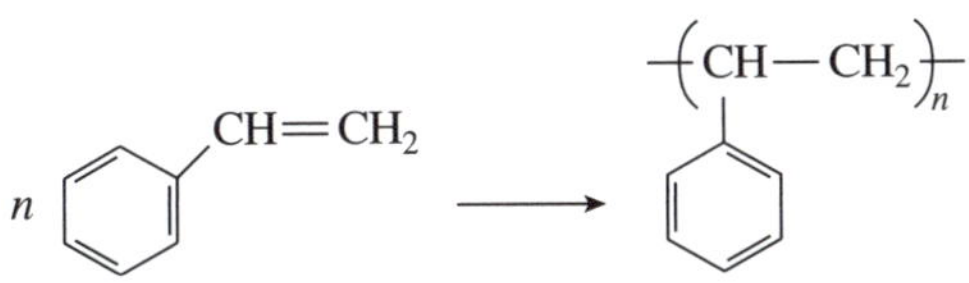

styrène → polystyrène

Dans un ballon de 100 mL, on place 3 mL de styrène, 1 mL de la solution de peroxyde de benzoyle et environ 10 mL de toluène anhydre ; on ajoute quelques grains de pierre ponce.

Puis on chauffe le mélange à reflux pendant environ une heure.

Après que le mélange a refroidi pendant 10 minutes, on bouche le ballon et on continue à le refroidir sous l'eau froide du robinet.

On verse dans un bécher 80 mL de méthanol, puis le contenu du ballon doucement, en agitant avec un agitateur en verre.

On filtre sous vide le polystyrène sur verre fritté, puis on rince le produit avec environ 20 mL de méthanol.

On laisse sécher le polystyrène 10 minutes sur le verre fritté.

Données :

	Densité	Masse molaire (g/mol)	Aspect	Température d'ébullition (°C)	Effets indésirables
styrène	0,9	104	liquide jaune	145	irrite les yeux et les muqueuses
toluène	0,866	92	liquide incolore	110	nocif
méthanol	0,78	32	liquide incolore	64,7	dangereux par inhalation et par contact cutané
peroxyde de benzoyle	1,3	242	solide blanc	/	explosif, irritant

1° Questions sur le protocole

a) Quelles sont les règles de sécurité à respecter lors de cette synthèse ? Justifier.

b) À quoi sert la pierre ponce ?

c) Compléter la légende du montage du chauffage à reflux.

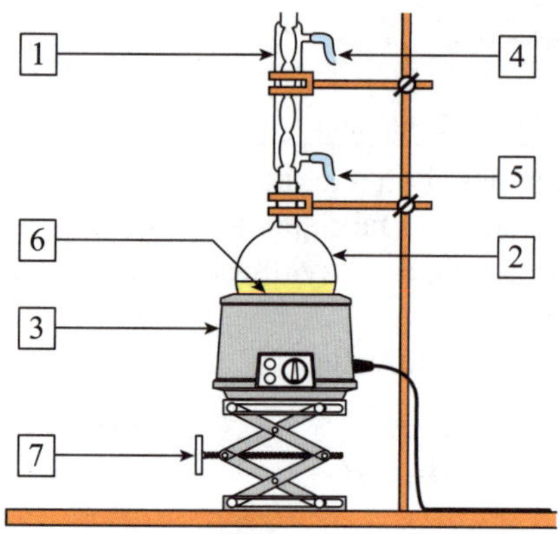

d) Quelle espèce est responsable du reflux ? Quelle est alors la température du mélange lors de la réaction de polymérisation ?

e) Pourquoi ne refroidit-on pas directement le ballon sous le robinet d'eau froide ?

f) Pourquoi verse-t-on le mélange dans du méthanol et pourquoi rince-t-on le polystyrène avec du méthanol ?

g) Avant le séchage, le polystyrène contient-il de l'eau ? Pendant le séchage, quel est le liquide qui s'évapore ?

2° Calculer la quantité de matière initiale du styrène introduite dans le ballon.

3° Quelle masse de polystyrène obtient-on si le rendement de la synthèse est de 80 % ?

CORRIGÉS

Tester ses connaissances

1 Affirmations **vraies** : **1° ; 3° ; 4° ; 6°.**

2 Affirmations **vraies** : **4° ; 5°.**

3 Affirmations **vraies** : **2° ; 4° ; 5° ; 6°.**

Maîtriser les méthodes

4 **1°** L'équation de la polymérisation est :

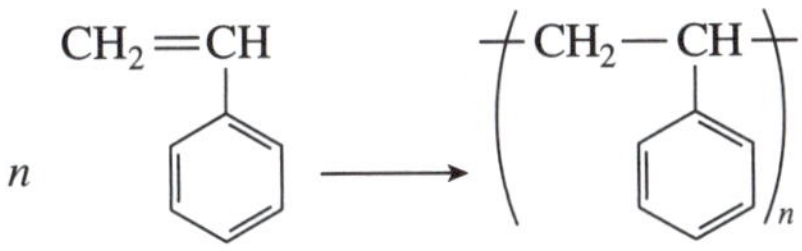

2° La formule brute du styrène est :

$$\mathbf{C_8H_8}.$$

Masse molaire du styrène :

$$\boldsymbol{M}(\mathbf{C_8H_8}) = M(\mathrm{C}) \times 8 + M(\mathrm{H}) \times 8$$
$$= 8 \times 12 + 8 \times 1$$
$$= \mathbf{104\ g \cdot mol^{-1}}.$$

3° Appelons M_m la masse molaire du monomère et M_p la masse molaire du polymère. Ces masses molaires sont liées par la relation :

$$\boldsymbol{M_p = n \cdot M_m},$$

avec n : nombre d'unités monomères (degré de polymérisation) ;

donc $n = \dfrac{M_P}{M_m}$; $n = \dfrac{18\,000}{104}$;

$\boldsymbol{n}$ **= 173 unités monomères**.

4° Le pourcentage massique de carbone dans cette molécule est donc :

$$\boldsymbol{P}(\mathbf{C}) = \frac{12 \times 8}{M_n} \times 100 = \frac{96}{104} \times 100$$
$$= \mathbf{92{,}3\ \%}.$$

On procède de la même façon pour l'hydrogène :

$$\boldsymbol{P}(\mathbf{H}) = \frac{1 \times 8}{M_n} \times 100 = \frac{8}{104} \times 100$$
$$= \mathbf{7{,}7\ \%}.$$

5° Les **utilisations les plus connues du polystyrène** sont les **emballages**, les **maquettes d'avion,** les **isolants dans le bâtiment**…

Exercice 4 : conseils à retenir

• Attention à la signification de la formule du styrène donnée dans l'énoncé : sur le cycle, les 5 atomes d'hydrogène ne sont pas représentés. Pour trouver la formule semi-développée suivante, on s'assure de la tétravalence du carbone :

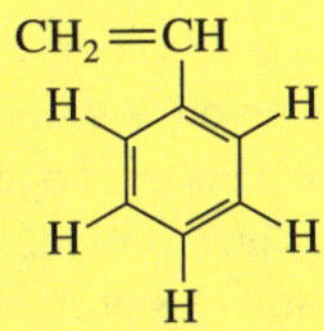

• Dans la relation $M_p = n \times M_m$, il faut être attentif aux unités : les masses molaires doivent être exprimées dans la même unité, le gramme par exemple.
• La composition massique du polymère est la même que celle du monomère.

5

Exercice 5 : conseil à retenir

Attention, lors de la formation du polymère, à ne pas oublier l'ouverture de la double liaison présente dans les unités monomères. Cette double liaison n'est plus présente dans le motif du polymère.

Nom monomère	Formule monomère	Formule polymère
Éthylène	$CH_2{=}CH_2$	$\left(CH_2-CH_2 \right)_n$
Styrène	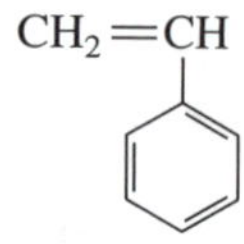	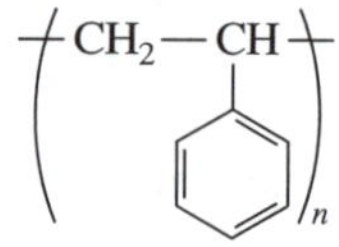
Méthacrylate de méthyle	$CH_2{=}C(CH_3)(COOCH_3)$	$\left(CH_2-C(CH_3)(COOCH_3) \right)_n$
Chlorure de vinyle	$CH_2{=}CH(Cl)$	$\left(CH_2-CH(Cl) \right)_n$

6 1° **Synthèse d'un nylon** : il s'agit d'une **polycondensation.**

2° **Synthèse du polychlorure de vinyle** : il s'agit d'une **polyaddition.**

3° **Synthèse d'un polyester, le tergal®** : il s'agit d'une **polycondensation.**

Exercice 6 : conseil à retenir

Pour traiter cet exercice, il est indispensable de bien revoir les deux types de polymérisation dans les rappels de cours. Dans le cas d'une polymérisation par polyaddition, tous les atomes du monomère se retrouvent dans la structure du motif de répétition du polymère.
Dans le cas d'une polymérisation par polycondensation, il y a élimination d'une petite molécule.

S'entraîner

7 1° a) La plupart des **céramiques** ont une faible masse volumique car elles sont **constituées d'éléments de faible masse atomique** (premiers éléments de la classification périodique).

b) **Le zirconium et le tungstène ont des masses molaires atomiques relativement élevées :**

Zr : 91,2 g/mol ; W : 183,8 g/mol.

c)

Élément	Structure électronique	Valence
Aluminium Al	***K*(2)*L*(8)*M*(3)**	**3**
Oxygène O	***K*(2)*L*(6)**	**2**
Azote N	***K*(2)*L*(5)**	**3**
Silicium Si	***K*(2)*L*(8)*M*(4)**	**4**
Carbone C	***K*(2)*L*(4)**	**4**

Formules : alumine, Al_2O_3 ; carbure de silicium, **SiC**; nitrure de silicium, Si_3N_4.

2° **Une liaison iono-covalente est une liaison intermédiaire entre une liaison covalente et une liaison ionique.** Cette liaison s'établit entre deux atomes dont l'un est plus électronégatif que l'autre. La liaison est alors polarisée.

3° En raison de la robustesse des liaisons chimiques, **les céramiques** possèdent une grande rigidité et dureté. Ce **sont des matériaux fragiles, car il est difficile de déformer la structure d'un composé dont les liaisons chimiques sont fortes et dirigées.**

4° **Les céramiques ne sont pas transparentes** comme les verres, **car** elles sont **formées de zones cristallines différentes qui provoquent la diffusion de la lumière à leurs jonctions.**

8 1° **Le polystyrène**

a) La réaction de polymérisation est :

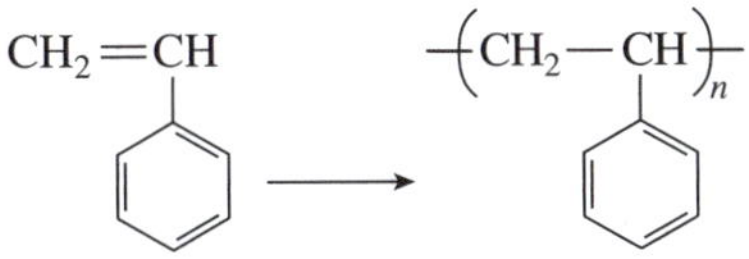

La polymérisation mise en jeu est une **polyaddition**.

b) La masse molaire du styrène est : **M(styrène)** = $M(C_8H_8)$ = **104 g · mol^{-1}**.

Connaissant l'indice de polymérisation, on détermine la masse du polymère :

$$M_p = n \times M_m,$$

avec n : nombre d'unités monomères (degré ou indice de polymérisation).

Sachant que le polystyrène a un indice de polymérisation de 1 400, sa masse molaire moléculaire est :

$M_p = 1\,400 \times 104$;

M_p = 145 600 g · mol^{-1}.

2° **Le polybutadiène**

La formule chimique de son monomère est le butadiène :

$$CH_2{=}CH{-}CH{=}CH_2$$

On le nomme ainsi, car il **possède deux doubles liaisons sur la chaîne principale**.

3° **Le polystyrène choc**.

a) Voir schéma.

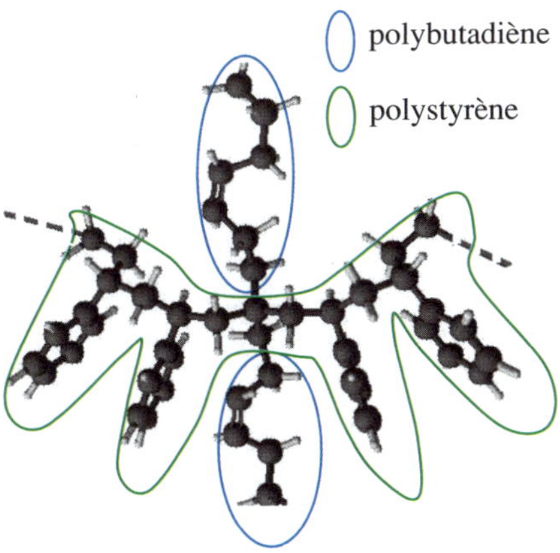

b) **Les qualités mécaniques du polystyrène choc sont meilleures, car elles bénéficient de celles apportées par la présence du polybutadiène qui est un élastomère possé dant des propriétés élastiques.**

Pour aller plus loin

9 1° **La liaison entre l'oxygène et le silicium est une liaison covalente. La liaison entre l'oxygène et le sodium est une liaison ionique.**

Les nouvelles liaisons entre l'oxygène et le sodium sont plus faibles qu'entre l'oxygène et le silicium, elles sont donc rompues plus facilement ; l'édifice fond à une température plus faible.

L'abaissement du point de fusion est **intéressant sur le plan économique**.

2° a) Formule du carbonate de calcium :

$$\mathbf{CaCO_3}.$$

Formule du carbonate de magnésium :

$$\mathbf{MgCO_3}.$$

b) Formules des **ions calcium : Ca^{2+}** et **ions magnésium Mg^{2+}**.

c) Il se dégage du **dioxyde de carbone**.

$$-Si-O-Si- \; + \; CaCO_3 \longrightarrow -Si-O^-\,Ca^{2+}\,{}^-O-Si- \; + \; CO_2$$

d) **Les verres contenant l'élément calcium ou magnésium** ont des liaisons plus fortes que ceux qui contiennent l'élément sodium, ils **sont moins solubles et ils fondent moins facilement** (1 300 °C).

3° Dans 100 g de matières premières utilisées pour la fabrication du verre, il y a :

– 58 g de SiO_2, soit une quantité de matière de $\dfrac{m}{M} = \dfrac{58}{60} = 0{,}967$ mol ;

– 23 g de $CaCO_3$, soit une quantité de matière de $\dfrac{m}{M} = \dfrac{23}{100} = 0{,}23$ mol ;

– 19 g de Na_2SO_4, soit une quantité de matière de $\frac{m}{M} = \frac{19}{142} = 0{,}134$ mol.

Comme 1 mole de $CaCO_3$ donne 1 mole de CaO et 1 mole de Na_2SO_4 donne 1 mole de Na_2O, on peut établir le tableau suivant :

Réactifs		Verre	
SiO_2	0,967 mol	SiO_2	0,967 mol
$CaCO_3$	0,23 mol	CaO	0,23 mol
Na_2SO_4	0,134 mol	Na_2O	0,134 mol

D'après la formule stœchiométrique, pour une mole de SiO_2, nous avons n moles de CaO et m moles de Na_2O. En utilisant la proportionnalité, nous pouvons écrire :

$$\frac{n(SiO_2)}{1} = \frac{n(CaO)}{n} = \frac{n(Na_2O)}{m},$$

$$\text{soit } \frac{0{,}967}{1} = \frac{0{,}23}{n} = \frac{0{,}134}{m}.$$

On en déduit : $\boldsymbol{n} = \frac{0{,}23}{0{,}967} = \mathbf{0{,}24}$

et $\boldsymbol{m} = \frac{0{,}134}{0{,}967} = \mathbf{0{,}14}$.

10 1° **La molécule d'isoprène contient deux doubles liaisons.**

2° Son nom officiel est le **2-méthylbuta-1,3-diène**.

3° Le motif du polymère appelé « polyisoprène » est :

$$\left[CH_2 - \underset{\underset{CH_3}{|}}{C} = CH - CH_2 \right]_n$$

Ce motif est composé de **5 atomes de carbone et** de **8 atomes d'hydrogène**.

4° Il s'agit d'une polymérisation par **polyaddition**.

5° **Ces ponts soufrés s'installent sur les atomes de carbone de la double liaison du motif de répétition. La vulcanisation permet ainsi la formation d'un réseau tridimensionnel.** Sous l'effet d'une contrainte appropriée, le réseau se déforme. À l'arrêt de la contrainte, le réseau revient à son état initial : c'est le **phénomène d'élasticité**.

6° **Si le taux de soufre est trop important**, le nombre de ponts soufrés va augmenter ce qui **va rendre le réseau plus rigide avec une perte de son élasticité**.

11 1° On a :

• quantité de matière totale de bore = quantité de matière de bore dans l'acide borique $B(OH)_3$ + quantité de matière de bore dans le borate de sodium $Na_2B_4O_7$; ainsi : **quantité de matière totale de bore** $= \frac{16{,}8}{61{,}8} + 4 \times \frac{3{,}6}{201{,}3} = \mathbf{0{,}343}$ **mol** ;

• **quantité de matière de sodium** = quantité de matière de sodium dans le borate de sodium $Na_2B_4O_7$ $= 2 \times \frac{3{,}6}{201{,}3} =$ **0,036 mol** ;

• quantité de matière totale d'oxygène = quantité de matière d'oxygène dans l'acide borique $B(OH)_3$ + quantité de matière d'oxygène dans le borate de sodium $Na_2B_4O_7$;

ainsi : **quantité de matière totale d'oxygène** $= 3 \times \frac{16{,}8}{61{,}8} + 7 \times \frac{3{,}6}{201{,}3} =$ **0,94 mol**.

2° Équation de réaction de la déshydratation de l'acide borique :

$$\mathbf{2\ B(OH)_3 \rightarrow B_2O_3 + 3\ H_2O}.$$

3° Calculons la quantité de matière d'oxygène qui disparaît avec l'eau, elle est égale à la quantité de matière d'eau formée :

Équation chimique		$2\ B(OH)_3$ →	B_2O_3 +	$3\ H_2O$
État du système	Avancement	Quantité de matière en mol		
Etat initial	0	$n(CH_3COOH)$	0	0
En cours	x	$n - 2x$	x	$3x$
État final	x_{max}	$n - 2x_{max}$	x_{max}	$3x_{max}$

Tout l'acide borique est déshydraté :

$n - 2x_{\text{max}} = 0$; $x_{\text{max}} = \dfrac{n}{2}$

$n_{\text{eau}} = 3x_{\text{max}} = 3\,\dfrac{n}{2} = 3 \times \dfrac{16{,}8}{61{,}8 \times 2}$

$= 0{,}41$ mol.

La quantité de matière d'oxygène qui disparaît est égale à 0,41 mol.

Le verre synthétisé contient donc :
0,94 – 0,41 = **0,53 mol d'élément oxygène**.

4° Le verre synthétisé contient de l'oxyde de bore et de l'oxyde de sodium.

• L'oxyde de sodium Na_2O contient tout le sodium, soit 0,036 mol de sodium ;

il y a donc $\dfrac{0{,}036}{2} = 0{,}018$ mol de Na_2O,
soit $0{,}018 \times 62{,}0 = 1{,}12$ g.

• L'oxyde borique B_2O_3 contient tout le bore, soit 0,343 mol ;

il y a donc $\dfrac{0{,}343}{2} = 0{,}171$ mol de B_2O_3,
soit $0{,}171 \times 69{,}6 = 11{,}9$ g.

La masse du verre obtenue est égale à
1,12 + 11,9 ≈ **13 g.**

12 1° a) Cette macromolécule appartient à la famille des polyamides, car elle contient le **groupement amide** :

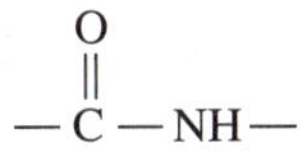

b) Les **formules semi-développées des monomères** qui sont **à l'origine de ce polymère** sont :

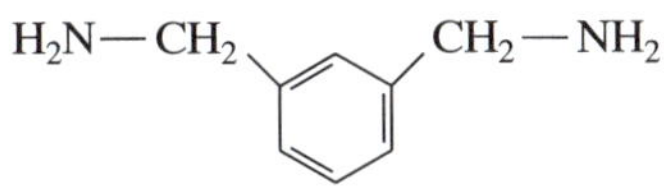

et

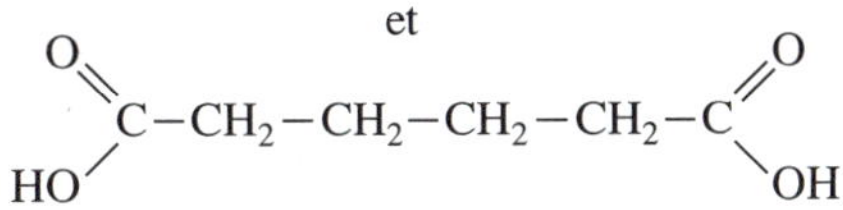

2° a) et b) La **formule semi-développée de l'acide 11-amino undécanoïque** est :

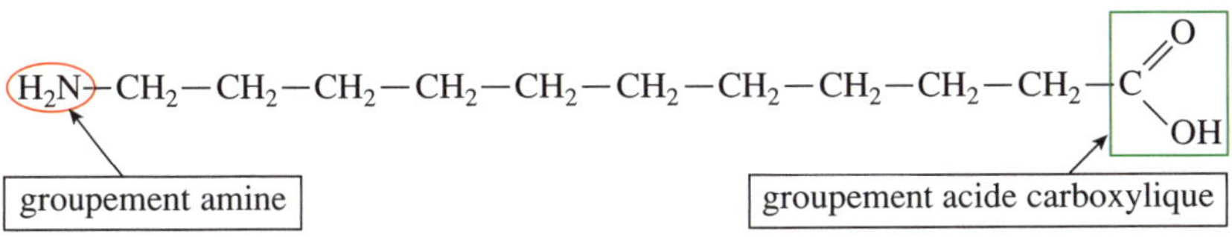

Les **groupes fonctionnels présents** dans cette molécule sont les groupements **amine et acide carboxylique**.

c) L'équation de la réaction de préparation du polymère Rilsan® est :

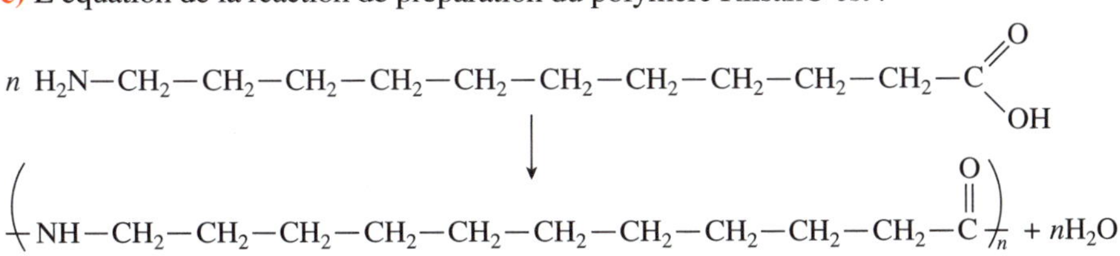

d) La polymérisation mise en jeu est une **polycondensation**.

e) Le motif élémentaire de ce polymère a pour formule $C_{11}H_{21}ON$ de masse molaire moléculaire $M_{\text{m}} = 183\ \text{g} \cdot \text{mol}^{-1}$. Connaissant la masse ce polymère utilisé, on peut en déduire la masse molaire suivant la relation :

$M_{\text{p}} = n \cdot M_{\text{m}}$, donc $n = \dfrac{M_{\text{p}}}{M_{\text{m}}}$,

avec $M_{\text{n}} = 73\,200$; $n = \dfrac{73\,200}{183}$;

***n* = 400 unités monomères**.

L'interrogation écrite

13 **1° a) Il faut manipuler sous la hotte en portant gants et lunettes, car le styrène irrite les yeux et les muqueuses et le méthanol est dangereux par inhalation et par contact cutané.**

b) La pierre ponce permet de réguler l'ébullition.

c) Légende du montage du chauffage à reflux : **1 – réfrigérant à boules ;**
2 – ballon ; 3 – chauffe-ballon ;
4 – sortie de l'eau ;
5 – arrivée de l'eau ;
6 – mélange réactionnel ; 7 – support.

d) Le mélange est essentiellement constitué de toluène (10 mL) qui bout à 110 °C et de styrène (3 mL) qui bout à 145 °C. **C'est le toluène qui va se recondenser dans le réfrigérant.**

La **température du mélange** lors de la réaction de polymérisation est **un peu supérieure à 110 °C**.

e) **On ne refroidit pas directement le ballon sous le robinet d'eau froide, car il pourrait se casser en raison du choc thermique**, même s'il est en Pyrex®.

f) **Si l'on rince le polystyrène avec du méthanol**, c'est que celui-ci n'est pas soluble dans le méthanol. Cela peut donc **aider sa précipitation**.

Si l'on verse le mélange dans du méthanol, c'est pour **solubiliser les réactifs en excès** (styrène, peroxyde de benzoyle) **et les séparer du polystyrène**.

g) **Le polystyrène ne contient pas d'eau. Lors du séchage, c'est le méthanol qui s'évapore.**

2° Masse de styrène :
$m = \rho \cdot V = \rho_{eau} \cdot d \cdot V$;

avec $\rho_{eau} = 1 \text{ g} \cdot \text{L}^{-1}$,

$m = 3 \times 0{,}9 = 2{,}7$ g ;

d'où $\boldsymbol{n} = \dfrac{m}{M} = \dfrac{2{,}7}{104} =$ **0,026 mol.**

3° Tout le styrène se retrouve dans le polystyrène. Si le rendement était de 100 %, on obtiendrait 2,7 g de polystyrène. **On obtient** donc :

$2{,}7 \times \dfrac{80}{100} =$ **2,2 g de polystyrène**.